HISTOIRE DES CHAMPIGNONS

COMESTIBLES ET VÉNÉNEUX,

Où l'on expose leurs caractères distinctifs, leurs propriétés alimentaires et économiques,
leurs effets nuisibles et les moyens de s'en garantir ou d'y remédier,

OUVRAGE UTILE AUX AMATEURS DE CHAMPIGNONS,

AUX MÉDECINS, AUX NATURALISTES, AUX PROPRIÉTAIRES RURAUX, AUX MAIRES,
AUX CURÉS DES CAMPAGNES, ETC.,

PAR JOSEPH ROQUES,

Auteur de la PHYTOGRAPHIE médicale et du NOUVEAU TRAITÉ DES PLANTES USUELLES.

DEUXIÈME ÉDITION REVUE ET CONSIDÉRABLEMENT AUGMENTÉE.

1 vol. in-8°, avec un Atlas grand in-4° de 24 planches représentant dans leurs dimensions
et leurs couleurs naturelles cent espèces ou variétés de champignons.

INSTITUT DE FRANCE.

Rapport verbal fait par M. de MIRBEL, *à l'Académie des sciences sur l'*HISTOIRE DES
CHAMPIGNONS COMESTIBLES ET VÉNÉNEUX *du docteur Joseph Roques.*

Séance du lundi, 31 mars 1834.

Messieurs, vous m'avez chargé de vous faire un rapport verbal sur
l'*Histoire des Champignons comestibles et vénéneux* de M. Joseph
Roques, ancien médecin des hôpitaux militaires. Je viens m'acquitter de
ce devoir avec d'autant plus de plaisir qu'il y a beaucoup de bien à dire de
cet ouvrage.

La famille des champignons n'est pas de celles dont ne s'occupent jamais
les personnes étrangères à l'étude des végétaux. Les habitants des campagnes, propriétaires, artisans ou journaliers, sont souvent fort empressés
de rechercher les signes distinctifs des espèces de ce groupe pour séparer
celles qui sont vénéneuses de celles qui offrent un mets délicat et salubre.
Ce sont certainement des motifs suffisants pour que la mycologie jouisse
d'une certaine vogue chez bien des gens qui en ignorent le nom, et sont
loin de se douter que leurs observations pourraient quelquefois figurer
avec honneur dans de savantes dissertations académiques. Grâce aux qualités bonnes ou mauvaises que présente la famille des champignons,
M. Roques a pu faire de la vraie science sans craindre de rebuter la foule
des lecteurs. Son livre, qui d'ailleurs est écrit avec talent, ne sera pas dédaigné par les gens du monde, et sera consulté avec fruit par les botanistes
de profession.

Il examine le sujet qu'il traite sous trois points de vue différents.

1° L'HISTOIRE NATURELLE DES CHAMPIGNONS. Elle comprend la classification des champignons en plusieurs ordres subdivisés en petites tribus, d'après des caractères fort bien choisis, et en outre la description claire, complète, précise des genres, espèces et variétés. M. Roques a revu les travaux de ses prédécesseurs, et il a eu quelquefois l'occasion de les compléter ou de les rectifier. Il a pris un soin tout particulier à indiquer les localités que les diverses espèces habitent. Ses recherches n'ont pas été limitées par nos frontières; il les a étendues sur l'Espagne, la Suisse et le Brabant. Plusieurs espèces de France, décrites et figurées par lui, avaient échappé aux recherches de Bulliard, Paulet et Persoon.

2° LA TOXICOLOGIE. Dans cette partie importante de son ouvrage, M. Roques fait connaître les espèces délétères. Il décrit les phénomènes, les symptômes, les effets qu'elles produisent sur les animaux et sur l'homme. Sa manière de voir n'est pas toujours d'accord avec celles des mycologues qui sont venus avant lui; mais il est juste de dire qu'il n'avance rien qui n'ait pour base des observations et des expériences souvent répétées sur divers animaux, et quelquefois sur lui-même.

Ce n'était pas assez de décrire les accidents qui varient suivant la nature des principes immédiats que recèlent les différentes espèces, il fallait encore indiquer les meilleurs moyens curatifs. C'est ce que n'a pas manqué de faire M. Roques, soit à la suite de la description spécifique, soit après chaque groupe ou tribu; et, à la fin de son ouvrage, il donne une méthode générale de traitement, dans laquelle se trouve réuni tout ce qui a rapport à l'empoisonnement par les champignons.

3° L'EMPLOI CULINAIRE DES CHAMPIGNONS. Si cette portion de l'ouvrage en était séparée, on n'y voudrait voir probablement qu'un extrait fort spirituel et fort amusant du *Parfait Cuisinier*. L'auteur, à tort ou à raison, n'a pu souvent se résoudre à parler avec une gravité toute scientifique des recettes de cuisine. Mais, sous cette apparence frivole, on découvre un enseignement d'une utilité réelle. Là se trouvent encore de bonnes expériences, une sage critique et des faits d'application que la science aurait grand tort de ne pas livrer à tous. Peut-être même le seul moyen de les mettre en circulation était-il de les présenter comme l'a fait M. Roques. Il s'attache à détruire des préjugés, des erreurs sur l'usage diététique des champignons: il appelle l'attention sur plusieurs excellentes espèces qu'on néglige; il s'applique à en réhabiliter d'autres qui, faute d'avoir été bien étudiées, passent pour nuisibles; enfin il indique aux pauvres habitants des campagnes, qui trouvent dans les champignons une ressource précieuse, surtout en temps de disette, les préparations les plus économiques, les plus simples et les plus faciles.

L'ouvrage contient vingt-quatre belles planches coloriées, qui ne sont pas inférieures, comme travail d'art et de science, à ce qu'on a publié de plus parfait en ce genre. Quelque exactes et claires que soient les descriptions du naturaliste, on conçoit très-bien qu'elles deviennent encore plus intelligibles par les peintures fidèles qui les accompagnent.

En résumé, M. Roques a fait un bon livre, un livre savant, utile, et par cela même intéressant : ce n'est pas, ce me semble, un grand mal qu'il l'ait rendu attrayant.

MIRBEL.

Extrait des Annales de la Médecine physiologique, *par M. Broussais, membre de l'Institut, professeur à la Faculté de médecine de Paris.*

Histoire des Champignons comestibles et vénéneux, par Joseph Roques.

Pour rendre à ce bel ouvrage la justice qu'il mérite, et le recommander au public avec plus de confiance, nous l'avons soumis au jugement d'un de nos premiers botanistes. M. Gaudichaud, connu du monde savant par le grand nombre de plantes dont il a enrichi la botanique, et par ses travaux de physiologie végétale, a bien voulu l'examiner, et il nous en exprime son opinion de la manière suivante :

J'ai lu avec intérêt, et je puis dire avec plaisir, l'ouvrage intitulé : *Histoire des Champignons comestibles et vénéneux,* par M. le docteur Roques.

Ce travail important, qui décèle à la fois le savant botaniste, l'habile médecin, et, plus que tout cela, l'homme de bien, le philanthrope, peut être divisé en partie purement botanique, en partie médicale et en partie culinaire : je me bornerai à l'examen de la première.

Dans des articles séparés, concis, riches de faits et de citations, l'auteur traite successivement de l'organisation des champignons, de leurs modes de reproduction, de leur culture, de leur récolte, de leur conservation, des règles générales d'après lesquelles on peut distinguer nettement les espèces alimentaires de celles qui ne le sont pas, et, enfin, de leurs usages et de leur préparation culinaire. Il décrit ensuite très en détail, ordre par ordre, tribu par tribu et genre par genre, cent cinquante-quatre espèces de champignons, tant alimentaires que nuisibles, qui croissent spontanément en Europe et dont quinze ou vingt espèces sont nouvelles.

L'auteur, ainsi qu'il le reconnaît lui-même, n'a point eu l'intention de faire un traité complet de mycologie ; son but principal a été de décrire convenablement et de figurer mieux qu'on ne l'a fait jusqu'à ce jour les champignons comestibles qui fournissent une nourriture abondante, saine, agréable, et les champignons vénéneux avec lesquels on peut les confondre ; de faciliter l'usage des uns, de prémunir contre celui des autres et de mettre tout le monde à même de remédier promptement aux accidents graves qui résultent ordinairement de ces derniers.

Cet ouvrage, qui paraît avoir coûté de longues années d'études et de méditations à M. le docteur Roques, est fait en conscience, et remarquable surtout par l'ordre parfait qui règne dans ses articles, par l'élégante simplicité de ses descriptions et de leurs détails. Il est rempli d'observations utiles, souvent neuves, résultant de recherches propres à l'auteur, ou de renseignements qu'il a puisés dans les meilleurs traités de mycologie français et étrangers.

L'atlas est au-dessus de tous les éloges qu'on pourrait en faire ; il se compose de vingt-quatre planches, et de cent à cent vingt figures représentant soixante espèces ou variétés très-distinctes de champignons. On peut dire de ces peintures qu'elles sont belles et vraies comme la nature.

Si la partie médicale est, comme je le crois, aussi convenablement traitée que la partie botanique, l'*Histoire des Champignons comestibles et vénéneux* de M. le docteur Roques est un ouvrage précieux qu'il faut nous empresser de recommander aux amateurs d'histoire naturelle, aux mycophiles, comme aux médecins de tous les pays.

Paris, 12 juillet 1834.

CHARLES GAUDICHAUD.

La partie médicale, sur laquelle notre savant botaniste s'abstient de prononcer, a été par nous examinée attentivement, et nous nous sommes assuré qu'elle contient les descriptions les plus exactes des symptômes et des phénomènes produits par les champignons vénéneux, avec les méthodes de traitement les plus sûres et les plus détaillées

La partie culinaire est aussi très-bien traitée. Nous avons entendu souvent le célèbre Carême en faire l'éloge. Les préparations simples et économiques à l'usage du peuple, pour qui les champignons sont dans plusieurs pays un moyen de subsistance, ont été décrites avec le même soin que les préparations recherchées et dispendieuses, à la portée seulement des riches. Car les besoins du pauvre occupent autant le docteur Roques que les jouissances du riche, et sa science pratique s'adapte à toutes les classes de la société.

Quant à la manière dont son ouvrage est écrit, elle nous a paru d'autant plus remarquable, que nous sommes peu habitués, dans notre littérature médicale, à trouver de bons écrivains. Le livre de M. Roques se distingue par un style pur, élégant, et on le lit avec le même plaisir que nos bons ouvrages de littérature.

Nous ne pouvons donc, à tous ces titres, que recommander instamment l'*Histoire des Champignons* à la nombreuse classe de lecteurs à laquelle elle s'adresse, et surtout à nos confrères.

GAUBERT.

La plupart des journaux littéraires ou scientifiques ont également accueilli de la manière la plus flatteuse l'*Histoire des Champignons* de M. le docteur Roques.

Voilà le prospectus que nous offrons au public. Nous ne saurions lui donner une meilleure garantie que l'approbation des savants et des littérateurs distingués qui ont examiné la première édition de cet ouvrage épuisée depuis long-temps. C'est d'un heureux augure pour la seconde, qui est sous presse et que l'auteur a revue avec le plus grand soin.

Conditions de la Souscription :

Cette deuxième édition, revue avec soin et considérablement augmentée, renferme l'histoire détaillée de plus de deux cents espèces ou variétés de champignons. Celles qu'il importe le plus de connaître sont gravées au nombre de cent, d'après les dessins originaux. Elle sera publiée en six livraisons; la première paraîtra le 31 janvier 1841, et les suivantes régulièrement de quinze en quinze jours.

L'ouvrage sera complet le 15 avril 1841.

Chaque livraison sera composée de cinq feuilles de texte, format in-8°, et de quatre planches grand in-4°, contenant seize champignons gravés au pointillé sur acier, imprimés en couleur et retouchés au pinceau par les premiers artistes en ce genre. Le prix de la livraison, sur papier fin glacé et satiné, prise à Paris, est de 4 fr. 50 c.

N. B. C'est le seul ouvrage de ce genre qui réunisse une exécution soignée à un prix aussi modique.

On souscrit, à Paris,

Chez FORTIN, MASSON et Cie,

SUCCESSEURS DE CROCHARD,

RUE DE L'ÉCOLE-DE-MÉDECINE, N° 1.

PARIS. — IMPRIMÉ PAR BÉTHUNE ET PLON.

HISTOIRE

DES CHAMPIGNONS

COMESTIBLES ET VÉNÉNEUX.

PARIS. IMPRIMÉ PAR BÉTHUNE ET PLON.

HISTOIRE

DES

CHAMPIGNONS

COMESTIBLES ET VÉNÉNEUX,

Où l'on expose leurs caractères distinctifs, leurs propriétés alimentaires et économiques,
leurs effets nuisibles et les moyens de s'en garantir ou d'y remédier,

PAR J. ROQUES,

Auteur de la Phytographie médicale et du Nouveau Traité des Plantes usuelles

*

DEUXIÈME ÉDITION, REVUE ET AUGMENTÉE.

Avec un Atlas grand in-4° de 24 planches coloriées
et terminées au pinceau.

PARIS,

FORTIN, MASSON ET Cⁱᵉ, LIBRAIRES-ÉDITEURS
1, PLACE DE L'ÉCOLE DE MÉDECINE.

1841.

DISCOURS PRÉLIMINAIRE.

Parmi les familles dont se compose le règne végétal, celle des champignons offre particulièrement un vaste champ d'études à l'observateur attentif. Leur organisation, leur reproduction, leurs propriétés économiques, alimentaires ou vénéneuses ; tout intéresse dans cét ordre de singuliers végétaux. Que de variété dans leurs formes, leurs dimensions, leurs nuances, leur parfum, leur saveur ! Les uns s'élancent du sein des bruyères, comme de petites pyramides ; les autres étalent, au milieu des bois, leurs chapiteaux de pourpre mouchetés de pellicules semblables à des perles ; telle on voit la fausse-orange, dont le poison subtil fait perdre la raison, et quelquefois la vie. D'autres se colorent d'un léger incarnat : ceux-là imitent les teintes du saphir et de l'améthyste ; ceux-ci, les nuances du tigre et de la couleuvre. Quelques-uns sont comme diaprés, ou rayés de

couleurs diverses ; d'autres, parsemés de zones livides, imprégnés d'un suc qui s'échappe en gouttes
de lait ou de sang par la plus légère pression,
inspirent un sentiment de défiance, et peut-être
ont - ils servi jadis aux conjurations de quelque
génie malfaisant.

Certaines espèces se dessinent en parasol, en
rameaux de corail, ou bien prennent la forme
d'un globe, d'une mitre, d'une coupe élégante ;
d'autres se contournent d'une manière bizarre,
se hérissent de pointes ou d'écailles, se couvrent
d'un doux coton, ou se parent de collerettes
soyeuses. D'autres encore, véritables protées,
changent, dans leur développement, de structure,
de forme et de couleurs. Ceux-là se présentent
dans une nudité parfaite ; ceux-ci, recouverts
d'un voile blanc dans leur enfance, sont ensuite
tout rayonnants d'or en brisant leur prison ; ainsi
paraît l'oronge, champignon d'un goût exquis,
dont les Romains étaient si friands, et que Néron
appelait l'*aliment des Dieux*.

Ici de petits champignons, enveloppés de
mousse, exhalent un doux parfum qui s'envole
avec le léger souffle des airs ; là d'autres espèces
répandent au loin une odeur nauséeuse ou fétide,
narcotique ou enivrante. Les uns sont doux, sucrés, aromatiques ; les autres ont une saveur
acide, âcre ou amère.

On en voit d'une ténuité extrême, d'un tissu si

délicat, si fin, qu'ils se dissolvent et s'évanouissent, pour ainsi dire, au moindre contact; d'autres ressemblent à de fortes massues, et peuvent résister aux plus puissants efforts. Ceux-ci croissent solitaires; ceux-là se rassemblent en formant des traînées ou des cercles symétriques; d'autres se groupent, se réunissent en touffes et vivent en famille. La plupart végètent sur la terre, quelques-uns se cachent dans son sein; d'autres pullulent au pied des arbres; il en est qui règnent à leur sommet, où ils déploient des formes gigantesques. Certaines espèces croissent d'une manière lente, insensible, et n'atteignent leur entier développement qu'au bout de quelques années; beaucoup d'autres naissent avec une rapidité inconcevable; il suffit de quelques heures, de quelques instants, pour en voir paraître de nouveaux : c'est surtout après une pluie fécondante qu'on les voit éclore par milliers. Quelques espèces sont précoces, et se montrent aussitôt que le soleil de mars a ranimé leurs germes; d'autres se développent pendant l'été et une partie de l'automne, et fixent nos regards par leurs formes pittoresques; d'autres, enfin, lorsque la plupart des plantes perdent leur parure, viennent embellir la solitude des forêts par l'éclat et la diversité de leurs couleurs *.

* Les champignons de nos provinces méridionales, et surtout ceux

Parmi cette foule d'espèces diverses, il s'en trouve un assez grand nombre qui servent, sous tous les climats, à la nourriture de l'homme ; elles sont pour le pauvre, au retour des saisons, une manne céleste qu'il attend avec la plus vive impatience. Les quadrupèdes, les vers, les limaces, les insectes s'en nourrissent, et ce n'est pas sans dessein que la nature les a répandues avec profusion sur la surface du globe. Mais, par un contraste dont la Providence s'est réservé le secret, la famille des champignons renferme des espèces très-vénéneuses. Qui pourrait compter les accidents produits par ces poisons végétaux, dans les contrées du nord, en Angleterre, en Allemagne, en France, en Italie? Partout chaque nouvelle saison amène de nouvelles catastrophes, et quelquefois la mort s'étend sur des familles entières.

D'après tant de malheureux événements, faut-il s'étonner que beaucoup de médecins et de naturalistes aient lancé une sorte d'anathème sur ces plantes, et qu'ils aient même refusé des qualités nutritives aux espèces les plus usuelles? Toutefois cette manière de proscrire en masse une classe entière de végétaux n'est ni ration-

d'Italie, se font remarquer par la richesse de leurs nuances. On en voit de couleur aurore et d'un bleu d'azur magnifique ; d'autres ont la surface du chapeau sillonnée de bandes dont la teinte brune tranche admirablement sur un fond cramoisi ou gris de perle.

nelle, ni philosophique ; car il existe un grand nombre de champignons qui ne contiennent aucun principe nuisible, et dont la plupart sont d'une grande ressource pour certains peuples dans les temps de disette. Aussi, tant que la terre produira des ceps, des mousserons, des oronges, etc., on persuadera difficilement au gastronome qui en fait ses délices, et au pauvre habitant des campagnes qui s'en nourrit, que ces plantes sont des poisons et qu'elles ne contiennent aucun principe alimentaire.

Mais, s'il n'est guère possible d'éloigner les hommes de l'emploi culinaire des champignons, il est du moins un moyen bien sûr de leur être utile ; c'est de les éclairer, de leur apprendre à distinguer les espèces nuisibles, de populariser, pour ainsi dire, la connaissance de ces végétaux, par des ouvrages qui réunissent, à une description claire et précise de leurs caractères essentiels, des gravures où leurs formes et leurs couleurs soient retracées avec la plus exacte fidélité. Ce n'est pas que beaucoup de naturalistes ne se soient occupés de cette partie de la cryptogamie ; outre les écrits déjà vieux de l'Écluse, de Van Sterbeeck, Vaillant, Micheli, Battara, nous possédons de belles collections de champignons ; Schaeffer, Batsch, Bulliard, Paulet, Bolton, Sowerby, Krapf, Trattinnick, Larber, etc., en ont représenté un assez grand nombre ; mais leurs ouvrages, d'un prix très élevé, sont peu répandus, et ne se trouvent que dans quelques riches bibliothèques.

Un nouveau travail sur ces végétaux était désiré depuis long-temps. M. Persoon a tâché de répondre aux vœux du public, et l'on trouve dans son Traité des champignons, qui a paru en 1818, de précieux développements sur l'organisation et la classification méthodique de cet ordre de plantes. Mais, outre que cet ouvrage ne renferme qu'un très-petit nombre de figures, l'auteur n'a parlé des qualités des champignons que sur la foi d'autrui ; car il nous a fait l'aveu qu'il n'avait jamais osé en faire usage. Quant à la partie médicale, objet si essentiel, on y chercherait en vain des méthodes sûres et détaillées pour combattre les divers empoisonnements produits par les champignons. Or, cette famille de végétaux renfermant des poisons d'une nature différente, le traitement doit varier, suivant le mode d'action de leurs principes délétères.

D'après ces considérations importantes, je me suis déterminé à publier, en 1821, dans la *Phylographie médicale*, une partie des recherches que j'ai rassemblées sur les champignons comestibles et vénéneux, et que je poursuis depuis environ vingt-cinq ans avec tout le zèle dont je suis capable. Depuis la publication de ce premier travail, j'ai recueilli dans mes excursions un grand nombre de nouveaux dessins exécutés sur des champignons vivants ou fraîchement cueillis. C'est le seul moyen de reproduire fidèlement leurs traits; car il suffit de quelques heures pour altérer leur forme, leur couleur, leur tissu, de manière à les rendre méconnaissables.

Il n'en est point des champignons comme de beaucoup d'autres plantes; on ne saurait les étudier dans les serres ou dans les jardins, et certes aucune autre partie de la botanique n'exige autant de zèle et de patience. Celui qui veut écrire convenablement leur histoire doit aller les observer dans la station propre à chaque espèce, tantôt au milieu des forêts, dans les pacages ou sur les collines découvertes, tantôt dans les bruyères, dans les landes, dans les terrains marécageux, et quelquefois dans des lieux presque inaccessibles.

En publiant ce nouveau traité, nous répondons à l'appel qui nous a été fait si souvent par des fonctionnaires publics, par des médecins, des naturalistes, des agriculteurs, etc. Sans doute nous aurions pu le faire paraître plus tôt; mais une sorte de probité littéraire n'impose-t-elle pas le rigoureux devoir de méditer assez long-temps son sujet pour ne point commettre d'erreurs, surtout dans des matières qui intéressent si gravement la santé des hommes? Ce n'est donc point un ouvrage composé à la hâte, et après quelques promenades dans les bois, mais bien un travail fait en conscience, fruit de longues études, d'une foule de recherches et d'expériences aussi pénibles que dispendieuses *.

M. Bordes, habile peintre, dont les belles miniatures rappellent la manière de M. Isabey, son célèbre maître, et M. Hocquart, qui a si fort contribué par son talent et son zèle au succès de la *Phytographie médicale*, m'ont accompagné dans mes excursions pendant plusieurs années. Je dois à leur amitié un grand nombre de dessins exécutés sur le sol même où la plante végète. Ainsi la partie éclairée du public reconnaîtra aisément qu'au lieu de copies empruntées à d'autres collections, ou de portraits de fantaisie, nous lui offrons des dessins dont la nature vivante a fourni les modèles, et où la plupart des champignons sont représentés dans leur développement progressif. Comme leur forme et leur couleur varient avec l'âge, celui qui n'a observé ces plantes qu'à leur naissance, ou seulement dans leur état adulte, ne peut se flatter de les connaître parfaitement, et il est exposé à de graves méprises.

Il nous eût été facile de donner un grand nombre de figures; mais en les multipliant il aurait

---

* M. Descourtils a fait paraître en 1827 un ouvrage sur les champignons, avec dix planches lithographiées. Les nombreux éloges que j'y ai reçus devraient m'interdire toute réflexion critique sur la manière dont il a été exécuté; mais, tout en rendant justice aux bonnes intentions de l'auteur, je ne puis ni ne dois passer sous silence quelques-unes des graves erreurs dans lesquelles il est tombé touchant les propriétés alimentaires ou vénéneuses des champignons.

fallu élever le prix de l'ouvrage, qui dès lors n'eût plus été à la portée des fortunes médiocres, et notre but n'eût été qu'imparfaitement rempli. D'ailleurs à quoi bon figurer beaucoup de champignons coriaces ou presque ligneux, qui vivent en parasites sur les arbres; une infinité d'espèces fugaces appartenant à la section des coprins, et dont toute la substance se résout en une pulpe noire? Certes l'œil le moins attentif ne saurait les prendre pour des champignons comestibles. Une autre section a un caractère particulier qui distingue toutes les espèces dont elle se compose; nous voulons parler des lactaires. Il serait superflu de figurer tous ces agarics; on les reconnaît aisément au suc laiteux dont ils sont imprégnés, et qui s'échappe aussitôt qu'on entame leur substance. Nous avons également rejeté les trémelles et les pézizes, dont la qualité est tellement médiocre qu'on en fait rarement usage. Au reste, en nous bornant aux figures des champignons qu'il importe le plus de connaître, nous n'avons pas oublié de comprendre dans cette collection les espèces comestibles et vénéneuses qui offrent des traits de ressemblance. Ce n'est qu'en comparant avec soin ces différentes espèces groupées avec goût, et non d'une manière confuse, qu'on peut les distinguer, et éviter ainsi des erreurs fatales.

Nous avons presque toujours adopté les noms

imposés aux champignons par les botanistes modernes. Le docteur Paulet, auteur estimable sous tant d'autres rapports, a cru au contraire devoir changer les dénominations reçues, sous le vain prétexte de simplifier la nomenclature, et de la mettre à la portée de toutes les intelligences. Mais ces noms, dont il a fait une si vive critique, ne sont-ils pas préférables à la nomenclature triviale et bizarre qu'il a cherché à introduire dans la science*? Il est d'autant plus essentiel de les conserver que les dénominations vulgaires varient suivant les pays et les localités, et qu'une simple erreur de nom peut avoir les suites les plus déplorables.

Lorsque nous parlons des propriétés alimentaires des champignons, c'est le plus souvent d'après notre propre expérience, et rarement d'après le seul témoignage des auteurs. Comment pourrait-on déterminer d'une manière sûre l'emploi culinaire de ces végétaux, si on n'en a fait soi-même un usage fréquent? aussi arrive-t-il que tel champignon donné pour alimentaire par les uns, est déclaré poison par d'autres; et c'est avec peine que nous avons vu dans quelques ouvrages qu'on peut manger sans crainte toutes les espèces de bolet, tandis qu'il est bien prouvé que ce groupe de

---

* En voici quelques échantillons : *œil de corneille, mamelle à l'encre, ognon de loup, pain de loup, trompette des morts, grand moutardier, etc.*

champignons en renferme de très-pernicieux.

Dès notre enfance, nous avons été habitué à ce genre d'aliment, et notre goût n'a point varié avec l'âge. Avec quel plaisir nous nous rappelons ce temps heureux, où, jeune encore, nous cueillions ces délicieuses oronges, ces mousserons si parfumés, ces ceps d'un goût sans pareil, et ces jolies chanterelles qui croissent avec profusion dans nos montagnes du Languedoc!

Au reste, rien n'a été négligé pour rendre ce travail digne des suffrages du public. Excursions fréquentes dans les bois, expériences tentées sur les animaux, et quelquefois sur nos propres organes, avec les espèces réputées les plus vénéneuses; usage mille fois répété des espèces alimentaires dans les pays étrangers, et dans plusieurs de nos départements, où nous les avons récoltées nous-même, et où nous avons été à portée de varier et de multiplier nos recherches; voilà les garanties que nous pouvons offrir à ceux qui voudraient connaître un ordre de plantes dont l'économie domestique, les arts et la matière médicale peuvent retirer de grands avantages. On se livre à des études opiniâtres, on s'aventure dans des excursions lointaines pour des objets frivoles, et l'on daignerait à peine jeter un regard sur des végétaux qui intéressent si vivement la santé publique! Mais, je me trompe, les temps sont changés; on cultive maintenant les sciences, non pour satisfaire une curiosité vaine, mais bien pour s'instruire dans leurs applications diverses, dans leurs résultats utiles. Sans parler du charme qui accompagne les courses champêtres, de l'air pur et salubre qu'on respire au milieu des bois, de ce calme heureux qu'on y goûte, et qui renouvelle, pour ainsi dire, la vie, pourrait-on dédaigner une étude qui ne demande que le sacrifice de quelques moments de loisir?

Nos vœux seront sans doute accueillis par ces âmes bienfaisantes qui habitent la campagne, par ces bons pasteurs qui sont pour les malheureux une autre providence. Ils s'empresseront d'apprendre à connaître une famille de plantes qui offre à la fois des aliments et des poisons, et ils pourront ainsi, dans un cas urgent, ou en l'absence du médecin, donner des avis utiles, indiquer des remèdes prompts et efficaces.

La culture, la récolte et la conservation des champignons, sont autant d'objets intéressants qui nous ont occupé tour à tour; mais nous avons dû surtout traiter de leur emploi culinaire avec quelque étendue. Après avoir exposé pour leur préparation les méthodes les plus simples et les plus économiques, nous avons indiqué des formules plus composées, quelques combinaisons, quelques assaisonnements de luxe. Le monde a toujours été enclin à la friandise, et, pour lui plaire, ne faut-il pas caresser un peu ses faiblesses?

Nous n'avons plus qu'un mot à dire sur une partie bien autrement importante de notre travail; nous voulons parler des moyens propres à combattre les effets délétères des champignons. Également éloigné d'un aveugle empirisme et de tout système exclusif, nous établissons nos méthodes curatives sur l'espèce de lésion provoquée par l'empoisonnement. Les uns ont recommandé les vomitifs; les autres, la saignée, le lait, les corps mucilagineux; d'autres, les acides, l'éther sulfurique, etc. Tous ces moyens sont utiles lorsqu'on les emploie à propos, mais aucun ne peut ni ne doit être exclusivement administré. Le choix dépend de l'espèce de champignon qui a donné lieu aux accidents, de l'état plus ou moins avancé de l'empoisonnement, et surtout de l'affection spéciale des organes qui ont ressenti les atteintes du poison. C'est donc à un traitement rationnel, et non à de prétendus spécifiques, qu'il faut avoir recours, si l'on veut combattre avec succès l'action pernicieuse de ces végétaux. Tous les remèdes propres à atteindre ce but sont exposés avec un soin particulier dans notre méthode générale de traitement.

Maintenant nous ne craignons pas de nous adresser avec quelque confiance aux personnes éclairées que la belle saison ramène à la campagne, aux maires, aux curés, à nos confrères, enfin à tous ceux qui s'intéressent à la conservation de leurs concitoyens. Puissent-ils seconder nos efforts, et contribuer à répandre un travail entièrement consacré à l'utilité publique !

Paris, le 15 octobre 1831.

N. B. Depuis la publication de ce Discours préliminaire, qui nous a servi de prospectus, on s'est beaucoup informé dans le monde savant si nous traiterions de l'histoire générale des champignons. La réponse est dans le titre même de notre ouvrage. Nous nous occupons seulement d'une spécialité, c'est-à-dire que notre travail se borne à l'histoire des champignons comestibles et vénéneux, laissant à d'autres le soin d'étudier, à l'aide du microscope, une foule de productions presque insaisissables dont la nature n'est pas encore bien connue, et qu'on a cru devoir rapporter à la cryptogamie. Ces recherches, peut-être plus curieuses qu'utiles, et que nous ne voulons pourtant pas déprécier, ne sauraient trouver place dans un ouvrage essentiellement pratique où tout doit être positif. Peu importe aux mycophiles de savoir quel est le rang qu'on assigne aux moisissures qui couvrent les fruits, le fromage, etc. ; avant tout, ils veulent qu'on leur fasse bien connaître les champignons dont ils peuvent faire usage avec sécurité, et c'est là le but spécial que nous nous sommes proposé d'atteindre.

RAPPORT VERBAL

Fait par M. de MIRBEL *à l'Académie des sciences sur l'*HISTOIRE
DES CHAMPIGNONS COMESTIBLES ET VÉNÉNEUX

DU DOCTEUR JOSEPH ROQUES.

séance du lundi 31 mars 1834.

Messieurs, vous m'avez chargé de vous faire un rapport verbal sur l'*Histoire des Champignons comestibles et vénéneux* de M. Joseph Roques, ancien médecin des hôpitaux militaires. Je viens m'acquitter de ce devoir avec d'autant plus de plaisir qu'il y a beaucoup de bien à dire de cet ouvrage.

La famille des champignons n'est pas de celles dont ne s'occupent jamais les personnes étrangères à l'étude des végétaux. Les habitants des campagnes, propriétaires, artisans ou journaliers, sont souvent fort empressés de rechercher les signes distinctifs des espèces de ce groupe pour séparer celles qui sont vénéneuses de celles qui offrent un mets délicat et salubre. Ce sont certainement des motifs suffisants pour que la mycologie jouisse d'une certaine vogue chez bien des gens qui en ignorent le nom, et sont loin de se douter que leurs observations pourraient quelquefois figurer avec honneur dans de savantes dissertations académiques. Grâce aux qualités bonnes ou mauvaises que présente la famille des champignons, M. Roques a pu faire de la vraie science sans craindre de rebuter la foule des lecteurs. Son livre, qui d'ailleurs est écrit avec talent, ne sera pas dédaigné par les gens du monde, et sera consulté avec fruit par les botanistes de profession.

Il examine le sujet qu'il traite sous trois points de vue différents.

1° L'HISTOIRE NATURELLE DES CHAMPIGNONS. Elle comprend la classification des champignons en plusieurs ordres subdivisés en petites tribus, d'après des caractères fort bien choisis, et en outre la description claire, complète, précise des genres, espèces et variétés. M. Roques a revu les travaux de ses prédécesseurs, et il a eu quelquefois l'occasion de les compléter ou de les rectifier. Il a pris un soin tout particulier à indiquer les localités que les diverses espèces habitent. Ses recherches n'ont pas été limitées par nos frontières; il les a étendues sur l'Espagne, la Suisse et le Brabant. Plusieurs espèces de France, décrites et figurées par lui, avaient échappé aux recherches de Bulliard, Paulet et Persoon.

2° LA TOXICOLOGIE. Dans cette partie importante de son ouvrage, M. Roques fait connaître les espèces délétères. Il décrit les phénomènes, les symptômes, les effets qu'elles produisent sur les animaux et sur l'homme. Sa manière de voir n'est pas toujours d'accord avec celle des mycologues qui sont venus avant lui; mais il est juste de dire qu'il n'avance rien qui n'ait pour base des observations et des expériences souvent répétées sur divers animaux; et quelquefois sur lui-même.

Ce n'était pas assez de décrire les accidents qui varient suivant la nature des principes immédiats que récèlent les différentes espèces; il fallait encore indiquer les meilleurs moyens curatifs. C'est ce que n'a pas manqué de faire M. Roques, soit à la suite de la description spécifique, soit après chaque groupe ou tribu; et, à la fin de son ouvrage, il donne une méthode générale de traitement, dans laquelle se trouve réuni tout ce qui a rapport à l'empoisonnement par les champignons.

3° L'EMPLOI CULINAIRE DES CHAMPIGNONS. Si cette portion de l'ouvrage en était séparée, on n'y voudrait voir probablement qu'un extrait fort spirituel et fort amusant du *Parfait Cuisinier*. L'auteur, à tort ou à raison, n'a pu souvent se résoudre à parler avec une gravité toute scientifique des recettes de cuisine. Mais, sous cette apparence frivole, on découvre un enseignement d'une utilité réelle. Là se trouvent encore de bonnes expériences, une sage critique et des faits d'application que la science aurait grand tort de ne pas livrer à tous. Peut-être même le seul moyen de les mettre en circulation était-il de les présenter comme l'a fait M. Roques. Il s'attache à détruire des préjugés, des erreurs sur l'usage diététique des champignons; il appelle l'attention sur plusieurs excellentes espèces qu'on néglige; il s'applique à en réhabiliter d'autres qui, faute d'avoir été bien étudiées, passent pour nuisibles; enfin il indique aux pauvres habitants des campagnes, qui trouvent dans les champignons une ressource précieuse, surtout en temps de disette, les préparations les plus économiques, les plus simples et les plus faciles.

L'ouvrage contient vingt-quatre belles planches coloriées, qui ne sont pas inférieures, comme travail d'art et de science, à ce qu'on a publié de plus parfait en ce genre. Quelque exactes et claires que soient les descriptions du naturaliste, on conçoit très-bien qu'elles deviennent encore plus intelligibles par les peintures fidèles qui les accompagnent.

En résumé, M. Roques a fait un bon livre, un livre savant, utile, et par cela même intéressant: ce n'est pas, ce me semble, un grand mal qu'il l'ait rendu attrayant.

MIRBEL.

PRÉFACE

DE LA DEUXIÈME ÉDITION.

La première édition, publiée en 1832, a été rapidement épuisée. Malgré ce succès, nous ne croyons pas avoir fait un excellent livre, nous reconnaissons au contraire combien il est imparfait. Cependant son utilité a été généralement sentie, et depuis long-temps on nous demande une nouvelle édition. Encouragé par l'honorable suffrage de MM. de Mirbel, Desfontaines, Geoffroy-Saint-Hilaire, Gaudichaud * et autres célèbres natura-

* M. Gaudichaud, membre de l'Institut, connu dans le monde savant par ses travaux de physiologie végétale, après avoir examiné notre *Histoire des Champignons*, s'est exprimé de la manière suivante :

« J'ai lu avec intérêt, et je puis dire avec plaisir, l'ouvrage intitulé : *Histoire des Champignons comestibles et vénéneux*, par M. le docteur Roques. Ce travail important décèle à la fois le savant botaniste, l'habile médecin, et, plus que tout cela, l'homme de bien, le philanthrope. Il est fait en conscience, et remarquable surtout par l'ordre parfait qui règne dans ses articles, par l'élégante simplicité de ses descriptions et de leurs détails. Il est rempli d'observations utiles, souvent neuves, résultant des recherches propres à l'auteur, ou de

listes, nous avons continué nos recherches, afin de rendre notre travail plus complet, plus digne de la faveur publique.

Nous aimons à citer ici des médecins et des littérateurs distingués dont l'approbation a également contribué au succès de notre ouvrage. Parmi les médecins français ou étrangers, nous sommes heureux de pouvoir compter MM. Broussais, Cayol, Pariset, Double, Royer-Collard, Bousquet, Bourdon, Jules Guérin, Réveillé-Parise, Miquel, Fuster, Sandras, Dupau, Ségalas, Gaubert, Grimaud de Caux, Pouget, Brierre de Boismont, Dubois d'Amiens, Cottereau, Levavasseur, Gillet de Grammont, Fabre, Pagès, Muller, Larber, Delle Chiase, Dunglison, etc. Ce livre a reçu un accueil non moins honorable à Montpellier, où MM. les professeurs Lordat, Dubreuil, Delille, Dunal, Amador, Kuhnholtz, etc., se sont empressés de le recommander à leurs élèves.

Nous devons aussi de la reconnaissance à M. Charles Nodier, dont les éloges et les encou-

renseignements qu'il a puisés dans les meilleurs traités de mycologie français et étrangers.

L'atlas est au-dessus des éloges qu'on pourrait en faire. Il se compose de vingt-quatre planches et de cent à cent vingt figures représentant soixante espèces ou variétés très-distinctes de champignons. On peut dire de ces peintures qu'elles sont belles et vraies comme la nature. · CHARLES GAUDICHAUD.

(*Extrait des* ANNALES DE LA MÉDECINE PHYSIOLOGIQUE, *par M. le professeur Broussais.*)

ragements nous ont été si utiles. Cet aimable et savant académicien n'avait jamais mangé de champignons des bois. « Je ne craindrais pourtant pas, disait-il, d'en manger si M. Roques les avait cueillis, et je me fierais volontiers à ses études consciencieuses. » M. Loève Veimars parcourait les bois des environs de Provins pour nous soumettre quelques espèces usuelles dans le pays, et particulièrement le bolet orangé, qu'on y mange sous le nom d'*oronge*. Pourrions-nous oublier ici M. Frédéric Fayot, qui nous a donné tant de preuves d'amitié et de bienveillance, soit dans nos relations intimes, soit dans ses écrits.

Dans la plupart des journaux scientifiques ou littéraires, nous avons trouvé la même bienveillance, et, si nous ne craignions de nous compromettre avec quelques graves personnages, nous passerions tout bonnement de la science et de la littérature à la cuisine, où nous avons été fort bien, et même trop bien traité. Nous parlerions d'un homme célèbre, d'un artiste incomparable, enlevé si jeune encore, et au milieu de sa gloire, au monde friand. Tous les hommes de goût l'ont déjà nommé, c'est Carême, le cuisinier des empereurs, des rois, et des grands financiers de l'Europe, qui sont aussi des rois. Ce bon Carême voulait faire passer notre nom à la postérité! Il nous avait associé à MM. Broussais, Rossini et Boïeldieu. « Voyez, s'écriait-il, les grands musiciens, les savants médecins! ils sont tous gastronomes ; témoins Rossini et Boïeldieu, Broussais et Joseph Roques. » (*Gastronomie du dix-neuvième Siècle.* »

Nous nommerions également Grimod de la Reynière et le marquis de Cussy, qui avaient voulu nous enrôler sous leur drapeau, nous homme rustique, courant les bois, et dînant sans façon sous la treille du hameau, lorsque notre estomac en révolte nous crie : Arrête, tu n'iras pas plus loin. L'impitoyable mort les a aussi ravis à leurs admirateurs ; mais la renommée dira partout les grandes choses qu'ils ont faites pour le perfectionnement de l'art, et quelque plume plus habile que la nôtre nous conservera leurs savantes doctrines, leurs traditions, leurs bons mots, surtout leurs bonnes recettes. Nous combattions pourtant leur hygiène, leur manière de vivre un peu trop mondaine ; ils nous aimaient, ils ne s'en offensaient point, et plus d'une fois ils ont suivi nos leçons de tempérance.

Revenons à notre deuxième édition. Enfin, notre langage a été compris, et nos vœux sont exaucés. Depuis la publication de notre livre, médecins, naturalistes, propriétaires ruraux, cultivateurs, le pauvre, le riche, l'ouvrier, l'artiste, le curé de village, ont parcouru les bois pour y cueillir des champignons. Des magistrats, des militaires en retraite, se sont fait un plaisir de nous suivre dans nos courses pour apprendre à connaître une famille de plantes dont on a dit tant de bien et tant de mal. Là, sur la mousse, à l'ombre des châtaigniers et des chênes, tous les champignons étaient observés, sévèrement contrôlés, d'après leurs caractères essentiels, leur couleur, leur goût, leur parfum; et les espèces réputées comestibles n'étaient admises qu'après leur rigoureux examen.

Nous avons sous les yeux des lettres de médecins, de maires, de curés, qui nous apprennent que notre travail a été fort utile dans plusieurs cantons où le riche et le pauvre se nourrissent de ceps, de mousserons, de clavaires, d'oronges, etc. Aux environs de Versailles, où notre ouvrage a été très-répandu, presque tout le monde mange des champignons. Parmi les mycophiles les plus zélés, nous comptons M. de Reboul, ancien magistrat; MM. les docteurs Navarre, Pénard, Vitry, Braillard, Mora; M. Lefebvre, pharmacien; MM. Charbonneau, Vuel et Portier, libraires; M. Douchain, architecte; M. Kersalaun, ancien colonel d'infanterie; M. le comte de Jousselin; M. Jourdain, inspecteur des forêts; enfin nos bons et honorables amis M. de Germonville et M. de Louvain.

Des Parisiens ont fait exprès le voyage de Versailles pour y *subir l'initiation mycologique* *.

---

* Nous conservons ce mot employé par M. de La Reynière, qui hésitait à manger des champignons des bois. « Docteur, prenez garde ! vous voulez absolument me faire *subir l'initiation mycologique,* vous

M. Lévi et M. Lamé Fleury, hommes de lettres d'un beau renom, ont mangé sans crainte, dans notre petit réfectoire, des chanterelles et des ceps réduits en purée sous une noix de veau, et leur palais n'a pas été offensé de ce ragoût campagnard.

Plusieurs dames de Versailles, de Jouy, de Bièvre, de Chevreuse, etc., sont également friandes de champignons. « Aimez-vous les champignons, madame? — Pourquoi me faites-vous cette question?— Je m'adresse aux personnes d'un goût délicat, je serais flatté d'obtenir les suffrages des dames, et particulièrement votre approbation.— Eh bien! monsieur, je vous avoue que je n'ai jamais rien mangé de si exquis que des ceps cueillis dans les bois de Buc, et apprêtés à la bordelaise. » Voilà ce que me disait un jour madame ***, une des femmes les plus aimables et les plus spirituelles de Versailles.

Mais nous appelons tout le monde à nos petits festins. Il faut que le pauvre jouisse comme le riche. Au milieu des bois, nous avons rencontré des ouvriers, des bûcherons, des gardes, des soldats qui ont reçu avec reconnaissance nos conseils et nos observations sur l'usage de plusieurs espèces de champignons, et nous les avons quelquefois

répondez de ma vie au monde gourmand. Mais *le sort en est jeté*, mangeons des champignons, je m'abandonne à votre amitié et à votre expérience. »

préservés d'une funeste méprise. Nous leur avons
également indiqué les préparations les plus faciles,
les plus économiques et les plus salubres, ce qui
nous a valu de sévères réprimandes de la part
d'un fameux gourmand. « Si vous continuez vos
initiations mycologiques, il n'y aura bientôt plus
ni ceps ni clavaires. Hommes, femmes, enfants,
vieillards, maîtres, domestiques, tout le monde
court dépeupler les bois, et l'on y trouve à peine
quelques chétifs champignons si l'on ne part à
l'aube du jour. — Monsieur Mycophile, vos plaintes me charment, elles sont la plus douce récompense de mes travaux. Ne voyez-vous pas que j'é-
cris pour un grand nombre d'actionnaires ruinés
ou qui le seront bientôt, pour les pauvres mourant
de faim, pour les petits rentiers qu'on menace,
qu'on injurie et qu'on voudrait dépouiller? »

Oui, je veux les consoler, les assister dans leur
détresse, ces malheureux actionnaires, ces pauvres artisans qui, à force de travail, d'économie
et de privations, ont acquis un ou deux cents
francs de rente. Je leur consacre mes études, mes
loisirs. Qu'ils me suivent dans les vallées au retour
de la saison nouvelle, l'ortie adoucira ses traits
piquants, et ses feuilles deviendront les épinards
du pauvre, qui trouvera également des asperges
dans les pousses naissantes du houblon. Plus tard,
les bois lui fourniront une ample récolte de chanterelles, de ceps et de clavaires, dont il pourra

dessécher et conserver une partie pour l'hiver.
Un peu de graisse, un grain de sel, voilà leur assaisonnement; et, s'il a un peu de pain bis, ce
repas frugal le soutiendra jusqu'au lendemain.
Est-il malade ou infirme, le bon pasteur, la dame
charitable du château, le médecin philanthrope,
sont là pour soulager sa misère, pour adoucir ses
douleurs. O Providence! protège, conserve, mul-
tiplie ces êtres bienfaisants. Que deviendraient les
malheureux, si tu ne faisais descendre la pitié sur
la terre?

En publiant un pareil livre, il était bien difficile de plaire à toutes les classes de lecteurs. Nous
avons été critiqué, raillé dans certains petits cercles, et même dans un *petit coin* du monde savant.
La critique, quand elle est juste, nous ne la craignons point, nous la recevons au contraire avec
reconnaissance; elle redresse l'auteur qui faillit,
elle réveille celui qui s'endort. Mais la raillerie,
c'est autre chose; on nous permettra sans doute
de la renvoyer aux railleurs.

Le sybarite au regard languissant, au teint cou-
perosé, eût voulu que nous n'eussions parlé que
de roses ou de parfums à propos de champignons.
L'homme dissolu ne nous sait aucun gré de nos
remontrances, elles ne sauraient l'atteindre, il
est noyé dans la débauche. L'homme politique se
moque de notre langage, il ne veut vivre que
d'ambition, jusqu'à ce qu'il soit préfet, conseiller

d'état, et enfin ministre. Le paresseux méprise notre hygiène, il n'ira point dans les bois cueillir des champignons, il digère bien mieux un ragoût de truffes sur son sopha; l'air des montagnes le fait tressaillir, il veut mourir apoplectique.

Et le savant, l'homme grave! oh! celui-là ne comprend point que, dans un livre qui traite des champignons comestibles, on ait pu risquer quelques détails culinaires. Voyez-vous son dédaigneux sourire, sa tête haute et fière? L'entendez-vous s'écrier avec une noble indignation : « Peut-on déshonorer ainsi la science, la ravaler jusqu'aux fourneaux? » Laissons-le dire; il se croit très-savant, il l'est peut-être, mais il manque d'esprit et de goût, il vit d'orgueil, et, s'il continue ce mauvais régime, il mourra probablement de sottise.

Un autre censeur moins courroucé, mais plus *malin*, disait, après avoir parcouru notre livre : « On voit bien que M. Roques a lu la Cuisinière bourgeoise.—Oui certainement. Il ne faut rien dédaigner; partout il y a quelque chose à apprendre, surtout quand on n'est comme moi qu'un pauvre marmiton. Mais vous, monsieur, vous êtes bien plus heureux, vous savez tout sans avoir rien appris, et tout le monde admire vos talents, votre rare mérite. Vous êtes médecin, chimiste, physiologiste, littérateur, grammairien, philosophe, moraliste, que sais-je? Et si jamais vous vous mêlez

de cuisine, vous en ferez comme vous faites de la
science ou de la littérature. Ah ! si du moins j'a-
vais eu le bonheur d'être dirigé par vous dans mes
courses, si vous m'aviez électrisé par les élans de
votre génie, par votre courage, nous eussions
gravi ensemble la chaîne des Alpes ou des Pyrénées, et le soir, après une heureuse digestion,
vous m'eussiez aidé de votre plume élégante à
tracer les beaux paysages qui auraient charmé nos
regards. C'est ainsi que mon travail corrigé, em-
belli par vous, eût enlevé tous les suffrages. Mais
non ; vous aimez mieux votre fauteuil académique,
où vous pouvez dormir tout à votre aise si les rêves
de la nuit ont troublé votre sommeil. Que faire
dans les bois? Le froid vous glace sur les hautes
montagnes, la chaleur vous étouffe dans les vallons. D'ailleurs, il n'y a là ni places, ni honneurs,
ni récompenses.... » Vous l'entendez, Midas aime
l'or, les titres, les cordons, les repas splendides,
les mets délicats, puis le spectacle et la musique
pour bien digérer.

Nous avons aussi les Tartufes de tempérance,
dont le front se couvre de rougeur quand on leur
parle d'un ragoût de truffes ou de champignons.
Ils ne connaissent point notre ouvrage ; ils se croi-
raient damnés s'ils en lisaient une ligne. Eh bien !
ils en ont extrait les meilleures recettes. Pourquoi
donc ne pas avouer qu'on est friand ? La friandise
n'est point un vice ; elle est au contraire une vertu

sociale ; elle s'allie avec l'élégance, la politesse, les belles manières ; et si le glouton dégrade l'art, le gastronome est artiste.

Les médecins qui ont laissé une belle réputation, Barthez, Corvisart, Bonnafos, Maloët, Jeauroi, etc., étaient friands. Ils l'étaient pour eux-mêmes et pour leurs malades. Des goûts, des besoins nouveaux, de nouveaux plaisirs, de nouvelles jouissances, répandent sur la vie un charme inexprimable. Voyez ce convalescent délicat, difficile, gâté par la fortune, par les honneurs ; l'ennui, ce tyran des âmes rassasiées, est empreint sur toute sa physionomie ; sa faiblesse est extrême, à peine a-t-il la force de respirer. Vous lui offrez un bouillon, un aliment simple, vulgaire, il ne vous entend pas, il ne vous voit pas, il est immobile, on dirait qu'il est mort. Donnez-lui quelque mets bien préparé, de bonne mine, un ragoût appétissant, son œil, son odorat se raniment ; il goûte. Quelle nouveauté de sensations ! son estomac engourdi se réveille, le sourire renaît sur ses lèvres décolorées, il est heureux, il s'endort, et sa guérison commence.

L'hygiène culinaire et la médecine pratique doivent marcher de concert. « Étudiez, mon ami, me disait le docteur Bonnafos, ce qui est bon, ce qui plaît aux hommes ; faites de petites expériences gastronomiques sans blesser les lois de l'hygiène, vous vous en porterez mieux, et, dans

certaines circonstances, vous exercerez sur les
malades enclins à la gourmandise un pouvoir sans
bornes. » Cet excellent homme avait raison, le
médecin doit étudier les raffinements de la table.
Je me suis livré à ce genre d'étude lorsque je vi-
vais dans le monde ; mais, devenu campagnard,
il ne me reste plus que quelques faibles traditions.
Puisse le lecteur les recevoir avec indulgence. Je
me garde bien de les adresser à certains médecins
qui courent sans cesse après de nouveaux systèmes, ou, si l'on veut, après de nouveaux malades ; la science des aliments leur est inutile, ils
dédaignent même les premiers éléments de la matière médicale, une seule méthode leur suffit ;
leurs yeux de lynx ont pénétré dans l'organisation
humaine, les causes morbifiques les plus cachées
leur sont connues. Ils n'ont plus qu'à agir, qu'à
commander à la nature ; soumise à leur autocratie
elle obéira en esclave, et si par hasard elle était
indocile, ils ont des armes plus puissantes pour
la contraindre et la réduire au silence....

Oui, je le répète, tous les médecins éclairés
aiment la friandise. Le bon Pinel mangeait d'excellentes matelotes à la Salpétrière (la Râpée n'est
pas loin de là). Il réunissait à sa table proprement
servie des amis, des confrères, et quelquefois le
vin de Champagne venait égayer la docte assem-
blée au dessert. Aujourd'hui même un jeune professeur au teint vermeil fait de temps en temps de

l'hygiène gastronomique, et si vous le rencontrez à la promenade lorsqu'il digère, il vous dira gaîment que la friandise ne dépare point la science.

Outre les médecins, nous avons encore des savants, des avocats, des gens de lettres, des artistes, enfin la plupart des hommes bien élevés, polis, spirituels, qui aiment les douceurs de la table. Et les dames, vous les oubliez donc? Non, certes, dussent-elles en rougir un peu. Pourrions-nous oublier la femme, dont tous les traits respirent la friandise? la femme, que la nature a douée d'un goût si fin, si délicat? Oui, tout est friandise chez la femme, et Dieu l'a voulu ainsi pour le bonheur, pour les délices de l'homme.

Mais qu'il y a loin de l'heureux emploi de la vie, de ces petits repas réglés par la tempérance, aux excès de nos gourmands vulgaires! Dans nos écrits, dans nos entretiens familiers, nous avons toujours flétri la gourmandise, la mollesse, l'ivrognerie, la débauche (voyez la nouvelle édition de notre *Phytographie médicale*, et notre nouveau traité des *Plantes usuelles*); et nous ne saurions approuver cette gastronomie transcendante, aristocratique, ruineuse, si vantée par Brillat-Savarin.

Comment finissent tous ces gastronomes qui passent leur vie à compter les plats qu'ils mangeront aujourd'hui, qu'ils pourront manger demain; qui se font *inspecteurs des halles et marchés*, qui courent dès le matin chez les fournisseurs; qui examinent, flairent, dégustent les productions les plus rares ; qui attendent avec une anxiété douloureuse que la marée arrive, et qui versent des larmes si elle n'arrive point ; qui se nourrissent de gibier, de truffes, de champignons, de ragoûts épicés, de piment, d'écrevisses, de vins spiritueux ? L'insomnie, la fièvre, le cauchemar, les palpitations, les irritations nerveuses, l'inflammation des organes digestifs, la goutte, la gravelle, les dartres, la lèpre, enfin les maladies les plus hideuses viennent terminer leur triste existence. Heureux lorsqu'ils meurent foudroyés par l'apoplexie ! On en voit d'autres au teint blafard, aux yeux éraillés, à la jambe vacillante, sans cesse agités par de petites joies, par de petits chagrins, rire, pleurer, manger, boire, dormir, et tomber enfin dans une sorte d'idiotisme ou dans une incurable démence.

Lisez l'histoire. Lucullus, rassasié de plaisirs et de gourmandise, meurt imbécile. Sylla, l'affreux Sylla, fatigué de verser le sang des Romains, se plonge dans la débauche, passe les nuits à boire avec des comédiens et des femmes prostituées. Ses viscères s'enflamment, tout son corps est dévoré par une sorte de vermine, par d'horribles insectes qui pullulent sous la peau, la rongent, la déchirent, et la putréfient. Enfin il expire au milieu des plus horribles souffrances. Digne mort d'une aussi indigne vie !

Et les parasites! c'est à tort qu'on les a placés parmi les gastronomes. Dans cette classe d'amateurs qui vont flairant la vapeur des meilleures cuisines, il y a sans doute des gens d'esprit, des hommes de talent; mais bien souvent leur gourmandise dégénère en lâcheté, en bassesse, témoin le philosophe Aristippe qui souffre que Denis lui crache au visage. Et Platon, le divin Platon a pu manger à la table de ce tyran! Certes, nous ne voulons pas éloigner de la table du riche quelques hommes de mérite qui ont besoin d'aller oublier un moment les torts ou les caprices de la fortune; mais qu'ils sont à plaindre s'ils sont obligés de descendre jusqu'à une honteuse flatterie, pour conserver les bonnes grâces de leur amphitryon!

Nous n'admettons pas non plus parmi les friands cet égoïste au cœur de bronze qui s'écrie, en voyant un laboureur frais et dispos : « Coquin! tu es bien heureux de digérer aussi bien. » Cette grossière apostrophe atteste le dépit et la rage d'un gourmand que l'ennui dévore parce qu'il a perdu l'appétit. Qu'il se fasse *coquin* à la manière de ce bon villageois, qu'il quitte son salon doré, son fauteuil, son lit d'édredon; qu'il gravisse la colline, qu'il renonce aux coulis épicés, aux sauces brûlantes, à l'ambition surtout qui lui ronge le cœur; enfin qu'il devienne sage, il digèrera parfaitement. Que dites-vous? Non, la sagesse ne

saurait pénétrer dans une âme flétrie par toute
sorte de vices, ou plutôt rien ne saurait ranimer
un corps sans âme.

Heureux l'homme des champs qui se contente
de quelques mousserons préparés à son modeste
foyer, qui vit loin du bruit du monde, qui se livre tour à tour aux exercices du corps et de
l'esprit, qui fait un peu de bien quand il le peut,
et qui attend sans inquiétude les ordres de la
Providence! Vous vous ennuyez à la ville, votre
santé s'affaiblit, vous digérez avec peine les mets
les plus légers, et vous n'osez aborder cette croûte
aux champignons qui faisait autrefois vos délices;
quittez cette atmosphère chargée de vapeurs im-
mondes, venez habiter la campagne. Suivez-moi
dans ce joli vallon que l'Yvette rafraîchit de son
onde pure. Parcourons ensemble les bois de Chevreuse ou le beau parc de Dampierre; montons
sur ces coteaux dont la pente douce ne saurait
arrêter vos pas; cueillons la chanterelle toute
resplendissante d'or sur la mousse, ces beaux
champignons au chapeau d'ébène, si vigoureux,
si succulents; je vous jure que vous les digérerez
sans trouble, sans embarras, sans fatigue. Vous
êtes riche, vous pouvez soulager cette pauvre
veuve chargée d'une nombreuse famille; venez,
elle vous attend et déjà elle vous bénit. Voyez
ses petits enfants qui vous sourient, qui vous entourent, qui vous prodiguent leurs caresses si

simples , si naïves ; votre âme en est tout émue.
Oh! quel contentement donne une bonne action !
comme elle ranime , comme elle rafraîchit le
sang !

Mais qui nous garantira des mauvais champignons? qui nous dira les espèces qu'il faut choisir, la meilleure manière de les préparer? Vous
suivrez nos conseils. Vous vous défierez surtout
de certains champignons qui ont tué plus d'un
gourmand séduit par leurs belles formes, par
leurs brillantes couleurs. On se croit habile, on
n'est que téméraire. Attachez-vous à un petit
nombre d'espèces bien observées, bien connues,
comme les morilles, les clavaires, les hydnes, les
chanterelles, les ceps, les mousserons des pacages et les oronges. Oh! celles-là sont fort inno-
centes, fort bonnes, et le voisinage des champignons malfaisants n'a jamais pu altérer leurs
qualités naturelles, malgré le préjugé contraire,
accrédité d'abord par les anciens, puis accueilli
trop légèrement par quelques modernes. La fausse
oronge, poison mortel, croît souvent à côté du
champignon des Césars, qui est toujours le meilleur
des champignons. Il n'en est pas ainsi de l'homme,
la société des méchants le pervertit, le déprave.

Pourquoi voit-on encore de temps en temps dans
nos journaux des observations d'empoisonnement?
Une famille honorable de Nantes a été empoison-

née, il n'y a pas long-temps, par des champignons. Le père est mort malgré les secours de l'art, le fils et une nièce ont été gravement malades. « On nous affirme que cette famille avait depuis long-temps l'habitude de cueillir et de manger des champignons dont elle croyait savoir distinguer la qualité bonne ou mauvaise. » (*National de l'Ouest.*)

La plupart des amateurs sont imprévoyants, ils jugent de la qualité des champignons par des caractères peu tranchés, et leur expérience superficielle les égare. On le voit par le fait que nous venons de citer, et on le verra encore mieux par d'autres faits que nous exposerons plus tard. Mais l'autorité locale n'aurait-elle pas dû consulter des médecins ou des naturalistes initiés dans la mycologie, afin de signaler au public l'espèce de champignon qui a causé ce funeste accident? Tous les faits de cette nature, publiés d'une manière vague et incomplète, sont perdus pour la science et pour l'humanité.

Au reste, bien qu'aujourd'hui l'usage des champignons soit beaucoup plus répandu qu'autrefois, les accidents sont beaucoup plus rares. C'est qu'on observe avec plus de soin ce genre de plantes, et, grâce à un grand nombre d'amateurs qui en font une étude spéciale, l'instruction filtre peu à peu dans les classes moins éclairées.

Encore une question. Pourquoi avez-vous rangé

dans la liste des mycophiles des gloutons, des monstres qui ont épouvanté le genre humain? Néron, par exemple, figure fort mal dans une nomenclature où se trouvent le pape Clément VII et autres friands délicats. « Oh! je vous en prie, me disait un jour M. de Balathier, jeune écrivain plein d'esprit, qui m'avait accompagné dans une excursion mycologique, effacez un ou deux noms seulement, puis je serai heureux et fier d'être placé, non loin de M. de Cussy, entre Apicius et Cicéron.

— Vous aurez la place que vous désirez, elle vous appartient par ordre alphabétique, mais je ne vous promets point d'effacer Néron de ma liste. C'était, j'en conviens, un incendiaire, un parricide, un goinfre qui avalait des champignons tout brûlants, et immédiatément après des morceaux de glace pour rafraîchir ses entrailles, mais je dois conserver son nom, ne fût-ce que pour avertir que la gourmandise et la débauche sont capables d'altérer toutes les sensations, toutes les idées, et d'engendrer tous les crimes. »

Au reste, que l'homme bon, que le *friand honteux* se rassure, qu'il se montre tel qu'il est, il ne doit point rougir de la délicatesse de son goût. Le méchant n'est point gastronome, il n'a jamais connu les plaisirs de la table ni ce qui fait le bonheur et le charme de la vie.

Adieu l'automne, l'hiver va régner à son tour.

Déjà la nature prend le deuil, l'aquilon siffle sur la montagne, les arbres se dépouillent, plus de verdure, plus de fleurs dans le vallon. Croyez-moi, jouissez sans inquiétude, sans contrainte, et si vous avez deux ou trois amis (n'en cherchez pas davantage, les vrais amis sont rares), soyez indulgent pour eux, qu'ils le soient pour vous-même. Réunissez-vous de temps en temps à une petite table ronde, proprement servie, et laissez tomber la neige. Les plaisirs modérés, les petits repas assaisonnés d'un peu de philosophie ; un parfait accord, une conversation douce, bienveil-lante, variée, sans prétention, sans pédantisme ; tout cela ranime le corps et l'esprit, donne des heures délicieuses, fait passer rapidement l'hi-ver ; et puis l'espérance au visage riant est là qui vous montre dans le lointain, à travers un voile de gaze, la nature rajeunie, embellie, vous pro-met de nouveaux plaisirs, de nouvelles jouissan-ces avec les beaux jours.

JOSEPH ROQUES.

Versailles, 1er décembre 1839.

Post-scriptum. Encore un mot, cher lecteur. Vous vous êtes montré si bienveillant à notre égard que vous nous permettrez, nous l'espérons du moins, de vous conduire quelquefois dans

quelques riants vallons où vous pourrez vous asseoir avec nous sur la mousse. Là nous vous
montrerons les paysages ou les plantes qui auront frappé nos regards ; puis nous causerons de
ce qui fait aimer la vie. Nous reviendrons sur le
passé déjà bien loin de nous ; nous mêlerons les
souvenirs de nos jeunes années, nous parlerons
peu de l'avenir, mais nous nous occuperons surtout du présent, et, si la faim nous presse, nous
ferons griller nos champignons dans le village
voisin, car, vous le savez, *il faut manger au moins
pour vivre.*

« Encore des souvenirs, des anecdotes, des repas de campagne, s'écrie M. Traumaphile ! Vous
voulez donc continuer vos *Plantes usuelles* où
vous parlez de tant de choses à propos d'une
herbe des champs ! Faut-il vous dire toute ma
pensée ? Vous n'écrivez que pour amuser le lecteur. Votre médecine est d'ailleurs si simple, si
vulgaire qu'elle ne peut convenir qu'à quelques
curés de village ou aux sœurs de la charité. Et
puis vous revenez sans cesse au régime, à la médecine des aliments, à la médecine d'Hippocrate,
et vous osez à peine parler de ces remèdes énergiques qui raniment l'organisme aux abois, qui
domptent les maladies les plus graves.

— Je vous comprends, M. Traumaphile, vous
ne croyez point aux bienfaits du régime, d'une
alimentation sage, rationnelle ; vous n'aimez point

surtout qu'on éclaire les gens du monde sur vos méthodes périlleuses, sur vos systèmes qui se renouvellent au moins une fois par an. Vous n'aimez pas non plus nos promenades, nos excursions dans la campagne. Eh bien ! nous vous laissons volontiers dans votre beau salon, où vous pourrez étaler votre luxe, y parler de vos brillants succès, et attirer à vous cette espèce de clientelle riche, faible, crédule, toujours prête à se confier à l'homme de l'art qui marche la tête haute et promet des merveilles.

— Oui, je conviens que je cours après les malades ; plus on en voit, plus on est riche. J'avoue même que pendant plusieurs années je les ai d'abord purgés vivement, puis saignés jusqu'à défaillance à force de sangsues.

— C'est-à-dire que vous avez été tour à tour *stercoraire* et *hirudinaire*.

— Que signifient ces mots dont je n'ai jamais entendu parler ?

— Certes, vous ne les trouverez point dans le nouveau *Dictionnaire de l'Académie*, mais ils peignent passablement les médecins systématiques de notre époque. Une autre fois je vous en dirai l'étymologie. Il ne vous reste plus maintenant qu'à vous faire homœopathe. Vous savez que l'homœopathie est une inspiration sublime du docteur Hahnemann ; elle est tout-à-fait digne de vous et des charlatans ou des niais qui marchent à sa suite.

— Eh! pourquoi n'adopterais-je pas cette nouvelle méthode si elle pouvait doubler mon revenu? Au reste, je vous le répète, je ne perdrai pas mon temps à vous lire. La médecine antique que vous portez si haut est un rêve que le flambeau de l'anatomie a dissipé à tout jamais.

— M. Traumaphile, pour être un véritable médecin il ne suffit pas d'être anatomiste, de piquer adroitement une veine ou de purger énergiquement un malade, il faut encore savoir lire et comprendre les faits recueillis par nos prédécesseurs. Vous avez raison de dédaigner la médecine des anciens, surtout celle d'Hippocrate, à laquelle on ne peut s'élever que par de fortes études, par un jugement droit, par une observation attentive et consciencieuse. Il vous est bien plus facile de renfermer votre érudition dans un lancettier ou dans le *Codex medicamentarius* de Paris.

— Vous vous fâchez! Adieu, monsieur. Je vous livre à vos courses dans la campagne. Vous pouvez y manger tranquillement toute espèce de champignons, je n'irai point vous les disputer au milieu des broussailles. Je préfère savourer un ragoût de truffes dans ma salle à manger.

— Eh! que nous importe! si l'honnête villageois, si l'homme instruit, si le bon curé nous suivent, nous écoutent, c'est pour nous la meilleure compagnie. »

Pardon encore une fois, cher lecteur, de ce

petit épisode. Notre unique désir est de nous montrer toujours digne de l'approbation des vrais savants, notre but spécial d'éclairer les gens du monde. Là se trouvent aussi des hommes d'esprit et de goût dont le suffrage nous a puissamment encouragé dans nos travaux. Nous aimons à leur en offrir ici notre bien sincère reconnaissance.

Et puis, nous n'avons pas la prétention de satisfaire tous les goûts dans ce nouveau travail sur les champignons. L'homme sensuel ne nous trouvera pas assez friand ; d'autres nous reprocheront une sorte de luxe culinaire. Voici notre profession de foi. Oui, nous aimons, nous permettons la friandise, quelquefois même nous la conseillons pour dompter le chagrin, pour endormir la douleur ; enfin pour oublier un moment la vie. Mais nous sommes inexorable pour la gourmandise qui dégénère en débauche.

HISTOIRE
DES CHAMPIGNONS
COMESTIBLES ET VÉNÉNEUX.

INTRODUCTION.

§ Ier. NATURE ET ORGANISATION DES CHAMPIGNONS.

Nous passerons sous silence les hypothèses des anciens, et les idées non moins singulières de quelques modernes sur l'origine des champignons. Suivant les naturalistes les plus distingués de nos jours, ces productions forment le premier anneau de la chaîne végétale ; et si elles paraissent s'éloigner de la plupart des autres plantes en ce qu'elles sont dépourvues de feuilles et de fleurs, elles s'en rapprochent du moins par leurs parties fructifères. Un champignon quelconque ne peut exister, dit Bulliard, s'il n'est le produit de la graine d'un individu de la même espèce, et ce qu'on appelle vulgairement blanc de champignon, n'est autre chose que sa graine agglutinée à divers corps[*].

[*] L'Ecluse avait reconnu, un des premiers, l'existence des graines dans les champignons. Cette opinion a été embrassée par Micheli, Boccone, Battara, Hill, Gleditsch, Schæffer, Adanson, Batsch, Bulliard, Hedwig, Palisot de Beauvois, Paulet et beaucoup d'autres botanistes modernes. Toutefois, Micheli et Bulliard ont admis des attributs mâles et femelles, ou une espèce de pollen analogue à celui des plantes staminifères, lequel, en fécondant les graines, opère la reproduction des champignons. Palisot de Beauvois (*Journal de Botanique*, t. II,

Les champignons croissent par intus-susception, ainsi que les autres plantes, et, comme elles, ils présentent souvent les phénomènes les plus marqués d'irritabilité. Chaque espèce reparaît dans les mêmes lieux, dans les mêmes saisons, avec les mêmes caractères. Quoique beaucoup plus simples dans leur composition générale, ils offrent néanmoins un appareil d'organes plus ou moins compliqué. Parmi leurs parties essentielles, on distingue la racine, le volva, l'anneau, la cortine, le pédicule, le chapeau, la membrane sporulifère et les sporules ou semences.

On appelle racine les fibrilles ou filets blanchâtres, déliés, au moyen desquels les champignons tiennent au sol et y puisent une partie des sucs qui doivent servir à leur nutrition.

Le volva est une espèce de bourse ou membrane ordinairement blanche et plus ou moins épaisse, qui tire son origine de l'extrémité inférieure du pied du champignon à qui elle appartient, qui enveloppe entièrement ou en partie son chapeau dans le premier âge, et dont on aperçoit presque toujours des vestiges, soit à la surface de celui-ci, soit à la base du pédicule. Les amanites de Persoon, les genres *phallus* et *clathrus* sont pourvus d'un volva.

L'anneau, qu'on nomme aussi collet ou collier, est une enveloppe partielle qui recouvre d'abord toute la partie inférieure du chapeau, et s'en détache ensuite pour se ra-

p. 155) a cru également reconnaître des organes fécondants dans la poussière des vesseloups; et, d'après son assertion, les véritables graines consistent dans une autre poussière plus fine et moins nombreuse qu'il a observée dans la membrane réticulaire qui forme la base de ces plantes. D'autres naturalistes pensent, et je partage ce sentiment avec M. Persoon, que les champignons sont des plantes aphrodites ou agames, qui se reproduisent tantôt par des gemmes ou bulbes, et tantôt par des sporules ou semences.

battre au sommet du pédicule, où elle forme une sorte de bourrelet annulaire. On le trouve dans la section des amanites, dans un assez grand nombre d'agarics, et plus rarement dans les bolets.

On donne le nom de cortine à une espèce de voile mince et filamenteux comme une toile d'araignée, qui s'étend également du sommet du pédicule aux bords du chapeau, et disparaît presque entièrement à la maturité du champignon. Cette membrane s'observe dans une section de la tribu des agaricées, qui porte le nom de cortinaire.

Le pédicule, que l'on appelle également pied ou tige, est la partie qui supporte le chapeau. Les champignons terrestres en sont rarement dépourvus, mais il manque souvent aux espèces parasites. Il est en général d'une forme cylindrique, quelquefois bulbeux ou renflé à sa base, plein ou fistuleux, sillonné ou lisse, nu ou couvert d'écailles, ordinairement central et droit, quelquefois excentrique ou latéral.

Le chapeau est la partie supérieure et principale d'un grand nombre d'agarics et de bolets; il varie singulièrement dans sa forme et dans sa consistance. Ordinairement il affecte la forme hémisphérique; quelquefois il présente celle d'un parasol, d'une soucoupe, d'un entonnoir, ou celle d'un cône arrondi, d'une mitre, d'une massue, etc. Il est charnu ou coriace, parfois mince et transparent, glabre ou velu, lisse ou parsemé de papilles produites par l'épiderme qui se soulève sous la forme d'écailles imbriquées, et qu'il importe de ne pas confondre avec les verrues ou pellicules de certaines amanites.

La partie la plus essentielle des champignons est celle qui porte les organes reproducteurs. On l'appelle membrane sporulifère, séminifère ou hyménium. A sa surface se trouvent les semences, soit nues, soit renfermées dans de petites vessies ou utricules. Cette membrane forme en se repliant les tubes ou pores des bolets, les lames ou feuillets des agarics, les veines ou nervures dicothomes des chanterelles. Elle est lisse dans les clavaires, les helvelles, hérissée de pointes ou aiguillons dans les hydnes. Sa couleur, rarement la même que celle du chapeau, devient plus foncée à la maturité des graines.

Les utricules qui composent l'hyménium, et qu'on désigne également sous le nom de thèques (*asci*), sont des corps sphériques ou ovales où sont renfermées les sporules. Leur finesse est extrême, et leur nombre quelquefois si considérable, que l'hyménium semble entièrement formé par leur réunion. Pour les bien observer, il suffit de placer la surface sporulifère sur une glace posée horizontalement. Après quelques heures, on voit la place couverte d'une matière pulvérulente, entièrement composée d'utricules. Ce sont ces utricules qui font paraître pendant un certain temps la surface des hydnes, des clavaires, etc., comme saupoudrée d'une farine glauque semblable à celle qu'on remarque dans les fruits.

Les sporules, que quelques botanistes appellent aussi gongyles, sont en général ovales ou arrondies, quelquefois de forme anguleuse. Observées au microscope, elles sont diaphanes, homogènes, ou divisées par des cloisons transversales très-déliées. Leur surface est enduite d'une humeur visqueuse, au moyen de laquelle elles s'attachent aux corps sur lesquels elles ont été lancées par les vents, à la maturité de la plante. Les pluies les précipitent également sur la terre, et si des circonstances favorables secondent leur développement, on voit bientôt de vastes surfaces couvertes de champignons. Ces graines varient, comme celles des autres végétaux, dans leur nombre, dans leur situation, leur insertion, leurs dimensions, leur couleur, etc. Dans les pézizes, les helvelles, les morilles, elles sont ordinairement au nombre de huit dans chaque utricule, d'où elles s'échappent avec élasticité et sous forme de poussière fine. Quelquefois elles sont répandues sur tous les points de la surface du champignon (les clavaires), ou fixées à sa partie supérieure (les pézizes). Le plus souvent elles occupent la partie inférieure du chapeau (les agarics, les chanterelles, les bolets). Parfois aussi, dans la tribu des lycoperdonées, par exemple, elles sont renfermées dans une sorte de sac, et leur nombre est incalculable.

Les lycoperdons se distinguent par une enveloppe commune ou péridium, d'abord charnu, ferme, puis spongieux et rempli d'une poussière très-fine formée par les sporules. Cette poussière s'échappe en fusée lorsque le péridium se déchire à la maturité du champignon.

Les tubéracées, petite famille à laquelle appartiennent les truffes, offrent à leur intérieur de petites veines qui en font paraître la chair comme marbrée. Leurs réceptacles ne s'ouvrent point, mais ils renferment des sporanges séparés les uns des autres par des veinules que Fries prend pour un hyménium. Suivant Persoon, les sporules placées entre les veines sont transparentes et munies d'un court pédicelle.

§ II. REPRODUCTION ET CULTURE DES CHAMPIGNONS.

C'est particulièrement sous l'influence d'une température douce et humide, au printemps et en automne, que ces plantes se développent, se renouvellent sous toute sorte de formes et de couleurs. Les matières les plus propres à seconder leur développement sont les débris des matières végétales et animales en décomposition. Les feuilles et les écorces de chêne, d'orme, de châtaignier, de peuplier, etc., le tan, le fumier de cheval, favorisent singulièrement leur reproduction. On a observé que ces deux dernières substances répandues dans les jardins y font naître quelquefois avec profusion le champignon de couche (*agaricus edulis*). Ainsi, on peut en avoir dans toutes les saisons, en mêlant trois parties de fumier de cheval, deux parties de tan et une partie de terre végétale ; il suffit d'arroser ce mélange avec l'eau dans laquelle on a fait bouillir des champignons.

Un moyen à la fois simple et facile de se procurer toute l'année le champignon comestible, est de creuser dans un jardin bien abrité, au midi ou au levant, une fosse profonde de six pouces, large d'environ deux pieds, d'une longueur proportionnée à l'étendue du terrain ; de la remplir de bon fumier de cheval qu'on larde de blanc de champignon d'espace en espace, et qu'on recouvre ensuite de terre végétale. On l'arrose de temps en temps, plus souvent en été, surtout si la chaleur est vive, et on la garantit du froid en la couvrant de paille ou de fumier non consommé. On peut établir également la couche dans une cave, où elle exige encore moins de soins, la température y étant toujours à peu près la même. Après quelques semaines, on voit pousser les champignons. Pour que la couche ne s'affaiblisse point, il faut l'arroser avec l'eau qui a servi à laver les champignons dont on a fait usage, et laisser de temps en temps sécher sur pied quelques individus, afin que leurs graines se déposent sur la couche et entretiennent sa fécondité.

On obtient aussi des champignons en mêlant leurs épluchures au fumier d'âne ou de cheval, et en dispersant ce mélange dans les bosquets, dans les jardins, sur un sol préalablement remué avec la pioche ou la bêche. La saison la plus convenable pour la culture de ces plantes, est le printemps ou le commencement de l'automne.

A ces procédés, qui réussissent ordinairement assez bien, nous nous empressons d'ajouter une note fort intéressante qu'a bien voulu nous communiquer un de nos plus habiles agronomes *.

« Tous les traités d'Horticulture indiquent presque uniformément le mode suivi par les maraîchers de la capitale, pour obtenir plus ou moins vite une abondante récolte de champignons de couche. Ceux qui entreprennent cette culture, d'après les procédés pénibles et dispendieux qu'enseignent ou que répètent ces livres, n'ont pas constamment à se louer de leur expérience, puisque les maraîchers eux-mêmes ne réussissent pas toujours, malgré l'habitude que leur donne la pratique.

» Mais un moyen sûr de succès, c'est celui que je dois à l'instruction de la nature, révélée par le hasard, et recueillie avec attention. Tous les fumiers chargés de crotins

---

* M. Pirolle, auteur d'un excellent ouvrage qui a pour titre *l'Horticulteur français*, ou *le Jardinier amateur*. L'instruction solide et la méthode qui règnent dans cet écrit le distinguent de tous les recueils de ce genre, et lui assurent un succès durable. Les vrais principes de la science y sont exposés avec une précision et une clarté si parfaites, qu'il est destiné à devenir le *Vade-Mecum* de tous ceux qui s'occupent de la culture des jardins. On ne saurait leur recommander un guide plus sûr, plus fidèle. L'auteur a compris que dans un ouvrage pratique, il fallait parler à toutes les intelligences, et il s'est montré, pour me servir de l'expression de Montaigne, non le plus savant, mais le mieux savant.

de nos animaux, notamment de la race bovine ou ovine, lorsqu'ils sont un peu consommés et blanchis, ou moisis par la privation d'air, produisent en peu de temps l'agaric comestible. Tous les jardiniers-praticiens, qui tiennent en réserve des fumiers de cette nature, trouvent toujours de ces champignons dans ces fumiers, lorsque quelque circonstance les a disposés à la moisissure.

„ Ainsi, sans recourir aux couches spéciales usitées presque partout, il suffit de placer dans une cave sèche ou tout autre lieu également sec et privé d'air, du fumier de cheval mi-consommé, à l'état à peu près où il se trouve quand on le sort des couches à melons, mieux celui d'âne ou de mulet, mieux encore celui de chèvre et de mouton, en observant que ces fumiers seront d'autant plus productifs, qu'ils seront plus riches en crotins de ces animaux. Ce fumier, qui dans quelques semaines se blanchira, surtout s'il n'est pas trop humide, sera tout naturellement converti en blanc de champignon.

„ Les cultivateurs qui en février ou mars, et même plus tôt, voudraient améliorer avec une couche légère de ce fumier les planches qu'ils destinent à la culture des plantes légumineuses, telles que ognons, petits radis, salades, etc., récolteront abondamment des champignons, sans nuire à la récolte de ces mêmes plantes, c'est-à-dire qu'ils auront deux récoltes pour une. Il en sera de même s'ils mettent de ce fumier blanchi une épaisseur de deux ou trois pouces sur le fumier chaud de leurs couches à melon, ou précoces ou printanières. La récolte qu'ils obtiendront de ce fumier leur rapportera bien autant que celle des melons, sans porter aucun préjudice à cette dernière.

„ Je donne ces faits comme résultat de mon expérience,

et non pour les avoir lus sur des livres au coin du feu. »

Micheli avait déjà obtenu des champignons lamellifères de leur poussière séminale, répandue sur un tas de feuilles de chêne vert en décomposition. Les heureux essais de quelques autres naturalistes sont venus depuis confirmer les expériences du botaniste italien. Il est vrai que d'autres épreuves tentées en divers pays n'ont pas eu le même succès; mais, outre que des expériences négatives ne sauraient détruire des faits antérieurs bien constatés, voici un nouveau témoignage qui semble déposer en faveur de la force reproductive des champignons par leurs graines.

L'auteur de la *Flore des Landes*, le docteur Thore, assure que dans ce département on sème le bolet comestible (*boletus edulis*) et l'agaric palomet (*agaricus palomet*) de la manière suivante. On arrose simplement la terre d'un bosquet planté en chênes, avec de l'eau dans laquelle on a fait bouillir une grande quantité de ces deux espèces de champignons. La culture n'exige d'autres soins que d'éloigner de ce lieu les chevaux, les porcs, et toute espèce de bêtes à cornes qui sont très-friandes de ces deux plantes. Ce procédé ne manque jamais de réussir.

On peut enlever le champignon ordinaire de sa couche, et le transplanter en d'autres lieux, pourvu que le voyage ne soit pas trop long. Il continue alors à végéter et à vivre, et il conserve assez de force vitale pour arriver à une parfaite maturité et se reproduire par ses semences; mais il faut que la nouvelle terre qui les reçoit ait les qualités convenables, ou bien elles y périssent n'y trouvant point leur nourriture propre. Il paraît néanmoins qu'on n'a pas pu réussir jusqu'ici à cultiver la plupart des champignons des bois, en les transplantant dans un lieu frais, après les

avoir enlevés de leur terre natale. On a remarqué qu'ils se
flétrissent et se décomposent peu de temps après. Peut-
être obtiendrait-on plus de succès, si l'on multipliait ces
expériences, et si l'on prenait toutes les précautions convenables. Nous avons reçu, il y a quelques années, des
environs de Châtillon en Bourgogne, plusieurs mousserons
fixés à une motte de terre très-épaisse qu'on avait enlevée
avec soin. Bien qu'ils eussent été cueillis depuis deux ou
trois jours, ils étaient parfaitement conservés. Ils ont été
peints dans cet état de fraîcheur par M. Bordes. Tout nous
porte à croire que la transplantation de ce groupe de
plantes sur un sol bien préparé aurait complètement
réussi.

Dans le siècle dernier on a essayé en vain, à plusieurs
reprises, de cultiver et de propager les truffes. Les essais
qu'on a faits depuis en France, en Italie et en Allemagne,
ont été plus heureux, et quoique la culture de ces précieux
tubercules soit assez difficile, on parviendra sans doute, à
force de soins, de zèle et d'intelligence, à l'introduire dans
la plupart de nos départements, et à créer ainsi des truffières artificielles après lesquelles soupirent beaucoup
d'amateurs dont la bourse n'est pas toujours en harmonie
avec leur sensualité.

Un naturaliste allemand, M. Alexandre Bornholz, a
disserté, il y a quelques années, sur la culture des truffes.
On lit dans son intéressant opuscule, qu'on peut les cultiver dans les jardins et surtout dans les forêts; que les
terres renfermant une grande quantité de bois et de feuilles
de chêne en décomposition ont autant d'influence sur la
production et l'accroissement de ces tubercules que le fumier de cheval sur le champignon de couche; qu'il faut

rassembler en grande quantité ces matières premières sur le terrain qu'on destine aux plants artificiels, et choisir autant que possible un bas fond un peu humide, un sol léger d'une nature ferrugineuse et calcaire. Si la terre est trop compacte, on y ajoute du sable; si elle est trop légère, on la corrige avec de la terre glaise ou de la terre à four, et lorsqu'elle manque de parties ferrugineuses, on y ajoute de la mine de fer que l'on écrase soigneusement, et qu'on mêle jusqu'à la concurrence d'un tiers avec la terre naturelle.

Les truffes qu'on destine à la transplantation doivent être de moyenne grandeur, pleines de vigueur et de force vitale. On les récolte au printemps ou au commencement de l'automne enveloppées dans la petite masse de terre qui les environne, et on les met dans des caisses bien fermées, dont on a rempli les interstices avec de la terre humide prise sur les lieux. De cette manière on peut les transporter sans danger à plusieurs lieues de distance. Ce n'est que dans les voyages qui doivent durer plusieurs jours, qu'il est nécessaire d'ouvrir de temps en temps les caisses, de leur donner de l'air, et de les humecter avec de l'eau de rivière, pour empêcher les truffes de se moisir ou de se pourrir. Dès que les caisses sont arrivées sur place, on les ouvre par un beau jour à l'ombre. On humecte un peu le nouveau sol qui doit recevoir les tubercules, et on les plante le plus promptement possible dans des trous pratiqués à deux, quatre et quelquefois six pouces de profondeur, qu'on achève de remplir avec de la terre prise dans la truffière naturelle. On recouvre ensuite toute la tranchée où on a établi le plant de branches de chêne ou de hêtre blanc (*carpinus betulus*) jetées de loin en loin.

On plante également tout le terrain consacré aux truffes, de jeunes arbrisseaux de la même espèce, mais à une certaine distance les uns des autres, de manière qu'ils ombragent le terrain, sans arrêter la libre circulation de l'air. Les truffières ainsi établies, on n'y touche plus; on arrache seulement les végétations trop fortes qui pourraient épuiser le sol, lequel doit toujours être conservé dans un état de fraîcheur. La première année, sans doute les truffes multiplieront peu; les tubercules plantés ont trop peu de force pour entraîner tout le terrain à la reproduction Si la transplantation a été faite au printemps, on pourra trouver en automne quelques jeunes truffes peu avancées, de la grosseur d'une noisette ou d'une noix, ayant une peau jaunâtre et une chair spongieuse, qui demanderont à rester encore quelque temps en terre pour acquérir de la maturité et se colorer convenablement; mais leur apparition sera toujours un signe certain que le plant a réussi, et qu'on peut compter sur de nombreuses et abondantes récoltes pendant des années.

On trouve des champignons à peu près dans tous les climats; mais les mêmes espèces ne croissent pas indifféremment dans tous les terrains, ni dans toutes les saisons. Les morilles et les mousserons sont des espèces tout-à-fait printanières, qui se plaisent dans les gazons, dans les prairies, au bord des haies, sur la lisière des bois. On ne rencontre l'agaric élevé (*agaricus procerus*) que vers la fin de l'été et en automne, ordinairement dans les bruyères peu épaisses et dans les terrains sablonneux. L'agaric comestible croît aussi à peu près à la même époque, et presque toujours dans les lieux découverts, tels que les friches, les pâturages, rarement dans la profondeur des forêts. Les ceps, les chanterelles, les hydnes, ne sont pas des espèces ordinairement précoces, et les oronges ne paraissent guère que vers le mois de septembre dans les provinces méridionales. L'été et l'automne voient naître l'agaric solitaire, l'agaric bulbeux et ses variétés; une d'elles vient au printemps, suivant quelques botanistes; mais, outre qu'elle nous paraît être une espèce distincte, nous ne l'avons jamais rencontrée dans cette saison, mais bien en août et septembre.

Cependant l'ordre de l'apparition des champignons peut quelquefois être interverti par la température, et ceux qu'on ne rencontre que dans la saison plus ou moins avancée peuvent paraître beaucoup plus tôt, si les pluies sont abondantes vers la fin de l'hiver, si le printemps est humide et très-doux. C'est ainsi que, dans certaines années, nous avons récolté au mois de mai une grande quantité de chanterelles et de ceps; mais alors ces champignons nous ont paru moins fermes, moins bien élaborés dans leur substance, et surtout moins parfumés, moins savoureux. On a remarqué que les pluies d'orage étaient favorables au développement des champignons, surtout dans les pays chauds, et qu'elles les faisaient naître avec une rapidité extrême. Les Romains avaient également observé l'influence des orages et du tonnerre sur ces plantes, et particulièrement sur les truffes. Un passage de Juvénal exprime cette antique tradition. Ce grand poète, après avoir peint à sa manière, dans sa cinquième satire, et la bassesse des parasites que Virron voulait bien admettre à sa table, et la gloutonnerie de cet insolent patron qui gardait pour lui seul les mets les plus exquis, ajoute : On met en face de Virron un san-

glier digne des traits du beau Méléagre. Viennent ensuite les truffes, si l'on est au printemps, si le tonnerre,
invoqué pour les mûrir, a permis d'en composer un nouveau plat.

> . . . . *Et flavi dignus ferro Meleagri*
> *Fumat aper. Post huic radentur tubera, si ver*
> *Tunc erit, et facient optata tonitrua cœnas*
> *Majores.*

§ III. Règles générales pour la distinction des champi-
gnons alimentaires et vénéneux.

Outre les caractères botaniques qui servent à distinguer
les différentes espèces, et qu'il faut étudier avec soin si
l'on veut prévenir de fatales méprises, il est encore certains signes qui peuvent nous éclairer sur les qualités des
champignons. Les animaux se trompent rarement sur le
choix des espèces, et leur instinct est un guide fidèle qui
leur fait repousser celles qui sont nuisibles. A leur exemple,
il faut interroger les sens ; la manière dont ils sont affectés
peut nous servir de règle dans ces sortes de recherches.
Ainsi les champignons qui se distinguent par une saveur
acide, styptique ou acerbe, amère, poivrée, âcre ou brûlante, sont en général d'une nature suspecte ; tels sont la
plupart des agarics lactescents, l'agaric sanguin, l'agaric
émétique, l'agaric amer, l'agaric bulbeux et ses variétés,
l'agaric verruqueux, la fausse-orange. Au contraire, la
véritable orange, les champignons de couche ou ceux qui
croissent dans les prairies et qui ont des feuillets de couleur rose, le bolet comestible et ses variétés, les morilles, etc., ont un goût fin, agréable. Une odeur fade,
herbacée, nauséabonde ou fétide ; des émanations vireuses

ou enivrantes, même un parfum de champignon trop exalté, sont des indices d'une qualité délétère ou suspecte. On trouve ces signes de réprobation dans l'amanite bulbeuse, l'amanite citrine, l'amanite blanche, l'amanite mouchetée, l'agaric annulaire, le phallus impudique, etc.; tandis que les véritables ceps, les oronges, les mousserons, l'agaric élevé, etc., ont un doux parfum qui annonce leurs qualités salubres. Toutefois on ne saurait se dissimuler que les signes fournis par le goût et l'odorat offrent quelques anomalies, et ne sont pas toujours une règle infaillible. Ainsi les hydnes, les chanterelles ont une saveur acide, un peu amère. Le bolet rude, le bolet orangé, le bolet hépatique se distinguent par un goût d'acide sulfurique délayé, et cependant ils sont alimentaires. Parmi les champignons vénéneux, on rencontre aussi quelques espèces qui n'ont pas une odeur désagréable ou repoussante; mais à coup sûr elles n'exhalent point les parfums propres aux bonnes espèces, comme, par exemple, une légère odeur de cerfeuil, de farine fraîchement moulue, ou cette odeur franche et suave qui distingue les mousserons, les oronges, les ceps, les morilles, les champignons de couche ou de pâturages.

Les nuances des champignons, et surtout la couleur extérieure du chapeau, fournissent des caractères fort incertains. On a prétendu que les espèces d'un jaune pur, d'un brun mat, d'une teinte violette ou blanchâtre, d'un rouge vineux, ont en général des qualités salubres, tandis que le rouge vif, le vert jaunâtre appartiennent aux espèces malfaisantes. Mais tous ces signes peuvent nous induire en erreur, et il ne faut point s'y fier. Par exemple, un des meilleurs champignons comestibles, la boule de neige, et l'amanite printanière, poison terrible, ont le chapeau presque d'une égale blancheur; la teinte des feuillets diffère seulement dans ces deux espèces. Parmi les russules, l'agaric alutacé et l'agaric émétique, champignons si différents par leurs qualités, ont l'un et l'autre un chapeau rougeâtre. Une russule verte (*agaricus virescens*) offre un très-bon aliment, et l'amanite verdâtre est un poison.

Il n'en est pas de même de la couleur de la pulpe, c'est un signe essentiel qu'il ne faut jamais négliger. Méfiez-vous des champignons dont la chair se colore d'une teinte jaunâtre ou livide, bleue, verte ou noire lorsqu'on l'entame. Rejetez ceux qui ont la surface visqueuse, la chair grenue, cotonneuse, mollasse, le chapeau verruqueux, couvert de pellicules blanches ou colorées. Rappelez-vous que les espèces les plus vénéneuses se plaisent dans les taillis épais, les bois touffus, dans les lieux sombres et humides, et qu'elles portent ordinairement quelques débris de leur enveloppe sur le chapeau ou au bas du pédicule; que les bons champignons croissent plus volontiers dans les lieux découverts, tels que les friches, les gazons, les pacages, les bruyères, la lisière des bois; que ceux-ci ont une texture ferme, sèche, cassante; que leur parenchyme se distingue par une blancheur permanente, tandis que les premiers ont une substance molle ou aqueuse, quelquefois teinte de diverses couleurs, et ordinairement susceptible d'une décomposition rapide.

On croit en général que les espèces munies d'un pédicule fistuleux sont malfaisantes; mais ce signe n'est pas d'une grande valeur, car la tige des meilleurs champignons se creuse avec l'âge. Quelques naturalistes prétendent également avoir observé que les vers, les limaces, les insectes s'attachent aux espèces les plus saines, et ne touchent jamais aux espèces nuisibles. Cette observation n'est point exacte, et il ne faudrait point la prendre au pied de la lettre, puisque j'ai vu des limaçons attaquer la fausse oronge, l'amanite citrine. Qu'on y prenne garde! Ce préjugé a coûté la vie à plus d'un amateur de champignons. Cependant les vaches, les sangliers, les cerfs et autres quadrupèdes herbivores, qui ont une organisation différente et un instinct plus développé, sont très-friands des ceps et autres bons champignons, tandis qu'ils rejettent les espèces délétères.

La remarque faite par Necker, par Thuillier et quelques autres botanistes, que des ognons mis dans un ragoût avec des champignons vénéneux, prennent une teinte noirâtre, est tout-à-fait illusoire, de même que beaucoup d'autres expériences consignées dans nos *Manuels de cuisine*, et légèrement accueillies par la crédulité publique.

Suivant d'autres naturalistes, le climat a une grande influence sur les qualités des champignons. Leur opinion se fonde sur l'usage que font les Russes de la fausse-oronge et autres espèces dont les effets sont pernicieux dans des climats plus tempérés. Les procédés qu'on emploie en Russie pour la conservation et la préparation des champignons, comme les lavages répétés, l'immersion dans l'eau salée ou vinaigrée, peuvent sans doute détruire en grande partie l'action délétère de ces plantes en enlevant leurs principes actifs; mais, certes, si on néglige ces précautions, on s'empoisonne là comme partout ailleurs. Dans la Pologne russe, les paysans font à la vérité un grand usage de champignons, qui leur servent de principale nourriture en attendant que la récolte des grains soit faite; mais ils ont soin d'éviter les espèces délétères qui sont très-communes dans ce pays. Toutefois les accidents produits par ces végétaux n'y sont pas rares, surtout parmi le peuple. (Voyez, à la section des amanites, l'histoire de l'agaric fausse-oronge). L'exposition ni la nature du sol ne changent pas non plus leurs qualités pernicieuses ou salubres. Une espèce bien déterminée est à peu près la même partout, et il ne faut point s'arrêter à quelques assertions contraires qu'on trouve dans divers ouvrages, à quelques faits tronqués ou mal interprétés.

Zückert, ennemi déclaré des champignons, raconte dans son Traité des Aliments (*Materia Alimentaria*, p. 284), qu'un amateur de ces plantes ayant mangé à Copenhague de certaines espèces dont il avait souvent fait usage en France, éprouva tout-à-coup des symptômes apoplectiques, qui se dissipèrent néanmoins par la saignée et des vomissements spontanés. Ici plusieurs questions se présentent. Ces champignons n'étaient-ils point trop avancés, trop vieux? ne les avait-on pas confondus avec quelque espèce délétère? et d'ailleurs cet accident ne pouvait-il pas être le résultat d'une simple indigestion? n'a-t-on pas vu se développer les symptômes les plus graves à la suite d'un grand dîner, et quelquefois même après un repas frugal, composé des mets les plus simples, les plus salubres? Des hommes instruits, mais qui n'avaient pas une connaissance exacte des propriétés des champignons, ont adopté sans examen l'opinion de Zückert; ensuite elle a été embrassée, commentée par une infinité d'auteurs qui se sont copiés les uns les autres. C'est ainsi que se répandent et se perpétuent les erreurs et les préjugés. Mais que deviennent tous ces vains témoignages, si on leur oppose des faits irrécusables! Par exemple, la fausse-oronge n'est-elle pas vénéneuse en Russie, en Pologne, en Allemagne, comme en Suisse, en Italie, en France? on peut s'en convaincre par l'histoire de plusieurs empoisonnements que nous rapportons dans cet ouvrage. Et pourtant on lit dans une *Flore récente*, que des gardes-du-corps se régalaient, il n'y a pas long-temps, de ce champignon vénéneux cueilli dans la forêt de Saint-Germain! Le bolet comestible, le bolet bronzé sont salubres dans le Nord comme dans les pays méridionaux. A Montpellier, à Toulouse, à Bordeaux, à Florence, on en fait une grande consommation, de même qu'à Varsovie, à Pétersbourg, à Berlin et à Vienne; mais il y a des bolets, de faux ceps qui empoisonnent partout. On mange les clavaires, les morilles, les chanterelles, les champignons des pacages à feuillets roses, en France, en Italie, comme dans le Brabant et en Angleterre. Le climat ne change donc point la nature des champignons, et tout ce qu'on a dit à cet égard est évidemment faux, ou du moins très-exagéré. Toutefois on ne saurait disconvenir que ces végétaux ne conviennent point à tous les estomacs; qu'ils peuvent même quelquefois troubler les fonctions digestives, causer des rapports, des coliques, etc.; mais ils ont cela de commun avec une foule d'autres aliments, d'ailleurs très-sains, et qui pourtant produisent dans quelques circonstances des effets analogues.

Au reste, nous ferons remarquer qu'on ne doit jamais cueillir les champignons qui se fanent de vétusté; dans cet état leur organisation s'altère, la fermentation change leur nature, et les meilleures espèces peuvent nuire. L'usage de ces plantes demande en général beaucoup de circonspection; le moyen le plus sûr est de les examiner avec soin, de ne point s'en rapporter à un signe isolé, de les rejeter pour peu que leurs caractères soient équivoques, et de manger modérément des espèces réputées les plus saines.

§ IV. RÉCOLTE ET CONSERVATION DES CHAMPIGNONS.

La récolte de ces végétaux commence avec les premiers beaux jours du printemps. Alors les morilles et les mousserons appellent l'amateur dans les bois, dans les pacages, déjà embellis par la primevère, l'anémone Sylvie, et toutes ces fleurs charmantes que la douceur de l'air fait éclore. Partout la création se ranime, brille des plus vives couleurs, et répand les plus suaves parfums. La chanterelle va bientôt paraître avec sa jolie coupe d'or agréablement festonnée; elle est comme l'avant-courrière de ces excellents ceps que la nature bienfaisante a semés partout. Si vous désirez une abondante récolte, transportez-vous sur la lisière des bois ou au bord des prés montueux, sur le penchant des collines plantées de châtaigniers et de chênes, ou bien dans la bruyère en fleurs; vous les reconnaîtrez à leur robe enfumée, à leur chair ferme, appétissante, blanche comme la neige. Enfin l'oronge vient dresser à son tour ses superbes pavillons dans les bosquets des provinces méridionales. Combien de fois j'ai cueilli ce délicieux champignon sous le beau ciel de Toulouse et de Montpellier! J'étais vraiment heureux, car j'avais à peine vingt ans, lorsque j'avais pu en garnir une longue tige de fougère.

Pour conserver les champignons, il faut les cueillir par un temps sec, et choisir de préférence ceux qui n'ont pas encore atteint leur entier développement; ils sont plus

fermes, d'un goût plus agréable, et ils se conservent
mieux. On doit rejeter l'agaric comestible et ses variétés,
lorsque leurs lames, d'abord de couleur rose, ont acquis
une teinte brune ou noirâtre ; tous les ceps dont le chapeau
est très-développé, ramolli, spongieux, et dont les tubes
sont d'un gris verdâtre. Mais il importe surtout de soumettre à un examen sévère tous les caractères botaniques
des champignons, afin de ne pas confondre dans leur récolte les espèces vénéneuses avec les espèces alimentaires.

On coupe par tranches ceux qui sont volumineux, tels
que les oronges, les ceps, etc., après en avoir retranché la
tige et les organes fructifères, c'est-à-dire les tubes ou les
feuillets. On les fait ensuite sécher à l'ombre et dans un
lieu sec, en les posant sur des claies ou en les enfilant de
manière qu'ils ne se touchent point. Si on veut les dessécher plus vite, on les met au four ; puis on les enferme
dans des sacs qu'on suspend dans un endroit sec et exposé
à l'air, et qu'on agite de temps en temps, afin d'empêcher
qu'ils ne se couvrent de poussière ou de moisissure. Malgré ces précautions, ils ne sont pas à l'abri des attaques
des vers ; un moyen sûr de les en garantir, c'est de les
faire bouillir un instant dans l'eau avec du sel, et de les
laisser sécher.

En Allemagne, en Pologne, en Russie, où l'on fait un
grand usage de champignons, on les fait confire simplement dans du vinaigre et du sel. D'autres les font macérer
à la manière des cornichons, dans du vinaigre, avec du
sel, du poivre et de l'ail. On peut conserver ainsi les chanterelles, les hydnes, les clavaires, etc. On les passe préalablement dans l'eau bouillante, et après les avoir bien

essuyés, on les met dans le vinaigre. Ailleurs, on râpe les champignons desséchés, et on emploie cette poudre comme un assaisonnement précieux. En Italie, et particulièrement à Gênes, on conserve dans l'huile les oronges fraîches ou desséchées. J'ai mangé des morilles conservées par ce procédé, et je les ai trouvées très-délicates.

La plupart de ces procédés sont très-convenables. Ceux où l'on fait entrer le vinaigre, la saumure, peuvent même modifier ou anéantir les principes délétères des champignons, pourvu qu'on rejette ces liquides, qui, s'emparant des parties actives sans les neutraliser, deviennent eux-mêmes des poisons violents. Mais, d'un autre côté, les meilleurs champignons perdent en grande partie leurs principes aromatiques, et deviennent ainsi moins sapides, moins délicats.

§ V. ANALYSE CHIMIQUE DES CHAMPIGNONS.

La composition intime des champignons n'a été convenablement appréciée que dans ces derniers temps. Leur consistance et leur tissu varient suivant les espèces ; leur substance est quelquefois subéreuse ou presque ligneuse, le plus souvent charnue, molle, mucilagineuse. Leur parfum et leur saveur sont aussi très-variables. Ils ont un suc propre, doux ou âcre, quelquefois coloré ou lactescent. Quelques-uns exhalent du gaz hydrogène, d'autres du gaz azote et du gaz acide carbonique ; mais ils contiennent tous en plus ou moins grande quantité une matière fibreuse particulière, que l'on désigne sous le nom de *fungine*. Ils donnent également à l'analyse un principe particulier de nature animale, une matière grasse ou huileuse, de l'osmazôme, une sorte de sucre, de la gomme, de la résine, de l'albumine, de l'adipocire et divers sels. On a observé dans beaucoup d'autres un acide particulier, fixe et inodore, en grande partie libre ou combiné, que l'on appelle *acide fungique*.

La fungine, découverte par M. Braconnot, est une substance blanche, molle, insipide, peu élastique, brûlant avec rapidité dans son état de dessiccation. C'est elle qui forme la base des champignons dont elle détermine les qualités diverses suivant les matières avec lesquelles elle se trouve mêlée ou combinée. On l'obtient en traitant ces plantes par l'eau bouillante légèrement alcalisée.

Le principe actif ou vénéneux des champignons paraît résider, d'après MM. Braconnot et Vauquelin, dans la matière grasse ou huileuse que l'on trouve dans quelques espèces délétères. Ce principe est soluble dans l'alcool, l'éther, les acides, l'eau aiguisée d'un alcali, tel que la potasse ou la soude; en sorte que les champignons qu'on a fait macérer pendant quelque temps dans ces liquides perdent leurs propriétés vénéneuses. Mais ces mêmes liquides deviennent alors des poisons violents, et font périr les animaux en quelques heures. M. Letellier propose de donner le nom d'*amanitine* à cette substance délétère. En effet, elle se trouve particulièrement dans quelques champignons du groupe des amanites.

§ VI. QUALITÉS NUTRITIVES, USAGE ET PRÉPARATION CULINAIRE DES CHAMPIGNONS.

Ces plantes offrent à l'homme une nourriture aussi saine qu'agréable; c'est un fait que constate leur usage généralement répandu dans tous les climats et chez tous les peuples. Elles contiennent, outre l'albumine et autres matériaux alimentaires, un principe aromatique qui flatte délicieusement le goût. C'est donc à tort que quelques esprits systématiques ont voulu les dépouiller de leurs qualités nutritives.

Les champignons sont d'une grande ressource pour les Tartares, les Russes, les Polonais, les Allemands. En Italie, et surtout en Toscane, on fait usage d'une infinité d'espèces. Dans le Nord, on mange l'agaric poivré et quelques autres champignons laiteux, malgré leur saveur âcre et piquante. Dans nos départements, les ceps, les mousserons, les oronges, les champignons des prairies, les clavaires, etc., servent d'aliment au pauvre comme à l'homme riche. A Paris, où l'on ne mangeait, il n'y a pas long-temps, que les champignons de couche et les morilles, on voit maintenant les ceps sur les tables les plus délicates, et quelques amateurs y joignent la chanterelle, l'agaric élevé, la verdette des Béarnais et l'agaric à feuillets roses des pâturages. Nos soldats, qui ont parcouru en vainqueurs les principales parties de l'Europe, ont appris, en Italie, en Allemagne, en Pologne, en Russie, à faire usage d'un grand nombre de champignons, et cette nourriture leur a été quelquefois d'un grand secours *.

---

* Depuis environ dix ans, nous avons beaucoup contribué à répandre l'usage de ces plantes, surtout aux environs de Paris; et peu à peu nous avons vu se grouper autour de nous, dans nos excursions, des médecins, des naturalistes, des peintres, des amateurs de tous les rangs, de tous les âges. Au nombre de ces nombreux mycophiles, nous nous plaisons à compter MM. Hocquart, Bordes, Sigé, J.-L. Martell, Dubois, D'Arnouville, les docteurs Pouget, Pécharmant, Schmidt, Bertin, et autres gens d'esprit et de goût qui ont souvent égayé nos repas champêtres. Enhardis par notre exemple, et en même temps séduits par l'attrait d'un nouveau plaisir, ils n'ont pas hésité à manger des ceps, des chanterelles, des hydnes, des clavaires, et autres champignons que nous avions récoltés ensemble dans les charmantes vallées de Meudon, de Bièvre, de Montmorency, de

Dans tous les temps et dans tous les lieux ces plantes ont orné les tables les plus somptueuses. Apicius, ce fameux gourmand, qui donnait à Rome des leçons publiques de sensualité, a disserté sur la préparation des oronges ; Cicéron en a fait l'éloge, et Horace, philosophe consommé dans l'art de bien vivre, les a chantées dans ses vers. Pline nous dit que les plus illustres personnages les épluchaient eux-mêmes avec des couteaux à manche d'ambre, afin de goûter par avance le parfum d'un mets si exquis. Les champignons n'ont pas été moins recherchés des peuples modernes. Des empereurs, des rois, des princes, des pontifes en ont fait leurs délices, et Clément VII les aimait tellement, qu'il en avait défendu l'usage dans ses États de peur d'en manquer.

Parmi les nombreux amateurs de notre époque, nous devons distinguer les plus hauts gastronomes du directoire, du consulat et de l'empire. A leur tête paraît ce directeur sybarite, qui faisait une grande consommation des mousserons parfumés des Bouches-du-Rhône et de l'Isère, et qui avait, dit-on, pour les préparer le meilleur cuisinier de Paris. M. Grimod de La Reynière le suit de près ; mais il le devance par l'originalité de son esprit, par sa vaste érudition, et surtout par son *Almanach des Gourmands*, ouvrage délectable, qui doit traverser les siècles, *ære perennius*. Ce célèbre mycophile aime particulièrement le cep à la robe d'ébène et la délicieuse morille. Pourrions-nous oublier le commensal, l'ami inséparable de ce jurisconsulte fameux que la fortune fit consul, puis archi-chancelier, puis prince, et à qui Napoléon avait

Longpont, etc. En Normandie, en Champagne, nous avons également introduit l'usage de quelques espèces qu'on regardait à tort comme dangereuses.

abandonné le sceptre inoffensif de la gastronomie ! Au milieu des repas splendides que donnait à ses nombreux courtisans le Lucullus de l'empire, M. d'Aigrefeuille regrettait ces champignons si fins qu'on mange à Montpellier, et lorsqu'on lui rappelait les oronges, des larmes involontaires s'échappaient de ses yeux. Et l'élégant auteur de *la Physiologie du Goût*, comme sa verve s'enflamme lorsqu'il parle des champignons, et surtout des truffes, dont il invoqua plus d'une fois les vertus aphrodisiaques ! Enfin l'aimable préfet du palais, M. de Cussy, ferme ce brillant cortége. Fier de ses dissertations culinaires, si savantes, si substantielles, et qui faisaient quelquefois sourire le grand homme, il peut à bon droit disputer la palme à ses nobles rivaux ; car sa main n'a point dédaigné la préparation des morilles, des truffes et des champignons cultivés. D'ailleurs aucun gourmet n'a porté aussi loin l'art de la dégustation ; personne n'a connu comme lui l'ordonnance et la disposition d'un gala solennel. Élégance, propreté, accord parfait dans chaque service ; tout est à sa place, tout se lie, tout s'enchaîne sous sa direction comme dans un drame bien conduit. En gastronomie, comme dans les beaux arts, il faut avoir toujours en mémoire le *sortita decenter* d'Horace.

Il est vrai que jadis, comme de nos jours, il s'est trouvé des censeurs rigides qui ont généralement proscrit l'usage des champignons, dont ils ont peint avec une exagération systématique les dangers et la perfidie. Pline tance vertement les téméraires qui risquent, dit-il, de perdre la vie pour satisfaire un vil penchant ; mais il prêche dans le désert. Sénèque, pauvre gastronome au milieu de ses richesses, vivant de quelques légumes et ne buvant que de l'eau, a beau s'écrier : *Dii boni! quantùm hominum unus venter exercet! Quid! tu illos boletos, voluptarium venenum, nihil occulti operis judicas facere, etiam si præsentanei non furant?* * « Grands dieux! combien d'hommes un seul ventre met en mouvement! Quoi! ces champignons, ce poison voluptueux, pensez-vous qu'ils ne travaillent pas secrètement à votre ruine, quoique leur malignité ne soit pas sensible au premier moment? » Les Romains, peu touchés des déclamations du philosophe, continuent d'affronter tous les dangers en mangeant des oronges. On a souvent répété l'anathème des anciens dans les dictionnaires de médecine, d'histoire naturelle, d'agriculture, etc.; les entrailles aguerries de nos gourmands ne s'en sont point émues. Malgré tous les maux dont on les menace, ils soupirent après le retour de la belle saison pour aller parcourir les bois, et y cueillir ces cryptogames qui font leurs délices. Mais qu'ils écoutent du moins nos conseils; qu'ils apprennent en étudiant ces plantes à distinguer l'aliment du poison, s'ils veulent digérer en paix et jouir sans crainte d'accident.

La préparation culinaire des champignons est un objet essentiel dont il a bien fallu s'occuper; toutefois, nous n'en parlerons ici que d'une manière générale, nous réservant d'entrer dans de plus grands détails à la description des espèces comestibles. Quoique nous regardions les préparations les plus simples comme les meilleures et les plus saines, nous tracerons en même temps quelques formules plus composées, quelques condiments de luxe. Certes, nous n'avons pas la témérité de vouloir donner

* Sénec., Epist. xcv.

des leçons à ces excellents maîtres qui ont blanchi au feu des fourneaux ; nous avons, au contraire, mis à profit leurs précieuses découvertes, invoqué leur expérience consommée ; et, pour devenir plus substantielle, notre érudition s'est plu à descendre dans les laboratoires souterrains où se préparent les délices de la table. Là nous avons interrogé quelques-uns des chefs habiles qui, pendant quarante ans, ont nourri et engraissé tous les pouvoirs, princes, ministres, prélats, présidents de toute espèce, etc. En échange des lumières que nous avons puisées, soit dans leurs entretiens, soit dans les traités spéciaux dont ils ont enrichi la science, nous leur offrons quelques documents relatifs à la composition intime des champignons, à leurs principes chimiques, à leur texture, et surtout à leur parfum, qui n'est pas le même dans toutes les espèces.

Chaque pays a ses procédés ou ses préparations particulières ; mais il en est qui sont plus ou moins convenables, suivant les espèces de champignons. Ces plantes sont en général d'une nature compacte et demandent une coction prolongée. Après avoir choisi des champignons de bonne qualité, il faut les dépouiller de leur épiderme, en retrancher l'hyménium ou les parties fructifères *, et quelquefois aussi le pédicule, qui est ordinairement d'une texture moins fine. On les laisse tremper pendant un certain

---

* Il convient sans doute d'enlever les tubes des bolets, ainsi que les feuillets des agarics et des amanites, surtout lorsque ces plantes sont avancées en maturité ; mais il ne faut pas croire qu'après ce soin préalable, on puisse impunément faire usage de toutes sortes de champignons, malgré le temoignage de Bosc, répété par le docteur Descourtils. En retranchant les organes fructifères des espèces nuisibles, on n'enlève point les principes actifs dont leur substance est imprégnée. J'en atteste les expériences que j'ai faites sur les animaux et sur moi-même ; les champignons privés de leur hyménium n'en ont pas moins déployé leur action délétère.

temps dans l'eau froide ou tiède, en y mêlant un peu de sel et de vinaigre. Ensuite, après les avoir bien essuyés, on les fait cuire simplement sur le gril, et on les assaisonne de beurre frais, de poivre et de sel. C'est la préparation la plus facile et la plus économique. On peut relever le goût des champignons en y ajoutant de l'huile d'Aix, des fines herbes, une pointe d'ail et du jus de citron. Ce condiment, usité dans les provinces méridionales, les rend plus salubres et plus faciles à digérer. L'immersion réitérée dans l'eau simple, la macération dans l'eau salée ou vinaigrée, détruisent bien un peu le parfum des champignons, ainsi que nous l'avons déjà observé ailleurs; mais c'est une précaution très-sage, lorsqu'on ne connaît pas parfaitement ces plantes. Si par méprise il s'était glissé dans la récolte quelques mauvaises espèces, ces procédés préliminaires auraient le précieux avantage de corriger ou d'affaiblir leur action vénéneuse.

Suivant les espèces de champignons, on peut les préparer à la crème, en fricassée de poulet, en matelote, ou bien en faire des potages, des tourtes, des beignets, etc. Quelquefois aussi on les fait rôtir en les traversant d'une petite broche. Après les avoir assaisonnés de poivre et de sel, on les enduit de beurre fin, et on les arrose de temps en temps avec du jus de citron, du vin de Madère ou autre vin blanc de bonne qualité. Préparés de la sorte, les ceps et les oronges sont un mets délicieux.

En général les champignons qui abondent en mucilage, et qui sont médiocrement parfumés, exigent des menstrues aqueux pour leur cuisson, tandis que les espèces qui sont très-aromatiques, imprégnées de principes résineux, ont besoin de menstrues propres à dissoudre, à étendre ces principes. Ainsi, les truffes, les oronges et autres champignons très-parfumés doivent être cuits de préférence dans le beurre, l'huile ou le vin. Mais comme, parmi les espèces usuelles, il en est peu qui ne soient douées de quelque parfum, ou d'une saveur plus ou moins prononcée de champignon, il est toujours plus sain et plus agréable d'y ajouter des substances capables de dissoudre ce principe aromatique et savoureux. Ainsi, après leur cuisson dans l'eau, il convient de les assaisonner avec du beurre, de l'huile ou des jaunes d'œufs.

Sterbeeck a donné la composition d'une sauce fort renommée en Italie, et qu'on appelle moutarde blanche ou moutarde à champignons. On la regarde comme un des meilleurs correctifs de ces plantes. On la prépare avec des amandes qu'on pile dans un mortier avec un peu d'eau, en y ajoutant de l'ail, du gros poivre, de l'huile d'olive et du jus de citron. On sert cette espèce de moutarde avec les champignons cuits.

Lorsqu'on veut faire usage des champignons desséchés, on les fait macérer pendant quelque temps dans un peu d'eau tiède, et mieux encore dans du lait ou dans du bouillon. On emploie ce procédé pour les hydnes, les clavaires, les chanterelles, les morilles, etc. On les apprête ensuite, comme dans leur état de fraîcheur, avec les condiments ordinaires.

Il est des champignons qu'on peut manger crus sans inconvénient, entre autres l'agaric élevé et plusieurs ceps, tels que le bolet ordinaire et le bolet bronzé. Cette dernière espèce, si appétissante par la fermeté et la blancheur de sa chair, a un goût de noisette; j'en ai souvent fait usage dans mes excursions, et je l'ai trouvée délicieuse avec du pain et un peu de sel. En Lorraine, on mange également une espèce d'agaric laiteux, que les botanistes nomment *agaricus lactifluus aureus*. M. Cordier dit que les enfants ne mangent jamais cette espèce autrement que crue. En Allemagne, et principalement aux environs de Nuremberg, les paysans font également usage de champignons crus qu'ils mangent avec leur pain noir assaisonné d'anis et de carvi.

§ VII. MÉLANGE DES CHAMPIGNONS AVEC D'AUTRES SUBSTANCES ALIMENTAIRES. RÉFLEXIONS SUR LA GASTRONOMIE.

Les champignons ne fournissent pas seulement une nourriture substantielle et facile à préparer; les grands maîtres de l'art leur font subir en outre une multitude de métamorphoses, les mêlent, les incorporent avec toute sorte de viandes, de poissons, de légumes, etc.; et il résulte de ces combinaisons diverses des mets délicieux dont les gourmands prédestinés connaissent tout le prix. Tourtes, pâtés de toute espèce, hachis, salmis, sautés, ragoûts variés de mille manières; en un mot, tout ce qui fait l'ornement des festins s'embaume du parfum de ces cryptogames, et devient une source inépuisable de voluptés gastronomiques.

Tous ces mets, toutes ces friandises où domine l'arome des champignons, réveillent l'action de l'appareil gastrique et des organes circonvoisins, auxquels ils impriment une douce alacrité. Mais il y a loin de cette agréable excitation aux effets stimulants et aphrodisiaques qu'on a prêtés à ces plantes; les personnes naturellement chastes peuvent même en user sans que leur sagesse s'en alarme. D'ailleurs les truffes et les champignons ne produisent des effets si

charmants que lorsqu'on est encore jeune et d'une belle
santé. Quant aux vieillards ou à ceux qui ont tari avant
le temps les sources de la vie, qu'ils ne s'attendent point
à des miracles; la nature rebelle s'y refuse, et si par hasard elle se réveille, c'est le vieux Nestor lançant un trait
d'une main défaillante, c'est un éclair qui s'évanouit dans
une nuit profonde.

On nous reprochera peut-être d'avoir consacré quelques
lignes à la gastronomie, d'avoir préconisé cet art funeste
à qui nous devons une foule de maux inconnus aux gens
sobres qui vivent de fruits, de légumes, de laitage et autres
mets simples. Nous n'avons rien à répondre à ces prêcheurs
de tempérance, qui font semblant de renoncer aux plaisirs
de la vie, et se livrent à toute sorte d'excès à huis clos;

Qui curios simulant et bacchanalia vivunt.
Juv., Sat. 2.

mais nous devons quelques explications aux esprits graves
et de bonne foi qui seraient trop prévenus en faveur du
régime de Pythagore. Sans entrer ici dans une sorte de
controverse qui nous mènerait trop loin, nous dirons seulement que le régime végétal, dont on a tant vanté l'heureuse influence, peut fort bien convenir dans quelques
affections maladives, mais qu'il est en général contraire à
l'homme en état de santé; qu'il peut également calmer
l'effervescence du sang, apaiser en quelque sorte les mouvements tumultueux de l'esprit et du cœur, mais qu'il
énerve les forces physiques, détruit à la longue l'irritabilité musculaire, et abrége ainsi le cours de la vie.

La gastronomie telle que nous l'entendons est une science
éminemment philosophique, liée d'une manière intime avec
l'hygiène qui doit lui donner une direction salutaire. Elle

embrasse tout ce qui a pour objet la nourriture et la conservation du genre humain ; elle se rattache à toutes les sciences naturelles, et elle s'enrichit de leurs plus belles découvertes. Hippocrate est bien pénétré des grands avantages qu'offre la gastronomie, lorsqu'il nous dit, dans son *Traité du Régime*, qu'on ne peut bien apprécier les propriétés des aliments et des boissons, si l'on ne connaît leurs vertus naturelles, et celles qu'ils acquièrent par les préparations ou par les altérations que l'industrie des hommes leur fait subir. « Il faut, dit-il, savoir affaiblir ce qui est trop actif, et fortifier par le secours de l'art ce qui est trop faible de sa nature, suivant que l'occasion s'en présente. On n'aime point à user constamment des mêmes aliments et de la même boisson. Si en musique les sons étaient toujours les mêmes, on n'aurait aucun plaisir ; on peut en dire autant du régime : pour plaire, il faut qu'il soit très-varié. Aussi les cuisiniers préparent les ragoûts en y faisant plusieurs mélanges ; celui qui ferait ses plats toujours de la même manière ne saurait point son métier. » Certes, un gastronome moderne ne dirait pas mieux.

On s'est plu à faire du gastronome un portrait vulgaire, grossier, et presque hideux. Mais ni les éloquentes invectives de Sénèque et de Juvénal, ni les traits satiriques de quelques-uns de nos poètes, ne sauraient l'atteindre ; c'est à l'homme vorace, au glouton qu'ils s'adressent. Le vrai gourmand de nos jours n'est point un polyphage à la manière des héros du siége de Troie, et il n'a jamais connu les coupables excès d'Antoine ou de Vitellius. Ennemi du faste et des prodigalités, simple, mais élégant dans ses repas comme dans ses manières, il mange avec discernement, savoure avec réflexion, car il sait qu'en accablant l'estomac d'aliments , ou en l'aiguillonnant sans cesse par des condiments incendiaires , on détruit sa force digestive ; et si quelquefois , pour rompre la monotonie du régime diététique , il écoute avec indulgence les goûts, les penchants de ce viscère , il a soin de les renfermer dans de justes limites. Cette sage modération , qui n'est autre chose que l'art de bien vivre , lui prépare pour le lendemain des plaisirs nouveaux et mieux sentis. Les jouissances de la table sont comme celles de l'amour, il faut savoir mettre quelque chose en réserve , n'en prendre que ce qui est nécessaire pour en percevoir le sentiment. C'est ainsi qu'on les renouvelle sans dégoût, et qu'on les savoure avec un charme inconnu aux profanes.

Les plus douces illusions du cœur, les rêves de l'ambition et de la gloire , tout fuit avec l'âge , et il ne reste le plus souvent à l'homme que les souvenirs d'une vie cruellement agitée. Eh ! qui pourrait lui reprocher de tourner ses regards vers la gastronomie ? Supporter avec courage les maux attachés à la condition humaine, jouir avec retenue des plaisirs que la nature nous offre , et dont notre infortune même nous fait une loi , voilà la perfection de la philosophie , si elle n'est pas une chimère.

Après avoir considéré les champignons sous le rapport de leurs propriétés alimentaires , il conviendrait d'exposer leurs effets nuisibles et les moyens les plus propres à les combattre ; mais cet objet si important trouvera sa place à la description des espèces délétères, et surtout dans les méthodes variées qui termineront l'ouvrage. Lorsqu'on connaît son ennemi et la trempe de ses armes, on se défend avec plus d'avantage , on repousse ses coups avec plus de succès.

Nous ne saurions terminer ces considérations générales sans dire un mot sur l'ordre que nous avons suivi en écrivant l'*Histoire des Champignons comestibles et vénéneux*. Ce n'est qu'à l'aide d'une classification méthodique qu'on peut acquérir une connaissance exacte de ces plantes. Leur division en espèces salubres et nuisibles, qui paraît avantageuse à quelques esprits peu attentifs, nous reporte au premier âge de la science. Ainsi on est obligé de séparer des espèces dont les organes se ressemblent, d'éloigner des groupes qui ont entre eux des rapports naturels ou une grande affinité ; et au lieu de parler à toutes les intelligences, on introduit dans cette partie intéressante de la botanique une sorte de confusion qui n'est propre qu'à en retarder les progrès. La classification méthodique des champignons nous révèle, au contraire, non-seulement leurs rapports de structure, leur analogie, mais encore leur emploi hygiénique ou culinaire. C'est ainsi que dans la tribu des helvellacées, dans celle des hydnacées, dans la section des gymnopes, etc., on ne trouve en général que des espèces salubres ou incapables de nuire. Il y a sans doute des exceptions, des anomalies frappantes dans quelques tribus et dans quelques sections de ces mêmes tribus, car nous trouvons l'agaric moucheté qui est un poison à côté de la délicieuse oronge ; mais dans d'autres familles de végétaux, la ciguë se trouve aussi à côté du cerfeuil, et l'ivraie près du froment et des autres céréales.

Malgré ces imperfections, qui s'évanouiraient sans doute si la nature voulait nous dévoiler ses mystères, on doit s'efforcer de suivre la route qu'elle-même semble nous avoir tracée. M. Persoon, célèbre et savant mycologue, en a donné l'exemple dans ses divers écrits, et nous avons le plus souvent adopté ses groupes dans la distribution des genres et des espèces. Nous avons également consulté avec fruit le *Système mycologique*, de Fries, la *Flore des environs de Paris*, du docteur Chevallier, et la *Flore française*, du professeur Decandolle.

DESCRIPTION DES ESPÈCES.

PREMIER ORDRE.

HYMÉNOMICES. *HYMENOMYCI.*

Champignons charnus, coriaces ou de consistance subéreuse, simples ou rameux, ordinairement munis d'un
chapeau pédiculé ou sessile, et d'un hyménium ou appareil capsulaire d'une forme très-variée, portant des graines
peu apparentes.

PREMIÈRE TRIBU.

CLAVARIÉES. *CLAVARIÆ.*

Plantes coriaces ou charnues, simples, en forme de
massue, ou divisées en rameaux cylindriques, coralloïdes.
Hyménium composé d'utricules linéaires renfermant des
sporules nombreuses et arrondies, qui s'échappent de
toute la surface de la plante.

CLAVAIRE. *CLAVARIA.*

Champignon ordinairement charnu et fragile, quelquefois d'une substance coriace, tantôt taillé en massue,
tantôt divisé en rameaux qui s'élèvent dans une direction
verticale. Point de chapeau distinct. Sporules arrondies,
disséminées sur toute la surface de la plante, à l'exception du pédicule.

CLAVAIRE CORALLOIDE. *CLAVARIA CORALLOIDES.*

Clavaria coralloïdes. Linn. Spec. 1632. Bull. Champ. t. 222. DC. Fl. Fr. 262. Pers. Champ. 232. Chev. Fl. Par. i. 105. — *Clavaria flava.* Larber. Fung. 90. t. 3. f. 2.

(Pl. i. Fig. 1.)

On a donné à cette plante une foule de noms vulgaires. Ainsi on l'appelle, suivant les localités, *barbe de chèvre* ou *de bouc*, *pied de coq*, *buisson*, *ganteline*, *tripette*, *mainotte* ou *manine jaune*, etc. Son tronc, très-épais, se divise en un grand nombre de rameaux glabres, cylindriques, pleins, fragiles, taillés en branches de corail, et dont la surface est comme ondulée. Sa couleur est d'un jaune pâle; on en distingue plusieurs variétés ou sous-espèces, dont la couleur est tantôt flavescente ou blanchâtre, tantôt incarnat ou d'ur rouge orangé. Ce champignon vient en automne dans les bois, où il s'élève à trois ou quatre pouces de hauteur. On le trouve dans les forêts d'Orléans, de Fontainebleau, de Saint-Germain; dans les bois de Montmorency, de Vincennes, de Meudon, etc. Il croît également dans les bois du midi de la France; on l'appelle *manetos* aux environs de Toulouse. En Italie, il est connu sous les noms de *dittosa, barba caprina, manine*, etc.

La chair de la clavaire coralloïde est blanche, cassante, d'une saveur agréable, d'une odeur légère de champignon; elle fournit une nourriture très-saine et d'une digestion facile. J'en fais tous les ans une ample récolte dans les bois des environs de Versailles. Toutes les variétés de cette plante sont également usuelles et très-estimées en Allemagne, en Italie, en Suisse, dans le Brabant, etc.

Leur emploi culinaire est d'autant plus sûr qu'elles n'ont aucun trait de ressemblance avec des champignons malfaisants.

Dans les pays où ces plantes croissent en abondance, on les conserve pour en faire usage pendant l'hiver. On les passe d'abord à l'eau bouillante, et après les avoir bien essuyées, on les fait macérer dans du vinaigre.

PRÉPARATION DES CLAVAIRES. — PETIT REPAS DANS LES BOIS DE MEUDON.

Les clavaires étant mondées, lavées à l'eau tiède et parfaitement égouttées, on les fait cuire avec du beurre, du persil, un peu de ciboule, du gros poivre et du sel. Lorsqu'elles sont cuites, on y ajoute des jaunes d'œufs. Pour les rendre plus moelleuses, on peut les nourrir pendant la cuisson, avec quelques cuillerées de consommé ou de bouillon. Voilà comme je les prépare ordinairement à mon petit foyer.

On mêle quelquefois les clavaires avec d'autres champignons, tels que les ceps, les chanterelles, etc. On les blanchit, on les essuie, on les hache, on les réduit en purée et on les nourrit de jus de jambon.

MM. Darthenay, Charles Letellier et Adolphe de Balathier m'avaient accompagné dans les bois de Clamart et de Meudon; ils voulaient, disaient-ils, se faire mycophiles à mon école. Nous ramassâmes une grande quantité de clavaires, d'hydnes et de ceps, qui furent préparés chez le garde de Fleury. La course avait été longue. Demandez à ces jeunes littérateurs un peu mondains, s'il leur fallut du kari de l'Inde et du piment pour réveiller leur estomac. Quel appétit! Ce jour-là ils eussent trouvé le brouet des

Spartiates excellent. Après le vin de Mâcon fourni par le garde, je m'empressai de leur offrir un flacon de vin de *Malvasia* qu'un de mes bons clients avait fait déposer dans mon petit caveau. C'était encore le bon temps de la médecine. Les médecins et les malades faisaient entre eux un échange de zèle et de reconnaissance qui devient plus rare de jour en jour.

« Comment trouvez-vous ce vin de l'Archipel? me disait M. le vicomte de Laroque, dans une petite réunion d'amis. — Il est vraiment délicieux. — Eh bien, cher docteur, vous en aurez demain une douzaine de flacons.— Vous me gâtez, c'est beaucoup trop, je n'en veux qu'un ou deux. — Pas tant de façons, je vous répète que vous en aurez douze. Il faut honorer le médecin, *honora medicum*, les livres sacrés nous le recommandent. » Ce brave homme tint parole. Il était pourtant de la Gascogne. Mais il y a de braves gens partout, dit un ancien adage. Et moi je soutiens qu'on trouve à Périgueux, à Bordeaux, à Toulouse, autant et peut-être plus de sincérité, de cordialité, que partout ailleurs. C'est au reste la terre classique des truffes et des oronges.

Revenons à nos clavaires, les oronges et les truffes viendront à leur tour. Ce champignon s'allie fort bien avec le veau, le mouton, la volaille, qui en deviennent plus sapides. Le fermier, le bûcheron, le curé de campagne, peuvent varier ainsi leurs petits ragoûts. Naturellement sobres, tempérants, actifs, ils les digéreront à merveille avec leur petit vin indigène. Heureux celui qui n'a pas besoin de vins étrangers pour digérer!

CLAVAIRE CENDRÉE. *CLAVARIA CINEREA.*

Clavaria cinerea. Bull. Champ. t. 334. DC. Fl. Fr. 263. Pers.
Syn. 586.

Cette espèce, appelée vulgairement *mainotte* ou *manine
grise*, est d'une couleur cendrée ou fuligineuse. De son
tronc épais s'élèvent un grand nombre de rameaux pleins,
aplatis au sommet, sinueux sur les bords, longs de deux à
six pouces, glabres et d'une texture fragile. Elle acquiert
quelquefois un grand développement ; Bulliard dit avoir
observé des individus qui pesaient au-delà de cinq livres.
On la rencontre dans les bois en octobre et en novembre.
Elle est assez rare aux environs de Paris ; mais elle croît
abondamment en Normandie et en Franche-Comté, où on
en fait un grand usage. Elle a les mêmes qualités que
l'espèce précédente, et elle offre, par conséquent, un aliment salubre aux pauvres habitants des campagnes.

CLAVAIRE AMÉTHYSTE. *CLAVARIA AMETHYSTEA.*

Clavaria amethystea. Bull. Champ. t. 496. f. 2. Pers. Syn.
590. DC. Fl. Fr. 264. Nees. Syst. t. 16. f. 131. Fries. Obs.
mycol. 286.

(Pl. 1 , Fig. 2.)

La clavaire améthyste est une jolie espèce qu'on trouve
dans les bois et dans les bruyères, où elle se divise en
rameaux plus ou moins nombreux, glabres, cylindriques,
pleins, fragiles, et ordinairement unis à leur surface. Elle
est entièrement de couleur lilas ou d'un violet plus ou
moins intense ; mais avec l'âge elle devient brune et
presque noire ; sa hauteur est d'un à deux pouces.

Cette petite plante a un goût très-fin, et quelques amateurs la préfèrent aux autres espèces. Mais elle est rare, et ses formes sont si exiguës , qu'il est assez difficile d'en former un plat convenable.

CLAVAIRE NIVELÉE. *CLAVARIA FASTIGIATA.*

Clavaria fastigiata. Linn. Spec. 1632. Bull. Champ. t. 338. DC. Fl. Fr. 261. Chev. Fl. Par. 1. p. 103. t. 7. f. 10. — *Clavaria pratensis.* Per. Syn. 390.

Cette clavaire, haute d'environ deux pouces et d'un beau jaune , a quelque ressemblance avec la clavaire corail ; mais elle est beaucoup plus petite. Son tronc, épais et nu à sa partie inférieure, se divise en une multitude de rameaux droits , glabres , bifurqués au sommet , et tous exactement de la même hauteur, comme s'ils avaient été taillés. On la trouve dans les prés, dans les bruyères, sur les bords des bois et des chemins.

Elle est également douée de qualités alimentaires. On la mange en Allemagne sous le nom de *Ziegenbart,* barbe de chèvre.

CLAVAIRE BOTRYDE. *CLAVARIA BOTRYTIS.*

Clavaria botrytis. Schaef. Fung. t. 176. Pers. Champ. p. 234. Chev. Fl. Par. 1. p. 103. — *Clavaria plebeia.* Jacq. Miscell. Austr. 2. p. 101. t. 13.

Cette espèce a un tronc épais et blanchâtre. Ses ramifications sont nombreuses , cylindriques , une ou deux fois bifurquées , et terminées par d'autres plus courtes , légèrement comprimées au sommet où elles prennent une teinte rosée. Elle croît dans les bois , vers la fin de septembre. M. Chevallier l'a trouvée dans le parc de Saint-Cloud et dans les bois de Versailles.

On la mange dans les Vosges et dans la Carinthie. L'é-
pithète de *plebeia*, que lui a donnée Jacquin, indique qu'elle
est d'un usage vulgaire.

CLAVAIRE CRÉPUE. *CLAVARIA CRISPA.*

Clavaria crispa. Jacq. Miscell. austr. 2. p. 100. t. 14. f. 1.
Pers. Champ. 255.

Ce champignon, de forme arrondie, acquiert un volume
considérable ; il a un tronc fort épais, d'où partent des ramifications charnues , aplaties en forme de lames crépues.
Sa couleur est rousse ou jaunâtre.

Il croît ordinairement dans les bois de sapins. On en
fait un grand usage en Sibérie, en Alsace et dans les
Vosges.

CLAVAIRE EN PILON. *CLAVARIA PISTILLARIS.*

Clavaria pistillaris. Linn. Spec. 1651. Bull. Champ. t. 244.
Pers. Syn. 597. Schæff. Fung. t. 169. Larber. Fung. 2. 88.
t. 3. f. 1. Chev. Fl. Par. 1. 108.

Cette clavaire est simple, épaisse, haute de quatre à
six pouces, arrondie au sommet en forme de massue, d'une
teinte bistrée, fauve ou jaunâtre.

On la trouve dans les bois de haute futaie en France ,
en Bavière et en Italie, où on l'appelle vulgairement
mazza d'Ercole (massue d'Hercule).

Sa chair est blanche, filandreuse, amère, d'une qualité
médiocre. On la mange pourtant dans les pays du Nord.

La petite famille des clavaires ne compte aucune plante
vénéneuse. Elles sont toutes alimentaires , à l'exception de
quelques espèces d'une nature coriace ou d'une trop petite
dimension pour être cueillies.

A Vienne en Autriche, on les fricasse avec du beurre et on les aromatise avec du basilic.

DEUXIÈME TRIBU.

HELVELLACÉES. *HELVELLACEÆ.*

Champignons surmontés d'une sorte de mitre charnue, libre ou adhérente au pédicule. Hyménium composé de thèques ou utricules entourées de paraphyses, renfermant ordinairement huit graines.

HELVELLE. *HELVELLA.*

Chapeau membraneux, souvent irrégulier, uni en dessus et en dessous. Utricules fixées à la face inférieure du chapeau. Pédicule lisse ou sillonné, et quelquefois simplement lacuneux.

HELVELLE EN MITRE. *HELVELLA MITRA.*

Helvella mitra. LINN. SPEC. 1649. BULL. CHAMP. t. 190 et 466. DC. Fl. Fr. 243. — *Elvella pallida.* SCHÆFF. FUNG. t. 282. — *Helvella leucophœa.* PERS. SYN. 616. SOWERB. FUNG. t. 39. TRATTIN. FUNG. AUSTR. t. 200. LARBER. FUNG. 2. 81. t. 1. f. 3.

(Pl. 1, Fig. 3.)

Cette espèce est fragile et transparente comme de la cire ; elle a un pédicule haut de deux à quatre pouces, lacuneux ou cannelé. Son chapeau est formé de plusieurs lobes réfléchis, diversement contournés, crépus et disposés en manière de mitre ou de croissant ; il est d'abord adhérent au pédicule, puis entièrement libre. La couleur de cette plante en fait distinguer trois variétés ; la première est blanchâtre, la deuxième fauve, la troisième

brune et quelquefois tout-à-fait noire. La variété blanche,
qui est la plus grande , est regardée par quelques botanistes comme une espèce distincte.

On trouve ce champignon en automne dans les taillis
épais. Je l'ai observé dans les bois de Vincennes et de
Meudon. Toutes les variétés sont également alimentaires ;
elles sont d'un blanc de lait intérieurement, d'une texture
un peu ferme , mais d'une saveur qui se rapproche de celle
de la morille.

HELVELLE ÉLASTIQUE. *HELVELLA ELASTICA.*

Helvella elastica. BULL. CHAMP. t. 242. DC. Fl. Fr. 244. —
Helvella albida. PERS. SYN. 616. — *Helvella fuliginosa.*
SCHÆFF. FUNG. t. 320.

Également fragile et transparente , cette espèce a un
pédicule grêle , cylindrique , fistuleux , uni à sa surface
ou légèrement ondulé. Son chapeau , en forme de mitre ,
est mince , lisse , doux au toucher , ordinairement divisé
en deux ou trois lobes verticaux , réfléchis ou contournés ;
ses bords sont quelquefois adhérents au pédicule. Les
semences sortent par jets instantanés de la face inférieure
du chapeau.

Cette plante, d'un blanc jaunâtre, a une variété d'une
couleur brune ou fuligineuse. On la rencontre au commencement de l'automne dans les bois touffus. Elle a toutes
les qualités d'un bon champignon.

HELVELLE COMESTIBLE. *HELVELLA ESCULENTA.*

Helvella esculenta. PERS. CHAMP. p. 220. t. 4. — *Elvella mitra.*
SCHÆFF. FUNG. t. 160.

On reconnaît ce champignon à la forme de son chapeau
diversement plissé ou lobé , large de deux à trois pouces

et d'un brun rougeâtre. Le pédicule est fistuleux, non sillonné, souvent renflé à sa base, blanchâtre ou couleur de
chair. On trouve cette espèce d'helvelle, au printemps,
dans les lieux élevés, en Bavière et dans les Vosges, où
elle sert d'aliment comme les morilles.

Toutes les helvelles, surtout celles dont la consistance
est charnue, fournissent un aliment sain et d'un goût
agréable ; elles se rapprochent des morilles par leurs caractères botaniques et par leurs qualités salubres. On n'en
connaît aucune qui soit d'une nature suspecte ou vénéneuse.

Après les avoir épluchées, on les lave à l'eau tiède, et
on les fait cuire avec du beurre, du persil, du sel et un
peu d'eau. On peut y ajouter, avant de les servir, du lait
ou des jaunes d'œufs.

MORILLE. *MORCHELLA*.

Chapeau pédiculé, charnu, ovoïde, globuleux ou conique, relevé extérieurement de nervures anastomosées
qui forment des cellules polygones où les graines sont
cachées.

MORILLE COMESTIBLE. *MORCHELLA ESCULENTA.*

Morchella esculenta. PERS. SYN. 618. DC. Fl. Fr. 570. LARBER.
FUNG. t. 1. f. 1. — *Phallus esculentus.* LINN. SPEC. 1648.
BULL. CHAMP. t. 218.

α. *Morchella conica.* PERS. CHAMP. p. 257. — *Morchella
contigua.* TRATTIN. FUNG. AUSTR. t. 6. f. 11. — *Phallus esculentus.* Fl. Dan. t. 55.

(P. 1, Fig. 4 et 5.)

L'hirondelle est de retour ; voici le mois d'avril. La
violette embaume les buissons, la primevère embellit la

prairie, et le merle siffle sur l'ormeau. Cherchez dans les broussailles, saisissez les effluves de l'air ; ne sentez-vous pas le parfum de la morille ? La voilà qui s'élève en pyramide, elle vous ouvre ses alvéoles et vous invite à la cueillir.

« Vous m'offrez des morilles ! me répond un gastronome méticuleux. Vous n'avez donc pas lu Suétone ? Ne nous dit-il pas que ce champignon empoisonna un empereur romain ? — Vous traduisez mal cet auteur. Le nom de *boletus* dont il se sert ne doit point s'appliquer à notre morille, mais bien à l'oronge que Claude aimait à la folie… — Eh quoi ! l'oronge si vantée des méridionaux, l'oronge que je voulais aller cueillir l'été prochain dans les bois du Languedoc, serait un poison ! — Pas plus que la morille. Mais la plus fameuse *cuisinière* de Rome, Locuste, avait assaisonné les oronges. *Boleti medicati*, dit Suétone : comprenez-vous cette expression *medicati ?* Dieu vous préserve de toute espèce de ragoût ainsi *médicamenté !* Mais vous n'êtes ni empereur, ni roi, pas même prince, et on peut vous laisser vivre. Vous pouvez d'ailleurs assaisonner vous-même vos morilles. Surtout mangez-les sans crainte, sans inquiétude, vous les digérerez mieux. La tranquillité de l'âme, disent les médecins, favorise singulièrement les fonctions de l'estomac.

— Mais lesquelles faut-il préférer, les brunes ou les blondes ? — La morille varie sa forme et sa couleur, la nature le veut ainsi. Eh bien ! variez vos goûts également. La variété bien comprise est un attrait, un plaisir de plus. Mais prenez garde à l'assaisonnement, et surtout soyez sage. Rien de trop, comme disait Socrate. »

La morille comestible est très-reconnaissable à son

chapeau percé d'alvéoles, qui ressemblent en quelque sorte aux rayons d'un gâteau de miel. Elle offre plusieurs variétés qui tiennent à la forme et à la couleur du chapeau. Son pédicule est plein, quelquefois creux intérieurement, uni, épais, blanchâtre, haut d'environ deux pouces. Son chapeau est ordinairement ovale, parfois un peu conique ou pyramidal, creusé de cellules polygones, adhérent au pédicule, d'une couleur flavescente, blanchâtre ou cendrée, brune ou noirâtre suivant les variétés.

On trouve la morille comestible dans tous les bois des environs de Paris. Lorsque la température est douce et humide, elle commence à paraître vers la fin de mars ou dans les premiers jours d'avril. Je l'ai souvent cueillie dans le parc de Saint-Cloud, dans les bois de Ville-d'Avray, de Meudon, de Vincennes. On la trouve également dans les taillis de Montmorency et de Saint-Germain. Elle abonde dans les bois de Buc, de Porchéfontaine, de Chevreuse, et dans le parc de la Cour Roland, non loin de Jouy. Elle se plaît au pied des ormes, des frênes, le long des haies, dans les prés, dans les gazons. La variété blonde se rencontre assez souvent dans les terrains sablonneux.

Ce champignon est très-délicat et très-sain; il flatte également le goût et l'odorat, et on le sert sur les meilleures tables. Il n'est pas moins recherché en France qu'en Italie; en Allemagne et en Suisse, qu'en Angleterre et dans le Brabant. Les uns donnent la préférence aux morilles blondes, d'autres estiment davantage les brunes et les noires; mais elles ont à peu près le même parfum et la même saveur. On les mange soit fraîches, soit desséchées, et on les apprête d'une infinité de manières, au beurre, à l'huile, au gras, à la crème. Mais il ne faut point les cueillir par la rosée ou immédiatement après la pluie ; elles ont un goût moins fin, et elles ne peuvent se conserver.

MORILLE DÉLICIEUSE. *MORCHELLA DELICIOSA.*

Morchella deliciosa. FRIES. SYST. MYCOL. 2. p. 8. CHEV. Fl. Par. 1. p. 119. — *Fungus cavernosus.* WEINM. HERB. t. 555. f. 1.

Cette espèce se rapproche beaucoup de la morille en cône ; mais son chapeau prend une forme presque cylindrique ; il est d'une couleur jaunâtre, haut d'environ deux pouces, marqué de côtes parallèles, liées par des rides transversales ; ses aréoles sont profondes et linéaires. Le pédicule est creux et plus court que le chapeau.

On rencontre cette plante dans les lieux ombragés et sur le bord des champs ; elle est plus sapide et plus délicate que la morille ordinaire.

MORILLE A MOITIÉ LIBRE. *MORCHELLA SEMILIBERA.*

Morchella semilibera. DC. Fl. Fr. 570. FRIES. SYST. MYCOL. 2. p. 10. — *Helvella hybrida.* SOWERB. FUNG. t. 258. — *Phallo-boletus esculentus.* MICH. GEN. PLANT. p. 203. t. 84. f. 3.

Cette espèce ressemble à la morille comestible ; mais elle en diffère par son pédicule égal, plus mince et plus allongé. Son chapeau est d'un jaune pâle ou fauve, conique, aminci à l'extrémité, adhérent au pédicule par sa moitié supérieure seulement. Elle a été trouvée au printemps dans les bois des environs de Paris. On la mange presque toujours confondue avec la morille comestible.

On fait usage en Italie de plusieurs autres espèces qui n'ont pas encore été décrites d'une manière précise. On les vend au marché de Florence, mêlées avec la morille ordinaire. Micheli n'a fait qu'ébaucher les caractères des morilles; il indique néanmoins leurs bonnes qualités sous les noms vulgaires de *spugniolo buono, spugniolo di capo tondo, spugniolo lungo, ceciato, tripetto*, etc. (*Gen. plant.* p. 203.)

Les morilles sont très-communes dans la Flandre et dans le Brabant. Sterbeeck a donné la figure d'une espèce particulière dont le chapeau est teint d'un bleu d'indigo intérieurement. Elle partage les qualités des autres morilles.

On fait sécher ces différentes espèces ou variétés, ou bien on les conserve dans l'huile d'olive pour les avoir plus tendres. On en fait une grande consommation en Normandie, dans les départements du Nord, du Pas-de-Calais, d'Indre-et-Loire, de la Sarthe, etc. J'en ai reçu plusieurs fois des environs de Saint-Omer; elles étaient desséchées avec soin, et elles avaient presque le parfum des morilles fraîchement cueillies.

J'en ai également reçu d'excellentes de l'Écosse, il y a quelques années. Un homme de fort bonne mine se présente chez moi et me dit : « Lord Atholle a lu avec beaucoup d'intérêt votre *Traité des champignons*. Voici des morilles sèches qui ont été cueillies dans le parc de son château de Blair, en Écosse. Sa seigneurie m'a chargé de vous les remettre et de vous faire ses compliments. — Je remercie infiniment ce noble Écossais, et je vous remercie aussi, monsieur, de votre bonne visite. Mais puis-je savoir à qui j'ai l'honneur de parler? — Je m'appelle Loyal, et je

suis tout bonnement chef de cuisine chez lord Atholle. J'ai
fait exprès le voyage de Paris pour conférer avec nos
grands artistes, particulièrement avec mon ami Carême.
Lord Atholle est un gastronome délicat, il veut que je
me tienne au courant des progrès de mon art. — Nour-
rissez-le bien et marchez toujours sur les traces de M. Carême. Les cuisiniers de son école prolongent la vie et la
rendent plus agréable. »

RÉCOLTE ET PRÉPARATION DES MORILLES.

M. NISOT, M. DE CUSSY, M. JULES JANIN, M. VÉRON.

Paris renferme un assez grand nombre d'amateurs qui
attendent impatiemment le mois d'avril pour aller à la
recherche des morilles. M. Nisot, ancien chef de bureau
au ministère des finances, doit obtenir ici une mention
honorable ; car il nous gratifie tous les ans d'un panier de
ces champignons qu'il va cueillir lui-même, après la rosée
du matin, dans les bois de Ville-d'Avray, dans le parc
de Saint-Cloud ou le long des petits fossés du bois de
Boulogne. Il a bien voulu nous associer quelquefois à ses
excursions ; nous pouvons dire qu'il est admirable dans ce
genre de recherches. En effet, personne n'a mieux étudié
que lui le sol et les lieux où se plaisent les morilles. Dans
sa marche savante et mesurée, il va flairant autour des
ormes, portant le nez au vent : bientôt il s'arrête, cherche
de l'œil, et saisit d'une main avide le cryptogame caché
sous l'herbe ou dans les broussailles. Nous avons été témoin de ses transports ; mais comment les exprimer ? Le
chasseur qui vient d'étendre raide mort un énorme sanglier, la terreur des campagnes, sent moins vivement le
prix de sa victoire.

D'après ce gastronome romantique, la préparation des morilles exige des soins préliminaires qu'on ne saurait négliger sans inconvénient. Il faut les partager par le milieu ou en quatre parts, si elles sont d'une forte dimension, introduire dans les alvéoles un linge propre et fin, et les passer rapidement dans l'eau. Amateurs de morilles, s'écrie-t-il, n'imitez pas les cuisiniers vulgaires qui leur font subir de nombreuses ablutions ; vous détruiriez ce parfum si fin, si éthéré, que recèlent les mailles délicates de leur tissu ! .

On prépare les morilles d'une infinité de manières ; voici les procédés les plus usités.

RAGOUT DE MORILLES.

Epluchez, coupez en deux et lavez vos morilles, égouttez-les bien en les essuyant. Ensuite mettez-les dans une casserole avec du beurre fin. Faites sauter sur un feu assez vif, et lorsque le beurre est fondu, exprimez-y le jus d'un citron. Donnez encore quelques tours ; ajoutez ensuite sel, gros poivre et un peu de muscade râpée. Laissez cuire vos morilles pendant une heure, et nourrissez-les par intervalles avec du bouillon ou du consommé. Lorsqu'elles sont cuites, liez-les avec des jaunes d'œufs.

MORILLES AUX CROUTONS.

Passez vos morilles sur le feu avec du beurre, du sel, du gros poivre et un bouquet de fines herbes ; faites sauter et ajoutez un peu de farine. Mouillez-les avec de l'excellent bouillon ; faites-les cuire et réduire sur un feu doux. Supprimez ensuite le bouquet de fines herbes. Prenez des croûtons que vous aurez fait frire d'avance dans le beurre ;

faites une liaison avec trois jaunes d'œufs et une pincée de
sucre en poudre que vous mêlez à vos morilles, et versez
le tout sur vos croûtons.

MORILLES A L'ITALIENNE.

Epluchez, lavez et laissez égoutter vos morilles; cou-
pez-les en deux ou trois parts, suivant leur grosseur, et
placez-les dans une casserole sur un feu vif, avec de
l'huile d'olive, poivre, sel et un bouquet de fines herbes.
Faites-les sauter quelques instants, ensuite y ajoutez du
persil haché, de la ciboule et une pointe d'ail. Continuez
la cuisson sur un feu modéré; mouillez avec du bouillon
et un verre de vin blanc; et lorsque la cuisson est parfaite, servez avec du jus de citron et des croûtons bien
rissolés.

MORILLES A L'ESPAGNOLE.

On vante beaucoup les morilles d'Espagne, surtout
celles qui croissent dans la Vieille-Castille, aux environs
de Burgos. On en trouve une grande quantité au bord de
l'Arlanza, sous les ormes du couvent de *Santo-Francesco*.
Les moines les préparent simplement avec de l'huile d'o-
live et un peu d'ail. Vers la fin de la cuisson, ils les arro-
sent avec un verre de vin de Xérès. Pendant la guerre
d'Espagne, nos officiers suivaient exactement le procédé
de ces bons pères. On est sûr que les traditions friandes ne
se perdent jamais.

Dans nos départements méridionaux, on apprête les
morilles à la manière des ceps, ou bien on les mange far-
cies comme les aubergines. Ailleurs on les farcit avec de
la volaille, des anchois, de la chapelure de pain, quelques

fines herbes, et on les fait cuire entre deux bardes de lard. On aime à les savourer dans les pâtés chauds, la fricassée de poulet, l'émincé de volaille. Enfin, rien n'est si délicat qu'une noix de veau entourée de morilles, convenablement assaisonnée et cuite au four dans son jus.

Vous pouvez manger les morilles confites à la manière des cornichons. Vous les faites cuire dans l'eau salée, vous les égouttez et vous les mettez dans du vinaigre convenablement épicé.

Quelques friands les font sécher comme les ceps ou les mousserons, les râpent ou les réduisent en poudre dans un mortier. Cette poudre, bien conservée, donne du relief aux ragoûts.

Les morilles desséchées doivent baigner dans du bouillon pendant plusieurs heures, si l'on veut en faire un bon ragoût. Sans cette précaution, elles sont coriaces, malgré tout le talent du cuisinier. M. le marquis de Cussy, homme habile s'il en fut, gâta un plat de morilles sèches chez M. Jules Janin, pour avoir voulu les préparer comme dans leur fraîcheur. Beurre d'Isigny, jus de citron, consommé, fines épices, rien ne fut épargné, et cependant le ragoût fut médiocre. Le pauvre M. de Cussy en fut cruellement raillé par M. Véron, homme sensuel, friand, difficile. Ce revers le rendit silencieux et nous priva de quelques réminiscences gastronomiques qu'il savait si bien placer au dessert. Heureusement le vin d'Aï frappé de glace rendit M. Véron plus traitable. « A votre santé, M. de Cussy ! s'écrie-t-il. Allons, faisons la paix ! Les grands hommes peuvent s'oublier un moment. Aujourd'hui, vous avez un peu sommeillé comme Homère ; vous vous réveillerez demain et vous ferez des merveilles. »

Tous les convives s'empressent de flatter, de caresser le cuisinier malheureux; M. Jules Janin lui fait servir la première tasse de café; ce nectar le console et sa figure devient radieuse.

On sent bien que tous ces mets friands ne conviennent qu'à l'homme dont la santé est ferme, l'estomac vigoureux; encore faut-il qu'il soit réservé. Quant aux malades, aux convalescents, à tous ceux enfin qui ont les organes digestifs dans un état habituel de faiblesse ou d'irritation, nous leur défendons expressément tous les ragoûts aux morilles.

Ainsi que la plupart des champignons, les morilles, par leur composition chimique, se rapprochent des substances animales. Elles nourrissent, restaurent, raniment les organes; mais il y a loin de cette excitation aux effets aphrodisiaques qu'on leur prête. Ce sont les épices, les jaunes d'œufs, les vins alcooliques qu'on mêle à leurs diverses préparations qui les rendent échauffantes. Nous avons connu des hommes efféminés, des vieillards imbéciles ou maniaques qui croyaient trouver dans l'usage des morilles une sorte d'aiguillon érotique, et qui attendaient le retour du printemps pour se mettre au régime des morilles. Ils avaient lu dans quelques vieux livres que c'était un moyen infaillible de remonter le fleuve de la vie. On leur préparait des potages, des crèmes, des ragoûts aux morilles; mais on n'oubliait point d'y ajouter de la cannelle, de la muscade, du musc, de l'ambre, du vin, etc. Toute la belle saison était consacrée à cette singulière diététique qui trompait leurs espérances, qui enflammait l'estomac et paralysait l'organe de la pensée.

TROISIÈME TRIBU.

HYDNACÉES. *HYDNACEÆ.*

Champignons charnus, coriaces, sessiles ou pédiculés. Chapeau rarement régulier, oblique, quelquefois horizontal, quelquefois nul. Hyménium formé de pointes ordinairement cylindriques, quelquefois lamelleuses. Sporules petites, de forme arrondie.

HYDNE. *HYDNUM.*

Chapeau distinct, charnu ou coriace, pédiculé ou sessile; membrane fructifère hérissée de pointes ou aiguillons en forme d'alène. Graines situées à l'extrémité des pointes.

HYDNE SINUÉ. *HYDNUM REPANDUM.*

Hydnum repandum. Linn. Spec. 1647. Pers. Syn. 555. DC. Fl. Fr. 292. Sowerb. Fung. t. 176. Larber. Fung. 2. 108. t. suppl. f. 5. — *Hydnum sinuatum.* Bull. Champ. t. 172.

(Pl. 2, Fig. 2.)

On trouve ce champignon en automne dans tous les bois des environs de Paris. Il se plaît ordinairement sur les collines ombragées, et il s'y rassemble quelquefois en si grand nombre que la terre en est couverte. On le reconnaît à son chapeau blanchâtre en couleur de chamois, large de deux ou trois pouces, charnu, convexe, ondulé et sinué en ses bords, uni en dessus, garni à sa partie inférieure d'aiguillons fragiles, inégaux, d'une teinte un peu plus foncée. Le pédicule est blanchâtre, épais, tubéreux à sa base, et ordinairement excentrique.

C'est à tort qu'on a contesté les qualités alimentaires de cette espèce. Sa chair est ferme, d'une blancheur permanente; lorsqu'on la mâche crue, elle est un peu poivrée, mais ce goût se dissipe par la cuisson. Comme ce champignon est très-abondant, les pauvres villageois pourraient en faire des provisions pour l'hiver, en le faisant sécher. On en fait usage dans plusieurs de nos départements sous les noms d'*eurchon* ou *urchin*, d'*erinace*, de *rignoche*, de *pied de mouton blanc;* aux environs de Toulouse, sous celui de *penchenille*. On l'emploie aussi comme aliment en Autriche et dans la Belgique, où il est assez commun, surtout dans la forêt de Soigne. En Toscane, il figure également parmi les champignons comestibles, sous le nom de *steccherino, o dentino dorato.*

Ainsi que quelques autres espèces d'une texture ferme, celle-ci a besoin d'une cuisson prolongée. On la coupe par morceaux qu'on passe à l'eau bouillante, et qu'on fait ensuite cuire avec du saindoux, du poivre, du sel, du persil et du bouillon. C'est ainsi que je fais préparer ces champignons pour mon usage. On peut d'ailleurs les apprêter avec du beurre, de l'huile d'olive, de la graisse de volaille, une pointe d'ail, et un peu de verjus ou de suc de citron.

Nous avons dit, dans notre discours préliminaire, que M. Descourtils avait commis plusieurs erreurs touchant les propriétés alimentaires ou vénéneuses des champignons. Comme c'est un sujet de controverse qui intéresse gravement l'hygiène publique, on nous permettra sans doute d'entrer dans tous les détails propres à l'éclaircir,

D'après ce médecin, le champignon qui nous occupe, loin d'être un aliment, doit prendre place parmi les poisons les plus dangereux. Voici l'expérience sur laquelle il fonde son hypothèse.

Il avait rapporté d'une excursion botanique un de ces champignons. Pour en constater les qualités, il en avala un petit fragment égalant la grosseur d'une fève. Il lui trouva d'abord un goût de noisette assez agréable ; mais bientôt une ardeur brûlante semblable à celle qu'occasionne le poivre remplaça cette première sensation. Comme nous pourrions affaiblir les principaux traits de ce fait extraordinaire, laissons parler M. Descourtils lui-même. « Je » passai la journée sans éprouver aucun symptôme d'empoisonnement ; mais le soir mon pouls s'affaiblit, mon » visage devint pâle, ma respiration courte et la région de » l'épigastre distendue. Bientôt des vomissements excessifs et long-temps prolongés de matières noires et visqueuses se déclarèrent ; l'oppression augmenta, ainsi » que la tension douloureuse de l'estomac et du bas-ventre ; enfin des anxiétés, des sueurs fugaces, une lipothymie accablante, une cardialgie et de fréquents » évanouissements annonçaient une mort prochaine. Cependant, ayant rendu le morceau fatal que j'avais avalé, » je n'eus pas besoin de recourir à un émétique, et je fis » cesser la progression rapide des dangers imminents en » buvant d'une infusion de valériane édulcorée avec le » sirop d'éther, avec addition de cinq gouttes d'acide hydrocyanique médical par tasse d'eau. Je restai néanmoins pendant plusieurs jours dans une espèce d'ivresse » et d'assoupissement d'où pouvaient à peine me tirer les » douleurs nerveuses et les soubresauts dont j'étais tourmenté. Des sueurs copieuses terminèrent la crise le quatrième jour. Je conserve encore le papier sur lequel j'ai

» fait cette description , et où a reposé trois heures ce
» champignon , *offrant les traces du suc vénéneux qui a
» effacé une partie des caractères.* »

D'après ce fait, ne croirait-on pas qu'il s'agit d'un des
plus terribles poisons du règne végétal? Irritation violente
du canal alimentaire , vomissements excessifs , anxiétés
précordiales , défaillances , état d'ivresse et d'assoupissement, spasmes douloureux, rien ne manque à cette cruelle
épreuve. Mais ce champignon , dont M. Descourtils compare la saveur brûlante à celle du poivre, aurait dû tout
d'abord agir par ses qualités âcres, et déterminer une
prompte irritation dans les voies digestives. Point du
tout ; la journée se passe tranquillement , et ce n'est que
le soir que les symptômes les plus formidables éclatent.
Le petit fragment de champignon est enfin rejeté ; l'irritation gastrique cesse, mais pour faire place à une autre
série de symptômes, à une sorte d'ivresse et de somnolence , à des contractions spasmodiques qui se prolongent
pendant plusieurs jours. Si l'on s'en rapportait à cette observation isolée , il faudrait nécessairement ranger ce malheureux champignon parmi les poisons narcotico-âcres les
plus actifs, puisqu'une dose si minime a suffi pour produire un pareil accident.

Mais qu'on se rassure. Les épreuves que j'ai souvent
faites sur moi-même avec ce champignon, son usage généralement répandu en France, en Italie, en Allemagne , etc., ne laissent aucun doute sur ses bonnes qualités. M. Descourtils l'aura sans doute confondu avec
quelque autre espèce d'une nature malfaisante , ou bien
son accident aura été provoqué, soit par une disposition
particulière du corps, soit par la fatigue et la chaleur ex-

cessive qu'on éprouve parfois dans les courses botaniques.
D'ailleurs il ne nous dit pas s'il a pris quelque nourriture
dans le courant de la journée. L'expérience est faite le
matin, et ce n'est que le soir que les premiers symptômes
se manifestent. Il n'est pas présumable qu'il soit resté à
jeun pendant un aussi long espace de temps, et alors
n'est-ce pas une indigestion qui a été qualifiée d'empoisonnement? Au reste, voici des faits capables de dissiper
les craintes qu'aurait pu faire naître cette observation
unique.

En 1827, j'ai parcouru avec M. Martell les bois de
Saint-Assise, département de Seine-et-Marne. Nous y
avons cueilli une grande quantité de ces champignons,
que nous avons mangés avec d'autres espèces chez M. Arnaud, propriétaire de la charmante campagne de Beaulieu.
L'année suivante, vers la fin d'octobre, nous avons également fait ensemble une excursion dans les bois de
Fleury. Les ceps qui abondent dans cette partie des bois
de Meudon avaient entièrement disparu; mais il y avait
encore une grande quantité d'hydnes couleur de chamois,
dont nous fîmes une ample provision, et que nous prépa-
râmes nous-mêmes chez le garde de la forêt. Nous avions
à peine commencé notre frugal repas, lorsqu'un bon vieillard, parent du garde, et qui avait assisté à notre préparation culinaire, vint nous supplier de lui faire goûter
de ces *champignons sauvages*, dont le parfum l'avait
charmé. A l'instant même, nous le fîmes asseoir à notre
table, et nous lui servîmes une assez forte portion de nos
cryptogames, qu'il mangea avec délices, car il n'en laissa
pas un atome sur son assiette. Hélas! peut-être n'a-t-il
manqué à ce villageois qu'un peu d'or pour devenir un

parfait gastronome. Mais ce qui ajouta à sa bonne fortune, ce fut l'apparition d'un flacon poudreux de vin de
Médoc que M. Martell avait prudemment exhumé de son
excellente cave. Notre heureux convive en eut sa part, et
le plaisir qui brillait dans ses yeux nous disait qu'il conserverait long-temps le souvenir de notre courtoisie.

M. Sigé et M. Hocquart, amateurs distingués, m'ont
accompagné pendant plusieurs saisons dans mes courses
mycologiques, et nous avons mangé chez le même garde
des mêmes champignons préparés de diverses manières.
Nous n'en étions que plus alertes et mieux portants.
M. Darbonnens, M. Séry et M. Frosté, maintenant
pharmacien major à l'armée d'Afrique, tous les trois mycophiles, de bonne humeur et de bon appétit, ont voulu
aussi visiter avec moi la chaumière du garde. Je vois dans
mes notes que l'hydne sinué fit encore en grande partie
l'ornement de notre festin. Un plat copieux de ces champignons assaisonnés de beurre, poivre, sel, et où l'on avait
introduit de petits morceaux de jambon, disparut en un
clin d'œil, et il fallut lui donner pour auxiliaire une immense omelette parfumée avec quelques fines herbes fraîchement cueillies. Ce renfort, et quelques verres de vin
de Bordeaux, viatique que M. Darbonnens n'oublie jamais, calmèrent entièrement le gaster exaspéré par une
faim dévorante.

Enfin, il y a peu de jours que nous avons parcouru les
bois de la Malmaison, avec M. le colonel Viriot, M. Martell, et mon habile confrère M. Bertin. Nous y avons
cueilli un plat des mêmes champignons. Je les ai préparés moi-même avec du beurre, du verjus, de la muscade
râpée, poivre, sel, une pointe d'ail et quelques cuillerées

de jus de volaille. Ce ragoût, dressé en dôme sur des rôties de pain bien minces et bien dorées, a été servi sur la table de M. Bertin, et gracieusement accueilli par tous les convives. Les dames surtout ont bien voulu faire l'éloge de la bonne mine et du parfum de cette friandise qu'elles ne connaissaient pas encore.

> L'odorat sert le goût, et l'œil sert l'odorat.
>
> . . . .
>
> Ainsi tout se répond , et , doublant leurs plaisirs,
> Tous les sens l'un de l'autre éveillent les désirs.
>
> DELILLE.

Quelques libations de vin de Madère et une tasse d'excellent moka ont préludé à la plus heureuse digestion.

Ce champignon , d'une texture un peu ferme , est fort bon réduit en purée et nourri avec du bouillon ou du consommé. C'est ainsi que le mangent plusieurs mycophiles de Versailles , M. de Reboul , M. de Louvain , M. Lefebvre , etc. Nos soldats vont le cueillir dans les bois de Satory et de Gonart , pour le fricasser ensuite avec de la graisse, du poivre et du sel.

On peut le mêler dans les ragoûts avec d'autres champignons , tels que la chanterelle , le mousseron d'automne , etc. On le fait également sécher, ou bien on le confit dans du vinaigre avec du sel et quelques aromates.

HYDNE ÉCAILLEUX. *HYDNUM SQUAMOSUM.*

Hydnum squamosum. BULL. CHAMP. t. 409. DC. Fl. Fr. 293. *Hydnum subsquamosum.* BATSCH. FUNG. t. 10. fr. 43. — *Hydnum imbricatum.* LINN. SPEC. 1647.

Cette espèce se fait remarquer dans les bois, où elle croît ordinairement solitaire vers le mois d'octobre , par son chapeau très-épais, d'un gris cendré ou fauve, con-

vexe, arrondi, large de deux à quatre pouces, parsemé
en dessus d'une multitude d'écailles brunes, hérissé en
dessous de pointes cylindriques, d'abord blanches au
sommet, puis d'un gris brun. Son pédicule est épais et
de la couleur du chapeau.

Elle a le même goût et les mêmes qualités que l'espèce
précédente. Les bêtes fauves en sont très-friandes.

HYDNE VIOLET. *HYDNUM VIOLACEUM.*

Hydnum violaceum. THORE. PERS. CHAMP. p. 249.

Ce champignon, que le docteur Thore a fait connaître
le premier, a un chapeau d'abord convexe, puis légèrement déprimé au centre, quelquefois en entonnoir très-
évasé dans sa vieillesse. Sa surface est peluchée, brunâtre, marquée de zones concentriques et ondulées. Les
pointes varient du violet bien prononcé au violet pourpre
ou lie de vin. On trouve une variété qui est d'un beau
violet des deux côtés ; celle-ci habite les bois de chênes ;
la première, les bois de pins.

L'une et l'autre paraissent en automne dans les bois des
environs de Dax ; elles ont un goût et une odeur très-
agréables, une chair cassante, tendre, ce qui prouve
leurs bonnes qualités, quoiqu'elles ne soient pas recherchées pour l'usage alimentaire. (Thore.)

HYDNE BLANC. *HYDNUM ALBUM.*

Hydnum album. PERS. CHAMP p. 249. — *Stecchirino, o dentino bianco.* MICH. GEN. PLANT. t 72. f. 2.

On trouve cette excellente espèce, en octobre et en novembre, dans les buissons et les bruyères. Elle est grande,
épaisse, blanche dans toutes ses parties. Son chapeau est

glabre , ombiliqué , à bords réfléchis , et large de trois à quatre pouces. Sa chair est épaisse , ferme et d'un bon goût ; elle sert d'aliment en Italie , et particulièrement en Toscane.

On range également parmi les espèces usuelles l'hydne cure-oreille.

HYDNE CURE-OREILLE. *HYDNUM AURISCALPIUM.*

Hydnum auriscalpium. LINN. SPEC. SUEC. 1260. SCHEFF. FUNG. t. 143. BULL. CHAMP. t. 481. f. 3. SOWERB. FUNG. t. 267. FRIES. SYST. MYCOL. 1. 406. DC. Fl. Fr. 288. PERS. SYN 537.

C'est un petit champignon de couleur brune ou bistrée , à pédicule latéral , portant un chapeau velu , semi-orbiculaire ou réniforme , garni en dessous d'un grand nombre d'aiguillons grêles et égaux.

Il croît sur les cônes du pin sauvage tombés à terre. On le mange en Toscane et en Gascogne comme une des meilleures espèces ; il est connu dans le département du Gers sous le nom de *brouquichons*.

HYDNE EN COUPE. *HYDNUM CYATHIFORME.*

Hydnum cyathiforme. SCHEFF. FUNG. t. 139. BULL. CHAMP. t. 156. DC. Fl. Fr. 290. — *Hydnum concrescens.* PERS. SYN. 536. LARBER. FUNG. 2. 111.

Cette espèce croît dans les bois de haute futaie, en septembre et octobre , où elle forme des touffes nombreuses. Son chapeau, d'abord arrondi, tomenteux, d'une couleur brune ou ferrugineuse , devient ensuite zoné et concave. Ses pointes sont grêles et roussâtres. Sa chair est fibreuse, coriace , peu propre à servir d'aliment.

On trouve ce champignon en France, en Italie et en Allemagne. Il passe pour être indigeste et même malfaisant. *E giudicato indigesto non solo, m'a pure malefico.* Larber.)

HÉRISSON. *HERICIUM.*

Champignon dénué de chapeau, rameux, tout hérissé de pointes, à l'exception du tronc ou pédicule.

HÉRISSON TÊTE DE MÉDUSE. *HERICIUM CAPUT MEDUSÆ.*

Hericium caput Medusæ. PERS. COMM. CLAV.EF. p. 26. — *Hydnum caput Medusæ.* DC. Fl. Fr. 281. — *Clavaria caput Medusæ.* BULL. t. 412.

(Pl. 2, Fig. 3.)

Son tronc charnu, plus ou moins épais et blanchâtre, donne naissance à une multitude de fibrilles ou divisions simples, allongées, pointues, d'abord verticales comme celles des clavaires, ensuite tout-à-fait pendantes et rassemblées en touffes. Cette plante, d'un blanc de lait dans sa jeunesse, prend avec l'âge une couleur plus foncée ou d'un gris sale; elle paraît à la fin de l'été sur les vieilles souches, sur les bois morts. M. Lefebvre en a cueilli un bel échantillon dans les bois de Versailles.

C'est une espèce usuelle en Italie, où elle est connue sous le nom de *funjo istrice;* on la mange rarement en France, quoiqu'elle soit très-saine et d'un goût agréable.

HÉRISSON ORDINAIRE. *HERICIUM COMMUNE. N.*

Hydnum erinaceum. BULL. CHAMP. t. 54. DC. Fl. Fr. 282. CHEV. Fl. Par. 1. p. 273. TRATTIN. FUNG. AUSTR. t. 68.

On rencontre ce champignon, en automne, sur les vieux chênes; il est sessile ou à pédicule court, cylindrique, peu régulier, d'où naissent une multitude d'aiguillons minces, qui pendent tous perpendiculairement et se terminent par étages. Cette plante, d'une assez grande dimension, est toute blanche en naissant, ensuite d'un jaune pâle. Sa chair est ferme, constamment blanche. On l'apprête comme le champignon de couche, dont elle a à peu près le goût.

HÉRISSON CORAIL. *HERICIUM CORALLOIDES.*

Hericium coralloïdes. PERS. COMM. CLAVÆF. p. 23. — *Hydnum coralloïdes.* SCHÆFF. FUNG. t. 142. SOWERB. FUNG. t. 232. DC. Fl. Fr. 235. — *Hydnum ramosum.* BULL. t. 390.

Cette plante, la plus grande des espèces congénères, ressemble dans sa jeunesse à une tête de chou-fleur; elle est sessile, d'abord blanche, puis jaunâtre. Sa base charnue se divise et se subdivise en une infinité de rameaux diversement entrelacés et recourbés vers leur sommet. Ces rameaux sont garnis dans toute leur longueur de fibrilles pendantes, cylindriques et pointues, dont les plus allongées terminent les dernières divisions en formant des espèces de pinceaux. Ce champignon croît en automne sur les vieux troncs d'arbres, et principalement sur le chêne. On le trouve en Lorraine, en Suisse, en Allemagne; sa substance est tendre et d'une saveur agréable de champignon. On le prépare comme le champignon de couche. On le fait aussi confire dans le vinaigre.

QUATRIÈME TRIBU.

BOLÉTACÉES. *BOLETACEÆ.*

Champignons d'une substance charnue, coriace ou subéreuse, munis d'un hyménium poreux, formé de tubes sporulifères. Chapeau de forme variée, pédiculé ou sessile. Dans quelques espèces, l'hyménium est soudé avec le chapeau, et forme avec lui un corps presque homogène ; dans d'autres, on peut l'en détacher facilement.

HYPODRYS. *HYPODRYS.*

Champignon charnu à pédicule latéral. Hyménium formé de tubes libres, cylindriques, renfermant les sporules.

HYPODRYS HÉPATIQUE. *HYPODRYS HEPATICUS.*

Boletus hepaticus. DC. Fl. Fr. 297. PERS. SYN. 549. SCHÆFF. FUNG. t. 116-120. — *Boletus buglossum* Fl. Dan. t. 1039. — *Fistulina buglossoïdes.* BULL. CHAMP. t. 464 et 497.

(Pl. 2, Fig. 4.)

Ce champignon, à qui Solenander a donné le nom d'*hypodrys* dans ses consultations de médecine, parce qu'il croît au pied des chênes, varie dans sa forme et ses dimensions ; il est charnu, mollasse, d'un rouge brun, plus ou moins lobé, sessile, ou fixé latéralement à un pédicule très-court. Sa face supérieure est d'abord parsemée de papilles, qui, vues à la loupe, se présentent sous la forme de rosettes pédicellées, et disparaissent avec l'âge. Les tubes qui recouvrent la face intérieure sont grêles, inégaux, séparés les uns des autres, blancs, puis jaunâtres et comme frangés à leur orifice ; ils répandent une grande quantité de sporules rousses.

On trouve l'hypodrys hépatique sur les vieilles souches, le plus souvent au pied des vieux chênes. Il est commun dans la forêt de Saint-Germain, non loin de Poissy, où je l'ai observé, plusieurs années de suite, vers la fin de septembre. Je l'ai également récolté dans les bois de Marly et de Vaucresson. On le désigne en France sous les noms de *foie de bœuf, langue de bœuf, glu de chêne*. En Toscane, on l'appelle *lingua di castagno, rossa buona*. Sa substance est épaisse, veinée, rougeâtre, d'un goût un peu acide, sans odeur déterminée ; elle ressemble à la chair fraîche des animaux ou à la pulpe de betterave cuite.

Par son volume et sa saveur agréable, ce champignon doit être mis au nombre des espèces alimentaires les plus utiles. Un seul individu peut fournir amplement de quoi faire un bon repas ; toutefois on recherche de préférence ceux qui ne sont pas trop développés, comme plus tendres et d'une digestion plus facile.

Après l'avoir épluché, lavé et bien essuyé, on le passe à l'eau bouillante, et on le fait cuire avec du beurre, du persil, de la ciboule, du poivre et du sel ; on ajoute ensuite des jaunes d'œufs. On le mange également cuit sous la cendre, et coupé par tranches, en y ajoutant une liaison.

A Vienne, en Autriche, on le mange coupé par petites tranches en guise de salade, avec la chicorée et la mâche. On le fait également cuire avec de la viande, et on y ajoute de la crème ou du suc de citron.

POLYPORE. *POLYPORUS*.

Chapeau sessile ou pédiculé, latéral ou central, parfois multiplié et rameux. Tubes réunis et soudés avec la substance du chapeau.

* CHAPEAU SESSILE.

POLYPORE ODORANT. *POLYPORUS SUAVEOLENS.*

Polyporus suaveolens. FRIES. SYST. MYCOL. 1. p. 566. CHEV.
Fl. Par. 1. p. 254. — *Boletus suaveolens.* PERS. SYN. 530.
SOWERB. FUNG. t. 228. ENSLIN. *Dissert. de Bol. suaveol.*
icon.

Cette espèce se fait remarquer par sa blancheur et par
l'odeur suave qu'elle exhale. Elle est sessile, épaisse,
semi-orbiculaire, un peu sinuée en ses bords, dénuée de
zones et légèrement tomenteuse à sa surface. Ses tubes
sont irréguliers, arrondis ou anguleux, assez grands et
teints d'une couleur roussâtre. Elle croît, en automne, sur
les vieux troncs de saule, et particulièrement sur le saule
blanc, le saule fragile, le saule amandier. On la trouve en
France, en Allemagne, en Suède, en Russie, en Angleterre. Linné l'a également observée en Laponie, où elle
est très-recherchée par les jeunes gens qui ne connaissent
pas de parfum plus agréable lorsqu'ils vont faire la cour à
leurs maîtresses. « O Vénus ! s'écrie Linné, toi à qui suf-
« fisent à peine, dans d'autres pays, les diamants, l'or,
« la pourpre, les concerts, les spectacles, ici tu es satis-
« faite d'un simple champignon ! »

Le polypore odorant est d'une consistance molle, un
peu coriace ; son parenchyme est d'un blanc de lait. Il
faut le cueillir vers la fin de l'automne ou pendant l'hiver.
Lorsque les chaleurs se font sentir, il ne tarde pas à être
dévoré par les insectes, et il se décompose au point que,
vers le mois de juillet, il en reste à peine quelques vestiges. Il exhale, lorsqu'il est récent, une odeur douce,

aromatique, semblable à celle de l'iris de Florence ou de la violette. Sa saveur est acidule, un peu amère. Ces deux principes dominent dans quelques individus, d'autres n'offrent aucune saveur bien sensible, d'après la remarque du docteur Enslin, qui a publié une savante dissertation sur les propriétés de cette espèce de champignon.

Frischmann, chimiste d'Erlang, qui a procédé à son analyse, en a obtenu : 1° une eau distillée odorante, un peu nauséeuse, et d'une légère amertume, sans aucune trace d'huile volatile ; 2° une liqueur d'un beau rouge, un peu acide, d'une odeur de suie ; une huile empyreumatique noire, fétide, et une concrétion sulfureuse ; 3° un extrait aqueux inodore, d'une saveur amarescente, un peu salée ; 4° un extrait alcoolique plus salé, plus amer, et surtout beaucoup plus odorant que l'extrait aqueux ; 5° un sel cristallisé, d'une saveur analogue à celle du sulfate de potasse, de la chaux, une terre siliceuse et quelques parties de fer.

Cette substance, beaucoup plus douce que le bolet du mélèze, paraît se recommander à l'attention des médecins par sa qualité balsamique et légèrement excitante. On l'employait déjà au dix-septième siècle dans les affections graves du poumon. Sartorius et Boecler en font l'éloge dans la phthisie avancée. Le docteur Enslin en parle comme d'un médicament administré avec beaucoup de succès à Erlang, par les professeurs Schmidel et Wendt, et il a recueilli lui-même plusieurs faits du plus grand intérêt. Comme la monographie où il les a consignées est peu connue en France, quelques-uns de nos lecteurs seront sans doute bien aises d'en trouver ici une exacte analyse.

PREMIÈRE OBSERVATION.

Un jeune homme âgé de vingt-un ans est pris d'une toux sèche avec crachement de sang, après s'être exposé à l'air par un temps froid et humide ; c'était au commencement de l'automne. On calme l'hémoptysie au moyen d'une saignée et de quelques adoucissants. Cependant la toux persiste pendant tout l'hiver, avec une expectoration de matières muqueuses, mêlées de temps en temps d'un peu de sang. Au commencement du printemps, les crachats, devenus verdâtres, exhalent une odeur désagréable. Le malade est consumé par la fièvre, et dépérit sensiblement. Point de sommeil, inappétence, sueurs copieuses, chute des forces, intumescence des pieds, avec diarrhée. C'est dans cet état que le malade réclama les soins du docteur Enslin, qui le mit de suite à l'usage d'un électuaire préparé avec la poudre de polypore odorant et le miel, à la dose d'une petite cuillerée quatre fois par jour. Ce remède produisit de si heureux effets, que les sueurs ainsi que la toux diminuèrent sensiblement. Les crachats étaient néanmoins toujours les mêmes ; le traitement fut continué pendant plusieurs mois, et le malade en obtint une guérison parfaite.

DEUXIÈME OBSERVATION.

Un homme âgé de trente-six ans éprouve plusieurs accès de fièvre, un mois avant la mort de sa femme, qui était phthisique. Présumant qu'il est atteint d'une fièvre intermittente, il avale du poivre délayé dans de l'eau-devie. Son état maladif empire, et le force à garder le lit. La fièvre prend le caractère d'une intermittente quotidienne, et, dans un très-court espace de temps, les forces du malade s'épuisent. Une toux vive, des crachats d'une odeur désagréable, une continuelle insomnie, la perte totale de l'appétit, l'enflure des pieds, la diarrhée, la prostration des forces, duraient depuis trois mois, et ne laissaient presque plus d'espoir de guérison. On passe sous silence une foule de remèdes tentés par le malade sans aucun succès, ou du moins avec peu de fruit. On eut recours au polypore odorant, et son action fut si promptement efficace, que, dans l'espace d'un mois, la fièvre avait déjà disparu. La toux et l'expectoration cédèrent en même temps, l'enflure des pieds un peu plus tard.

TROISIÈME OBSERVATION.

Le malade qui fait le sujet de cette troisième observation était âgé de trente-deux ans. Il devint phthisique après avoir éprouvé pendant long-temps des douleurs de poitrine, de la fièvre, des anxiétés, une toux sèche, une saveur de sang inhérente à la gorge, quelquefois un peu acide, et se manifestant après les repas. Pendant les progrès de la maladie, la fièvre s'exaspéra de plus en plus, l'expectoration devint rougeâtre, de couleur de brique. A ces symptômes déjà très-graves se joignirent une respiration difficile, une toux opiniâtre, la perte totale du sommeil, un amaigrissement extrême, la faiblesse et la raucité de la voix, enfin des crachats purulents.

L'usage du lait de chèvre et du quinquina avait produit de bons effets au commencement de la maladie; la fièvre avait diminué sensiblement, les crachats étaient moins mauvais, et ce goût acide inhérent au gosier, qui avait beaucoup tourmenté le malade, n'existait déjà plus. Toutefois, l'enrouement avait résisté à ces remèdes, et la fièvre ayant bientôt reparu avec plus de violence, le malade fut contraint de garder le lit. Les crachats devinrent très-visqueux; l'expectoration était très-difficile. On substitua le lichen d'Islande à l'écorce du Pérou. Il y eut d'abord une légère amélioration, qui ne se soutint pas, et l'on eut recours à de nouveaux moyens. De petites doses de myrrhe et de sucre contribuèrent à rendre l'expectoration plus facile; le malade fut mis en outre à l'usage d'un électuaire préparé avec la racine de grande consoude, le lichen pulmonaire, le quinquina, le polypore odorant et le sirop de gomme ammoniaque. Ce traitement ayant singulièrement modéré la fièvre hectique, on administra une poudre composée de polypore odorant et de sucre de lait, par parties égales, à la dose d'un scrupule quatre fois par jour. L'usage de cette poudre fut continué pendant plusieurs mois, et suivi d'un succès complet.

Ces trois observations, recueillies par un homme instruit, m'ont paru devoir fixer l'attention des médecins. Dans les deux premières, le polypore odorant a eu à lui seul les honneurs de la cure, et l'on doit le considérer dans la troisième comme un puissant auxiliaire. Malgré le peu de confiance qu'on accorde maintenant à beaucoup de remèdes prônés jadis avec un enthousiasme ridicule, ne pourrait-on pas tenter de nouvelles expériences lorsqu'il s'agit d'une maladie si cruelle, qui exerce principalement ses ravages sur la plus belle portion de l'espèce humaine, et l'entraîne dans la tombe au printemps de la vie?

On administre le polypore odorant en poudre, qu'on mêle avec du sucre, ou qu'on incorpore avec du miel, sous la forme d'électuaire. La dose est d'un scrupule à un

gros, qu'on répète plusieurs fois par jour. L'emploi de ce
médicament ne doit pas faire négliger les autres indica-
tions qui peuvent s'offrir dans le traitement de la phthisie
pulmonaire. On le combine parfois d'une manière avantageuse avec l'écorce du Pérou.

Le *dædalea suaveolens* de Persoon (*Boletus suaveoïens.*
BULL.) croît également sur les vieux saules, et paraît jouir
des mêmes propriétés. Il se distingue de notre polypore
par son chapeau roussâtre, plus ou moins zoné, et par une
odeur d'anis très-pénétrante qu'il conserve long-temps.
Au reste, l'un et l'autre, dans leur état de fraîcheur,
nous paraissent d'une qualité suspecte ; leur tissu coriace
les rend d'ailleurs peu propres à servir d'aliment.

POLYPORE DU MÉLÈZE. *POLYPORUS LARICIS.*

Boletus laricis. JACQ. MISCELL. t. 19. 20. 21. BULL. CHAMP.
t. 293. — *Boletus purgans.* PERS. SYN. 531.

Ce polypore, vulgairement connu en pharmacie sous le
nom d'*agaric blanc*, offre à peu près la forme d'un sabot
de cheval. Il est sessile, attaché latéralement, épais,
glabre, un peu convexe, d'une consistance molle et coriace.
Sa face supérieure est marquée de zones brunes ou jaunâtres ; sa face inférieure munie de tubes très-fins, très-
serrés et d'un jaune d'ocre. Sa pulpe est parfaitement
blanche, d'une odeur forte, d'une saveur âcre. Il croît
dans les Alpes sur les vieux troncs de mélèze.

On le trouve dans les officines sous des formes variées,
mais ordinairement en morceaux arrondis ou anguleux,
dont le parenchyme est blanc, léger, tendre, friable, d'une
saveur d'abord un peu douce, ensuite amère, âcre et nauséabonde. Cette substance a été analysée dans ces derniers

temps par M. Bouillon-Lagrange et M. Braconnot ; elle fournit une résine particulière très-abondante et très-âcre, de la fungine, un extrait amer, une matière animale, divers sels et un acide libre.

Ce champignon, par sa qualité drastique et par son principe odorant très-exalté, doit être mis au rang des poisons. Lorsqu'il est frais, ses émanations sont dangereuses. Pris à une dose un peu forte, il excite violemment le canal alimentaire, et il peut produire de graves accidents.

Nous parlerons très-brièvement des vertus héroïques que les anciens ont attribuées à l'agaric blanc ; ce médicament, aujourd'hui tombé dans l'oubli, est rarement employé. Vogel le regarde comme un doux évacuant, donné à la dose d'un gros dans six onces d'émulsion ; mais il paraît, au contraire, agir d'une manière incertaine, provoquer tantôt le vomissement, tantôt les évacuations alvines, et imprimer un mouvement de chaleur et de spasme à tout le canal alimentaire. Au reste, la matière médicale est si riche en purgatifs plus fidèles et plus doux, qu'on peut fort bien se passer de cette substance, ainsi que des préparations surannées dont elle fait la base.

POLYPORE AMADOUVIER. *POLYPORUS FOMENTARIUS.*

Polyporus fomentarius. FRIES. SYST. MYCOL. 1. p. 374. CHEV. Fl. Par. 1. p. 257. — *Boletus fomentarius.* LINN. Fl. Suec. p. 455. — *Boletus ungulatus.* DC. Fl. Fr. 501. BULL. CHAMP. t. 401 et t. 491. f. 2. — *Boletus igniarius.* SOWERB. FUNG. t. 131.

Cette espèce est coriace, sessile, attachée par le côté, et de la forme d'un sabot de cheval. Sa surface est grisâtre ou ferrugineuse, marquée de sillons ou de zones brunes. Ses tubes sont étroits, réguliers, d'une couleur tannée. Chaque année il se forme une nouvelle couche de tubes, qu'on retrouve en coupant le champignon verticalement ; ces différentes couches sont séparées les unes des autres par des sillons annulaires plus ou moins profonds.

Ce champignon croît sur les troncs de divers arbres ; il est très-dur, corné, luisant à l'extérieur, d'une consistance plus molle intérieurement. On l'appelle vulgairement *agaric*.

> Le puissant agaric, qui du sang épanché
> Arrête les ruisseaux, et dont le sein fidèle
> Du caillou pétillant recueille l'étincelle.
> DELILLE, l'*Homme des Champs*.

On l'emploie à la préparation de l'amadou, dont tout le monde connaît les propriétés économiques. Cette préparation est fort simple ; elle consiste à dépouiller la plante de son écorce, ainsi que de sa partie tubuleuse, et à la battre avec un maillet pour la rendre douce et souple ; on la trempe ensuite dans une eau où l'on a fait dissoudre du salpêtre. L'agaric des chirurgiens se prépare de la même manière ; mais il ne doit pas être imprégné de parties nitreuses. Toutefois, ce n'est nullement par la propriété astringente qu'on lui attribuait jadis qu'il étanche le sang dans les cas d'hémorrhagie, mais bien par sa qualité spongieuse, jointe à la compression mécanique exercée sur les parties par un appareil convenable

POLYPORE BIGARRÉ. *POLYPORUS VERSICOLOR.*

Polyporus versicolor. FRIES. SYST. MYCOL. 1. p. 368. CHEV.
FL. Par. 1. p. 256. — *Boletus versicolor.* DC. Fl. Fr. 301.
PERS. SYN. 340. BULL. CHAMP. t. 86. SCHÆFF. FUNG. t. 268.

On trouve communément ce champignon toute l'année
sur les arbres morts. Il est très-mince, sessile, attaché latéralement, arrondi ou sinueux. Sa surface est cotonneuse,
d'un aspect soyeux, marquée de zones ou bandes brunes,
rouges, jaunes, blanches ou bleues, sur un fond grisâtre
ou jaunâtre. Sa partie inférieure est recouverte de tubes
blancs, courts et arrondis. Cette espèce est rarement solitaire ; plusieurs individus se réunissent et se groupent
presque toujours sur le même tronc , où ils forment une
espèce de rosette.

Bien que la chair cotonneuse et coriace de ce champignon n'invite point à le cueillir pour l'usage alimentaire ,
nous devons cependant observer qu'il est d'une nature suspecte, de même que le polypore élégant (*Boletus elegans.*
BULL. t. 46), et quelques autres espèces parasites à pédicule latéral. Plenck , dans sa *Toxicologie*, met d'ailleurs
ces deux dernières plantes au rang des poisons.

POLYPORE SULFURIN. *POLYPORUS SULPHUREUS.*

Polyporus sulphureus. FRIES. SYST. MYCOL. 1. p. 357. CHEV.
Fl. Por. 1. p. 259. — *Boletus sulphureus.* BULL. t. 429.
SOWERB. FUNG. t. 133. DC. Fl. Fr. 318.

C'est dans les cicatrices du hêtre, du merisier et des
vieux chênes que croît ce beau champignon. Il est mou ,
visqueux, sessile, attaché par le côté, quelquefois très-
large, ondulé et légèrement lobé sur les bords , d'un jaune

orangé en dessus, d'un jaune de soufre en dessous. Ses tubes sont très-courts, à peine sensibles ; ils émettent à leur maturité une poussière séminale blanche et abondante.

La chair de ce champignon est jaune, pâteuse à la bouche et d'une saveur un peu acide ; elle n'est point alimentaire. On s'en sert pour teindre en jaune.

Il serait superflu de donner ici la description de quelques autres polypores à chapeau sessile. Ils sont tous parasites, d'une texture coriace, spongieuse ou subéreuse, et d'une qualité suspecte. D'ailleurs, il n'est guère possible de les prendre pour des champignons comestibles.

** CHAPEAU SOUTENU PAR UN PÉDICULE LATÉRAL OU EXCENTRIQUE.

POLYPORE DU NOYER. *POLYPORUS JUGLANDIS.*

Boletus juglandis. BULL. CHAMP. t. 19. DC. Fl. Fr. 320. — *Boletus platyporus.* PERS. SYN. 521. — *Boletus squamosus.* BOLT. FUNG. t. 77.

Cette espèce très-variable dans sa forme, ses dimensions et sa couleur, croît, tantôt solitaire et tantôt en groupes sur les vieux noyers, quelquefois sur les saules, le peuplier noir et le tilleul. Elle a un pédicule latéral, très-court, roussâtre, et comme réticulé à la partie inférieure. Son chapeau est convexe, de forme ovale, d'un blanc roussâtre, couvert d'écailles nombreuses, de couleur brune. Les tubes sont larges, courts, blancs ou jaunâtres.

Lorsqu'il est frais, ce champignon exhale une odeur forte et pénétrante ; sa chair est compacte, ferme, un peu coriace, d'abord légèrement salée, ensuite d'un goût mielleux qui n'est pas désagréable. Quoiqu'il ne soit pas très-délicat, il paraît qu'on le mange dans quelques départements sous les noms de *miellin*, *langou*, *oreille du noyer*, etc. M. Desvaux, savant naturaliste, a connu un pauvre cultivateur du Poitou qui en faisait sa nourriture, ainsi que de quelques autres champignons regardés comme suspects, sans en être incommodé. Il est vrai qu'il leur faisait subir une coction assez prolongée pour leur enlever tous les principes nuisibles. (*Journal de Botanique*, tom. 3.)

POLYPORE LUISANT. *POLYPORUS LUCIDUS.*

Boletus lucidus. PERS. SYN. 522. — *Boletus obliquatus*. BULL. t. 7 et t. 459. DC. Fl. Fr. 321. — *Agaricus nitens*. BATSCH. FUNG. t. 41. f. 225.

(Pl. 2, Fig. 1.)

Dans son premier développement, qui commence en été, il a la forme d'une petite massue ; ensuite il prend celle d'une cuillère ou truelle ; plus tard son chapeau devient horizontal, uniforme, luisant, comme glacé de vernis, rougeâtre ou couleur marron, et marqué sur les bords de zones parallèles. Sa face inférieure est blanche, garnie de pores très-fins qui prennent en vieillissant une teinte férrugineuse. Le pédicule est latéral, lisse, bombé, brunâtre, sensiblement aminci à sa base, haut de deux à six pouces.

On rencontre ce champignon en été et en automne, dans les bois, auprès des vieilles souches. Je l'ai cueilli plusieurs fois à Vincennes et à Meudon. Il est d'abord d'une substance molle, visqueuse ; mais il devient ensuite coriace, très-dur et comme subéreux. On doit le ranger parmi les espèces suspectes, quoique Bulliard ne lui attribue aucune mauvaise qualité.

POLYPORE PIED DE CHÈVRE. *POLYPORUS PES CAPRÆ.*

Polyporus pes capræ. PERS. CHAMP. p. 241. t. 3.

Ce polypore est connu dans les Vosges sous le nom de *pied de mouton noir*. Il a un pédicule latéral, court, épais, simple ou divisé, d'un vert jaunâtre, supportant un ou plusieurs chapeaux arrondis, assez épais vers leur insertion avec le pédicule, d'une couleur bistrée noire, avec les bords réfléchis et ondulés. Les tubes sont larges, de la même couleur que le pédicule.

Le docteur Mongeot a découvert cette nouvelle espèce dans les Vosges. Elle vient aux environs de la petite ville de Bruyères, en été et en automne, dans les forêts de sapins, où elle acquiert un assez grand volume lorsqu'il y a plusieurs chapeaux sur le même pédicule. Sa chair est ferme, blanchâtre et d'un goût agréable de champignon.

POLYPORE EN BOUQUET. *POLYPORUS FRONDOSUS.*

Polyporus frondosus. FRIES. SYST. MYCOL. 1. p. 355. — *Boletus frondosus.* Fl. Dan. t. 1. 952. — *Boletus ramosissimus.* SCHÆFF. FUNG. t. 127 et 129. — *Boletus intybaceus.* BAUG. LIPS. p. 631.

Cette espèce, d'une dimension quelquefois considérable, est formée de la réunion d'une grande quantité de chapeaux assez semblables à des feuilles de chicorée, comprimés, ridés ou tuberculeux, d'une couleur grisâtre ou fuligineuse. Les pores et le pédicule sont d'un blanc de neige. On la rencontre, en septembre et octobre, au pied des vieux chênes.

Sa chair est très-blanche, ferme, cassante, d'une saveur

et d'une odeur agréables de champignon. Paulet vante beaucoup sa bonne qualité ; loin d'incommoder, elle semble, dit-il, rendre plus légers ceux qui s'en régalent.

Ces champignons sont quelquefois si volumineux qu'un seul peut suffire au repas de la plus nombreuse famille ; on en a vu qui pesaient vingt, trente livres, et même davantage. Dans quelques provinces, on les désigne sous le nom de *coquilles* ou de *coquillier en bouquet* ; dans les Vosges, sous celui de *coureuse* ou *poule des bois* ; et en Piémont, sous les noms d'*orsion* et de *barbesin*.

POLYPORE GIGANTESQUE. *POLYPORUS GIGANTEUS.*

Polyporus giganteus. PERS. SYN. 521. CHEV. Fl. Par. 1. p. 260. — *Boletus achantoïdes.* BULL. CHAMP. t. 486. DC. Fl. Fr. 121. — *Boletus mesentericus.* SCHÆFF. t. 257.

Ce polypore, d'un rouge de brique ou d'un brun fuligineux, se montre en automne, sur les vieilles souches, où il forme des groupes très-étendus, et parvient souvent à une grandeur extraordinaire. Son pédicule, cylindrique à la base, s'évase d'un côté en un demi-chapeau ondulé, diversement contourné, zoné, très-mince, surtout vers les bords. Les tubes sont fort courts, et se prolongent jusque sur le pédicule.

Il est également alimentaire ; mais il a besoin d'une longue cuisson, ainsi que l'espèce précédente.

POLYPORE TRUFFE. *POLYPORUS TUBER.*

Cette espèce, que Paulet a décrite sous le nom de *saratelle-truffe*, présente une surface chagrinée ou grenue, semblable à celle de la truffe noire, dont elle a d'ailleurs la couleur, le goût et le parfum. Son chapeau, large de

deux à trois pouces, est garni en dessous de pores blancs,
qui prennent une teinte rousse avec l'âge. Le pédicule est
latéral, plein, de la couleur des pores, et de la même substance que le chapeau.

Toute la plante est d'une texture ferme, cassante, blanche
et de bon goût; aussi est-elle fort recherchée. On la trouve
aux environs d'Angers et dans le midi de la France.

*** CHAPEAU SOUTENU PAR UN PÉDICULE CENTRAL.

POLYPORE TUBÉRASTRE. *POLYPORUS TUBERASTER.*

Polyporus esculentus. MICH. GEN. plant. p. 131. t. 71. f. 1. —
    Tuberaster fungos ferens. BOCCON. MUS. t. 500. BAT. FUNG.
    ARIM. t. 24. — *Bo'etus tuberaster.* JACQ. COLLECT. Austr.
    suppl. t. 8 et 9.

Ce champignon, si renommé en Italie, croît aux environs de Naples, sur une espèce de tuf volcanique, très-
poreux, de nature argileuse et calcaire, qui lui sert pour
ainsi dire de matrice.

Sa racine forte, tubéreuse, vivace, quelquefois d'un
volume considérable, offre à sa superficie une matière blanchâtre, fongueuse, d'où s'élèvent presque en tout temps des
champignons. On transporte d'un pays à l'autre cette racine, appelée vulgairement *pierre à champignons, pietra
fungaia,* sans qu'elle perde sa faculté reproductive. On la
place ordinairement dans un lieu chaud et humide, et, à
l'aide de quelques arrosements, elle se couvre de champignons en très-peu de jours. A Naples et à Florence, on la
tient dans les caves. On pourrait la conserver en France
dans une serre tempérée.

Dans les premiers moments de leur naissance, ces champignons sont blanchâtres, finement peluchés et à peu près

semblables à des pousses d'asperge. Peu à peu le chapeau s'arrondit et prend une teinte fauve ou dorée ; ensuite il s'évase en parasol, se creuse en entonnoir, et acquiert quelquefois huit à dix pouces d'étendue. Les pores sont blanchâtres, anguleux et décurrents. Le pédicule est un peu renflé à la base et au sommet, haut de quatre à cinq pouces, et d'une teinte flavescente.

Les amateurs de champignons cultivent avec soin, en Italie, cette espèce de polypore qui leur offre un mets des plus délicats. Sa substance est charnue, d'un goût et d'un parfum très-agréables. On peut l'apprêter comme les morilles ou le champignon de couche. A Naples, on le coupe par petites tranches qu'on fait cuire dans du lait, et frire ensuite au beurre ou à l'huile.

POLYPORE BLANCHATRE. *POLYPORUS OVINUS.*

Boletus ovinus. SCHÆFF. FUNG. t. 121. — *Boletus albidus.* PERS. SYN. 513.

Ce polypore a un chapeau blanchâtre, large d'environ trois pouces, glabre, convexe, légèrement déprimé dans le centre, un peu sinueux, d'une consistance charnue et fragile. Sa face inférieure est recouverte de pores fort petits, d'abord blanchâtres, ensuite d'un jaune de citron. Le pédicule est blanc, court et cylindrique.

Il croît par groupes dans les bois de sapins, en Allemagne, où il est employé comme aliment.

POLYPORE DE CARINTHIE. *POLYPORUS CARINTHIACUS.*

Boletus carinthiacus. JACQ. COLLECT. Austr. 1. p. 342 et 344. — *Boletus subsquamosus.* PERS. CHAMP. p. 40.

Cette espèce se plaît également dans les forêts de sapins ; on la trouve en Suède et en Autriche, dans la Carinthie.

Son pédicule est blanchâtre, plein, cylindrique, légèrement renflé à sa base, quelquefois réticulé à son sommet.
Son chapeau est d'un blanc de neige, inégal, lobé, sinué ;
avec l'âge il prend la forme d'un entonnoir, et sa peau,
qui est très-tendre, se déchire en petites écailles. **Les pores
sont blancs, petits, irréguliers.**

Ce champignon, d'une substance compacte et charnue,
n'a rien de malfaisant. On le mange dans la Carinthie sous
le nom de *herrenschwamm*.

POLYPORE OMBELLÉ. *POLYPORUS UMBELLATUS.*

Boletus umbellatus. SCHÆFF. FUNG. t. III. PERS. SYN. 519. —
Fungus umbellatus. BARREL. icon. 1269.

α. *Boletus ramosissimus.* JACQ. Fl. Austr. 2. t. 172.

D'une souche courte, épaisse, s'élèvent vingt à trente
pédicules poreux, charnus, portant un nombre égal de
chapeaux, larges d'un à deux pouces, en forme d'entonnoir, bistrés à leur face supérieure, blancs en dessous,
presque disposés en ombelle.

Le bolet de Jacquin, qui paraît une variété de celui-ci,
en diffère par ses chapeaux plus ramassés, moins grands,
convexes, presque ombiliqués et d'une couleur brune.

On trouve ces deux espèces ou variétés en Allemagne ;
elles ont toutes les qualités qui distinguent le polypore en
bouquet et autres espèces alimentaires.

Si le groupe des polypores nous offre des espèces usuelles
et d'une bonne qualité, on y trouve aussi des champignons
vénéneux ou du moins suspects. Il faut en général se défier
des polypores qui ont un pédicule latéral, et ne jamais faire
usage des espèces dont la texture est très-coriace.

BOLET. *BOLETUS.*

Chapeau charnu, convexe, arrondi, pédiculé. Tubes ordinairement cylindriques, anguleux, sporulifères, réunis, faciles à détacher de la substance charnue du chapeau. Pédicule lisse, quelquefois écailleux ou pourvu d'un anneau.

BOLET BRONZÉ. *BOLETUS ÆREUS.*

Boletus æreus. BULL. t. 385. DC. Fl. Fr. 329. PERS. SYN. 511.

(Pl. 3, Fig. 1, 2 et 3. Pl. 4, Fig. 1.)

Dans nos provinces méridionales, on appelle cette espèce *cep noir* ou *cep bronzé.* Elle présente un chapeau arrondi, convexe, fort épais, un peu ondulé en ses bords, large de trois à six pouces, d'une couleur fuligineuse ou d'un brun noirâtre, avec une légère teinte de rouge qui lui donne un aspect velouté. Sa chair est ferme, très-blanche, un peu vineuse vers la peau. Les tubes sont très-fins, d'un blanc de lait ou d'un jaune de soufre. Le pédicule est tantôt cylindrique et d'une grosseur à peu près égale dans toute son étendue, tantôt renflé à sa base, d'un blanc jaunâtre, brun ou fauve, et plus ou moins réticulé.

Ce champignon n'est pas à beaucoup près aussi abondant dans les bois des environs de Paris que l'espèce suivante; on l'y rencontre néanmoins depuis le mois de juillet jusqu'au mois d'octobre, surtout dans les bois de Marly, de Vaucresson, de Sainte-Geneviève, de Chevreuse, de Rambouillet, etc. Le docteur Pouget me l'a apporté des bois de Montfermeil. Je l'ai cueilli moi-même, en 1812, dans la forêt de Mazarin (Ardennes), où il n'est pas rare. Il croît également dans le nord et dans la partie tempérée de l'Europe. La variété à tubes blancs est assez commune en Pologne, aux environs de Varsovie ; la variété à tubes jaunes, en Gascogne, aux environs d'Auch.

La première variété se trouve aussi dans la forêt de Loches (Indre-et-Loire), dans les bois des Basses-Pyrénées, de la Gironde, du Cantal, de l'Aveyron et du Tarn, où elle a été observée par M. de Perrodil, aussi friand de champignons que de poésie, auteur des *Études épiques*, où l'on trouve un grand nombre de vers que Delille n'eût point désavoués.

Elle est remarquable par ses tubes réguliers, nombreux, par ses pores d'un blanc mat, par son pédicule très-épais, cylindrique, haut de quatre à six pouces, d'un blanc fauve, plus ou moins sillonné de stries longitudinales d'une teinte plus foncée. Quelquefois ce pédicule prend la forme d'une toupie ou d'un gros ognon ; et il est si court, que le chapeau qui le couvre touche presque à terre. Ce champignon contraste singulièrement avec le bolet bronzé décrit et figuré par Bulliard. On reconnaît à peine celui-ci, tant sa stature est grêle ; les lignes qui serpentent sur le pédicule forment un réseau symétrique qui n'est point dans la nature. Au reste, il est aisé de voir que cet estimable naturaliste n'a guère observé que les champignons qui croissent aux environs de Paris. Les espèces méridionales ont des formes plus belles, plus hardies, des couleurs plus vives, plus variées.

Quelques amateurs trouvent le cep bronzé plus délicat que le cep ordinaire (*boletus edulis*). Il cache sous sa robe enfumée une chair ferme, appétissante, d'un blanc de neige, d'un parfum suave. Le célèbre auteur de l'*Almanach des Gourmands* le préfère à tous les champignons connus, et il passerait volontiers sa vie dans les bois pour y cueillir, comme il les appelle, ces divins cryptogames à tête de nègre. Je crois encore le voir dans les taillis de Sainte-Geneviève, trébuchant de temps en temps par l'inégalité du sol, tout couvert de sueur, mais plein de courage et rayonnant de plaisir dans l'espoir d'une abondante récolte. J'entends encore ses cris de joie lorsqu'il découvrait ces champignons sous la fougère ou à l'ombre des chênes, et qu'une main amie venait l'aider à les cueillir [*]. Que de bons mots, que d'heureuses saillies lorsqu'on les servait tout fumants sur sa table! Il faut avoir reçu le feu sacré pour comprendre un pareil enthousiasme.

BOLET COMESTIBLE. *BOLETUS EDULIS.*

Boletus edulis. BULL. CHAMP. t. 60 et t. 494. DC. Fl. Fr. 530. — *Boletus esculentus.* PERS. Observ. mycol. 1. p. 23. — *Boletus bovinus.* LINN. SPEC. 1646. BOLT. FUNG. 2. t. 85.

(Pl. 4, Fig. 2. Pl. 5, Fig. 1, 2 et 3.)

On reconnaît aisément cette excellente espèce à son chapeau plus ou moins large, convexe, un peu ondulé sur les bords, d'une couleur fauve, quelquefois d'un rouge

---

[*] La nature n'a fait qu'ébaucher les mains de M. de La Reynière; mais elle l'a bien dédommagé en le douant d'une intelligence supérieure, et surtout d'un cœur généreux et compatissant; car les plaisirs de la table ne lui ont jamais fait oublier l'infortune. Il y a environ dix ans que nous parcourions ensemble la fraîche vallée de Montlhéry. Notre illustre amphitryon n'a plus cette puissance digestive, cette verve, ces reparties semées de traits piquants qui électrisaient ses convives, heureux de le voir et de l'entendre. Le temps inexorable l'a rendu plus grave, plus mesuré, plus calme.... C'est le soleil sur son déclin. Qu'il nous soit permis de témoigner ici notre surprise du silence dédaigneux qu'a gardé l'auteur de la *Physiologie du Goût* sur le plus célèbre gastronome du dix-neuvième siècle. Nouveau Thémistocle, est-ce que les lauriers de Miltiade l'auraient empêché de dormir!

de brique, quelquefois blanchâtre ou plus ou moins brun. Sa substance intérieure est ferme, d'un beau blanc que le contact de l'air n'altère point. Ses tubes sont réguliers, très-fins, d'abord blancs, ensuite jaunes ou d'une teinte olivâtre. Le pédicule est épais, tubéreux et plus ou moins renflé à sa base, quelquefois très-élevé, quelquefois très-court, légèrement réticulé, blanchâtre ou fauve, souvent atteint par les limaces, ainsi que le chapeau.

Ce champignon croît abondamment, en été et en automne, dans les bois et les lieux couverts. Lorsque le printemps est chaud et pluvieux, on le rencontre aussi en mai et en juin ; mais il est moins ferme et moins sapide que lorsque la saison est plus avancée. Il varie singulièrement dans sa couleur et ses dimensions. On en trouve dont le chapeau est d'un roux tendre, de couleur noisette ou presque blanchâtre. D'autres sont d'un bistre rougeâtre, ou bien d'une couleur brune et comme enfumée. Il en est dont le pédicule est si court qu'on aperçoit à peine le champignon à travers la mousse ou les feuilles sèches, tandis que d'autres s'élèvent à la hauteur de sept ou huit pouces et même plus, au milieu des bruyères. J'en ai cueilli dans la forêt de Rambouillet, dont le chapeau avait près d'un pied de diamètre, et la tige dix pouces de hauteur. Bernard de Jussieu estimait singulièrement cette belle et excellente variété, capable, disait-il, de *ressusciter un mort*. M. Létendard, élève distingué du chimiste Barruel, l'a observée dans les bois de Vésinay et de la Malmaison.

D'après cette différence dans l'élévation du pédicule, dans la couleur et l'étendue du chapeau, le docteur Paulet a cru devoir admettre cinq ou six espèces distinctes ; mais,

suivant nous, ce sont autant de variétés qu'il faut ramener à l'espèce principale, qui est le *boletus edulis*.

Cette espèce est européenne, et toutes ses variétés sont
délicieuses. La pulpe en est fine, délicate, d'un parfum
agréable, d'une blancheur permanente, surtout dans les
jeunes individus, qu'on doit toujours préférer. On la désigne dans nos provinces sous les noms de *cep*, de *gyrole*, de
bruguet, de *potiron*; en Italie, sous les noms de *porcino*,
de *ceppatello buono*. Les bœufs, les moutons, les porcs,
les cerfs, les chevreuils, la recherchent avec avidité.

Les Romains connaissaient nos ceps. Pline les appelle
fungi suilli, et le gourmand Apicius *fungi farnei*. Galien
les désigne sous le nom d'*amanita* que les modernes ont
appliqué à un genre différent.

On fait une grande consommation du bolet comestible
dans le midi de la France, principalement à Bordeaux et
à Bayonne. Dans la Lorraine, on le mange sous le nom
de *champignon polonais*, parce que ce sont des Polonais
de la suite de Stanislas Lekzinski, qui montrèrent qu'on
pouvait en faire usage sans danger. On le mange également
en Hongrie, dans la Volhynie russe et autres pays septen-
trionaux. M. de Vassal l'a récolté aux environs de Saint-
Pétersbourg, où il est assez commun, et il lui a trouvé le
même goût qu'aux ceps du Périgord.

Les meilleurs ceps croissent sur les coteaux boisés, dans
les taillis plantés de châtaigniers et de chênes, dans les
bruyères, au bord des prés montueux et un peu ombragés.
On en trouve d'excellents sous les beaux châtaigniers des
Cévennes. Dans le Midi, la première récolte se fait dans
le mois de mai; ils sont alors d'une couleur fauve. Ceux
qui viennent en juillet, août et septembre, ont en général

la robe plus foncée, plus brune et un goût plus agréable. On en récolte aussi en novembre et en décembre, lorsque la température n'est pas trop froide, mais la chair en est moins épaisse et moins savoureuse. Ces champignons, dont la qualité nutritive et salubre ne saurait être contestée, offrent une précieuse ressource aux habitants des campagnes. Ils sont quelquefois si volumineux, qu'un ou deux suffisent pour le repas de plusieurs personnes.

RÉCOLTE ET PRÉPARATION DES CEPS.

Il n'y a pas encore long-temps que les ceps étaient peu estimés aux environs de Paris où l'on ne mangeait guère que les morilles et le champignon de couche. Le Bordelais croyait que nos bois n'en produisaient point, et lorsqu'il en trouvait dans les broussailles, il s'arrêtait saisi d'étonnement et s'écriait : Est-ce une illusion? Suis-je dans les bois de la Gironde? M. Beyerman pleurait un jour de plaisir à l'aspect d'un de ces beaux champignons qu'il avait aperçu dans les bois de Meudon; il se croyait dans la terre promise. « Toutes les beautés sont réunies, disait-il, dans un beau cep. Voyez sa coupole d'ébène, observez la blancheur de sa chair, son parfum délicieux, mais voyez-le surtout au milieu d'une table ronde, puis savourez-le, quelle ambroisie! »

Depuis la publication de notre livre, les habitants de Versailles et des villages voisins courent à la recherche des ceps. M. Lefebvre, habile pharmacien, les aime avec passion. Il connaît les lieux où ils abondent, mais il ne le dit qu'à ses amis intimes.

M. le docteur Mora est aussi un ardent amateur de ceps. Son teint méridional, son œil, son sourire trahissent son penchant à la friandise. Il part au lever du soleil. Le voilà sur la lisière des bois où les brises du matin lui apportent l'arome des ceps. Il flaire, il regarde, il explore les broussailles, il ne voit rien, il soupire.... Enfin, deux beaux ceps montrent leur dôme enfumé, il les dévore de l'œil. Il les cueille, il les épluche, il aspire leur parfum, sa figure rayonne de joie. « Mais il doit y avoir ici d'autres ceps ; ce doux ombrage, cette mousse soyeuse, ces beaux châtaigniers, tout me le dit. Encore quelques rosées, et leurs germes vont éclore. Parlons tout bas, on pourrait nous entendre. Cachons vite ces épluchures, et dérobons aux gourmands la trace de nos champignons. »

Le docteur, probablement à jeun, était plus friand qu'à l'ordinaire. Les médecins philosophes disent que la faim influe sur notre âme, sur nos penchants, sur nos affections. Nous savons, au reste, que M. Mora est un homme sage, bienfaisant et un fort bon praticien.

Mais comment mange-t-il les ceps ? A la bordelaise, c'est-à-dire avec de l'huile d'Aix, un peu d'ail et une petite pincée de fines herbes. Gardez-vous bien de lui parler d'autres champignons, c'est un amateur exclusif, il n'aime que les ceps, il abandonne tout le reste aux palais vulgaires.

Ici M. Obré, horloger de Versailles, m'arrête et me dit : « Vous ne connaissez donc pas M. Vallet, tambour des grenadiers de notre garde nationale, autrefois musicien dans la garde suisse ? C'est un amateur intrépide qui régale de champignons toute sa compagnie. Vous ne parlez pas non plus de M. Durandeau, marchand tailleur, qui aime tant les ceps et les chanterelles. Et moi aussi, monsieur, j'aime ces bons champignons ; et si vous ne dédaignez point ma société , je vous suivrai l'été prochain dans vos promenades , heureux de pouvoir profiter des leçons d'un maître tel que vous! — Je vous verrai avec plaisir dans les bois , et puis vous figurerez avec vos amis dans la liste des mycophiles qui termine mon ouvrage. La plus parfaite égalité y règne , et celle-là du moins n'est point dangereuse. On y voit des papes , des empereurs , des rois , à côté du laboureur, de l'artisan et du pâtre des montagnes. Vous voyez que nous appelons tout le monde à nos festins. »

Cependant , faut-il le dire , les ceps deviennent plus rares aux environs de Paris et de Versailles , parce que les amateurs s'y sont multipliés d'une manière étonnante. Dans d'autres pays , le déboisement des coteaux les a presque anéantis, et il faut parcourir tout un canton pour s'en procurer un plat. « Ah! combien je regrette ces belles forêts vénérées des Druides! m'écrivait dernièrement un amateur distingué. Que ne suis-je venu dans cet heureux temps où les prêtres gaulois, après avoir enlevé le gui sacré , allaient se régaler d'un ragoût de ceps sous l'ombrage des chênes! »

Lorsqu'on les cueille pour l'usage culinaire, il est essentiel de les examiner avec le plus grand soin, car on court le risque de s'empoisonner si on les confond avec les faux ceps , et surtout avec une espèce particulière qui porte un chapeau à peu près de la même couleur, mais dont les pores sont rougeâtres. Nous avons donné à celle-ci le nom de *bolet pernicieux ;* il en sera bientôt question. Il est encore quelques espèces malfaisantes qui peuvent donner lieu à de graves méprises ; car elles ont , ainsi que le bolet comestible , un chapeau plus ou moins fauve et des

tubes jaunâtres ; mais elles en diffèrent singulièrement par
le goût, le parfum et la couleur de leur substance intérieure. Il faut absolument rejeter tous les bolets dont la
chair est grenue, d'une odeur et d'un goût désagréables,
d'une couleur grisâtre, ou dont la pulpe, d'abord blanche
quand on l'entame, se colore bientôt après en vert, en
bleu ou en brun ; ceux qui ont un pédicule grêle, allongé,
rougeâtre ou marqué de stries pourpres, le dessus du chapeau d'un gris verdâtre, comme marbré, la chair molle,
spongieuse, d'une odeur de soufre ; enfin, ceux qui, au
lieu de se ramollir, se durcissent et deviennent coriaces par
la cuisson.

En traçant les principales préparations des ceps, nous
confondrons le bolet bronzé et le bolet comestible, ainsi
que leurs variétés toutes recommandables par leur délicieux arome. Les Bordelais préfèrent ces champignons
aux mets les plus exquis. L'huile d'olive qu'ils emploient,
au lieu de beurre, les rend plus moelleux et plus sapides ;
mais il faut qu'elle soit douce, et, s'il se peut, aussi fine
que l'huile de Venafre, si vantée par Horace.

CEPS A LA BORDELAISE.

On choisit les plus jeunes individus, ou du moins ceux
dont la chair est ferme, blanche, parfumée ; et après en
avoir retranché l'hyménium ou la partie poreuse, ainsi que
le pédicule, on les fait revenir pendant quelques instants
sur le gril pour en dégager l'humidité surabondante. Puis
on les presse légèrement entre deux linges, on les essuie,
et on les fait cuire avec de l'huile d'olive, du persil et de
l'ail hachés, du poivre et du sel. On ajoute vers la fin un
peu de jus de citron.

Ce procédé, que nous employons nous-même, diffère peu du mode de préparation qu'on suit à Bordeaux, et que nous a communiqué notre excellent ami M. Beyerman. On prend une partie des tiges les plus saines, et on en compose avec de l'ail, du persil, du poivre et du sel, un hachis qu'on fait revenir dans de l'huile d'olive fraîche. Puis on ajoute les ceps passés sur le gril, et leur cuisson se termine dans ce condiment.

CEPS AUX FINES HERBES.

Après avoir épluché les ceps, on les laisse mariner pendant quelque temps dans l'huile avec poivre et sel. Ensuite on les fait cuire sur le plat ou dans la tourtière, avec du beurre frais, des ciboules, des échalotes, du persil et de l'estragon hachés menu, du gros poivre, du sel et de la chapelure de pain.

A la campagne, on les mange cuits simplement sur le gril et assaisonnés de beurre, de sel et de poivre, ou bien on les fait frire dans la poêle avec du beurre, du saindoux ou de l'huile. C'est un mets populaire dans les cantons voisins des grandes forêts.

Dans les fermes des Basses-Pyrénées, les maîtres, les domestiques et les ouvriers se régalent avec des ceps cuits au four sur un plat, et assaisonnés d'huile, d'ail et de persil. C'est quelquefois leur principal repas.

Voilà comme les aime M. Grimaud de Caux, écrivain plein d'esprit et de verve, et fin gastronome ; mais il va les cueillir lui-même dans les bois de Meudon. Faites comme lui, l'exercice doublera votre appétit, et les ceps vous paraîtront meilleurs.

HATELETS DE CEPS A L'ITALIENNE.

Faites revenir vos ceps sur le gril ; pressez-les dans un
linge, et les coupez en quatre, six ou huit morceaux, suivant leur grosseur. Ayez autant de petites lames de lard.
Enfilez tour à tour un morceau de cep et un morceau de
lard, jusqu'à ce que vos hâtelets soient garnis. Assaison-
nez-les avec du sel, du poivre et du persil hachés ; trem-
pez-les dans l'huile et panez-les. Faites-les cuire sur le
gril, et arrosez-les de temps en temps avec l'huile qui a
servi à l'assaisonnement.

- POTAGE AUX CEPS.

Coupez par tranches une demi-douzaine de ceps épluchés avec soin ; mettez-les dans une casserole avec du sel,
du gros poivre, un peu de muscade, une livre de maigre
de jambon émincé, une demi-livre de croûte de pain et
quatre onces de beurre frais. Faites cuire le tout sur un
feu vif pendant une heure, et mouillez de temps en
temps avec de l'excellent bouillon. Passez ensuite à travers une étamine. Remettez votre purée sur un feu doux,
en ajoutant du bouillon pour l'éclaircir ; laissez mijoter
pendant vingt minutes, et versez le tout dans votre sou-
pière, après y avoir mis des croûtons passés au beurre.
Surtout que le potage soit chaud et d'un bon goût.

En Espagne, nous faisions cuire les ceps coupés par
morceaux avec de l'huile d'olive et des lames de jambon
de l'Estramadure. Nous y ajoutions quelquefois des filets
de mouton ou de volaille. Dans les Pyrénées-Orientales,
à Perpignan, à Céret, à Arles, tout près du Canigou, nous

les mangions simplement cuits sur le gril et arrosés d'huile
d'olive.

Depuis Pau, c'est-à-dire depuis les coteaux de Juran-
çon jusqu'à Bayonne, on recherche les ceps comme une
nourriture aussi agréable que substantielle. Les gastronomes de Pau les mangent avec toute sorte de gibier; les
pâtres de la vallée d'Aspe, avec de la bouillie de milloc
ou maïs; les habitants de la charmante vallée de Baré-
tonse, avec du jambon de Bayonne. Cette alimentation
rend les Basques agiles, vifs et vigoureux.

Dans les petits ménages, ces champignons sont d'une
grande ressource. On les mêle avec les restes du dîner de
la veille, avec le bœuf, le veau, le mouton, le porc, la volaille; et cette espèce de ragoût, convenablement assaisonné, a été trouvé excellent par des personnes habituées
à une chère délicate. Mais prenez garde! On dit que ce
nouveau plat doit être mangé le jour même de sa préparation.

« Eh quoi! vous voulez que je mange des champignons
cuits de la veille! Vous ne savez donc pas que c'est du
poison? Lisez un nouveau livre de cuisine, un *Manuel* qui
vient de paraître. — Que ce nouveau cuisinier fasse bien
les sauces, puisque c'est son métier, mais qu'il ne se mêle
point d'hygiène culinaire, car il n'y entend rien. Je peux
vous assurer que je mange depuis bien des années, sans
le moindre inconvénient, des champignons cuits de la
veille et même depuis deux ou trois jours, et que tous les
mycophiles expérimentés en font autant. Ne craignez rien
si votre estomac est bien disposé, et s'il digère facilement
les champignons. »

Vous pouvez aussi préparer les ceps comme le macaroni en y râpant du fromage de Parme ou de Gruyère. Quelques friands en font des gâteaux, des beignets, des crèmes, etc.

Dans les pays où ces champignons abondent, on les coupe par tranches qu'on enfile et qu'on fait sécher. C'est ainsi que j'en fais moi-même tous les ans une belle provision. Ce procédé était connu des anciens. « En Bithynie, dit Pline, on les enfile avec des joncs pour les faire sécher. »

Ailleurs, on les passe au four, et on les conserve pour l'hiver. On en reçoit tous les ans à Paris une grande quantité du département de la Gironde. Lorsqu'on veut en faire usage, on les fait revenir dans un peu d'eau tiède ou dans du bouillon, et on les apprête ensuite comme des ceps nouveaux. Quelques amateurs les râpent et en font des coulis, des sauces, des potages, etc. Cette poudre, conservée avec soin dans un vase de porcelaine bien clos, assaisonne et parfume agréablement le civet de lièvre, la fricassée de poulet, le fricandeau, la matelote, les tourtes, les pâtés chauds, etc.

Les ceps donnent une nourriture substantielle, mais ils ne conviennent point à tous les individus, à toutes les constitutions. En général, il faut les apprêter simplement pour les personnes sanguines ou bilieuses et les arroser de jus de citron. Les épices conviennent davantage aux tempéraments froids, lymphatiques. Il faut, au reste, consulter les habitudes et surtout les mouvements naturels qui nous trompent rarement. Voyez ce gourmand, ce mycophile qui touche à la convalescence, et chez qui l'appétit se réveille : l'art, impitoyable dans ses arrêts, le condamne encore à une diète de huit jours, et le menace de la gastrite s'il les transgresse. Ce malheureux pleure, gémit, il ne rêve que ceps, il y pense nuit et jour, il tombe en défaillance. Enfin, on lui offre un bouillon bien dégraissé. Son estomac le refuse, il ne demande, il ne veut qu'une ou deux cuillerées de ceps apprêtés à la bordelaise. On les lui accorde, il les digère à merveille, et la convalescence est assurée. (Voyez un fait curieux rapporté dans notre nouveau *Traité des plantes usuelles*, tom. 1, pag. 78.)

Les règles de l'hygiène veu'ent que l'usage des ceps soit accompagné de quelques petits verres d'un véhicule stomachique ; surtout que le vin soit moelleux, bien dépouillé, afin qu'il coule légèrement dans les veines. M. Beyerman, grand amateur de champignons, et l'un des plus fins gourmets de la Gironde, observe religieusement ce précepte diététique. Il prépare lui-même les ceps qu'il a cueillis dans son parc, et il les arrose avec ce vin si renommé que produit le clos de Hautbrion, vin délectable dont le bouquet suave ferait envie aux dieux.

Nous permettons aussi aux amateurs bien portants le vrai moka après les ceps et autres champignons, surtout s'ils vont les cueillir eux-mêmes dans les bois, mais non le café d'iris recommandé par Guyton de Morveau, ni le café de betterave inventé par François de Neufchâteau, pas même le moka des dames ou café de châtaigne prôné par je ne sais qui. Tous ces mauvais cafés embarrassent les organes de la digestion et révoltent un palais délicat.

Mais savez-vous comment on prend aujourd'hui le café ? Oh ! gardez-vous de le boire dans la soucoupe. Il n'y a que les hommes vulgaires qui le prennent ainsi. Il faut absolument que vous le buviez dans la tasse. S'il est trop chaud, attendez, et si vous êtes pressé, brûlez-vous le palais, la gorge, les entrailles, vous souffrirez, vous en mourrez peut-être, mais vous aurez du moins observé les convenances. Voyez ce jeune homme à la barbe touffue, il sent le tabac, il empeste, il fait fuir les dames à la promenade, mais il aimerait mieux mourir que de boire le café dans la soucoupe.

BOLET MARBRÉ. *BOLETUS MARMOREUS.* N.

(Pl. 6, Fig. 1 et 2.)

Cette belle espèce ne vient pas dans les bois des environs de Paris. Elle n'a été ni figurée ni décrite dans aucun ouvrage. Nous ne pensons pas qu'on puisse la rapporter comme variété à l'espèce suivante, bien qu'elle soit pourvue comme elle de pores d'un rouge de sang. Son chapeau est charnu, très-épais, un peu voûté, large d'environ quatre pouces, d'un fauve clair, légèrement nuancé de rose, comme marbré au sommet, blanchâtre sur les bords, doublé de tubes étroits, allongés, d'un rouge intense à leur orifice. La tige est très-forte, cylindrique, haute de trois à quatre pouces et d'un rouge de carmin.

On trouve ce bolet, en automne, dans nos provinces méridionales. M. Bordes l'a récolté et peint dans la forêt de Verneuil (Indre-et-Loire). Sa chair est épaisse, un peu spongieuse, blanchâtre; mais elle brunit aussitôt qu'on l'entame, surtout dans la partie qui avoisine le pédicule. On range ce champignon parmi les faux ceps, et ce n'est pas sans raison qu'on en redoute l'usage.

BOLET PERNICIEUX. *BOLETUS PERNICIOSUS.* N.

Boletus luridus. Pers. Syn. 502. Trattin. Fung. t. 9. f. 17. —
Boletus rubeolarius. Bull. t. 100 et t. 490. DC. Fl. Fr. 528.
Desv. Fl. de l'Anjou. 6. — *Suillus rubeolarius.* Poir. Encycl.
met. 7. p. 500.

(Pl. 7, Fig. 1, 2 et 3.)

Cette espèce justifie parfaitement son nom par son aspect
et sa qualité délétère. Elle porte le plus souvent un chapeau très-ample, creusé en voûte, épais, d'une couleur
brune ou fauve, quelquefois d'un gris olivâtre ou d'un
jaune livide. Les tubes sont allongés, égaux, jaunes intérieurement, d'un rouge de sang à leur orifice, quelquefois d'un rouge brun ou couleur de brique pilée, et
quelquefois aussi d'une teinte jaunâtre. Le pédicule, ordinairement épais, renflé à sa base, est quelquefois aminci,
haut de quatre à cinq pouces, jaune, rougeâtre, ou
marqué dans toute sa longueur de stries de couleur ama-
rante, filandreux, spongieux, jaunâtre intérieurement.

On rencontre fréquemment ce champignon dans tous les
bois. Il varie dans ses dimensions et dans la nuance du
chapeau. Les deux variétés les plus remarquables ont les
pores d'un rouge vineux ou d'un jaune rougeâtre ; elles
sont très-communes, en été et en automne, dans les
bruyères, dans les allées et au bord des bois. Nous les
avons souvent observées à côté du bolet comestible, sur
les gazons du parc de Saint-Cloud, dans les bois de Ville-
d'Avray, de Meudon, de Verrières, etc. Il est d'autant
plus essentiel de signaler ce rapprochement qu'on pourrait confondre ces espèces dont les qualités sont si différentes.

Le bolet pernicieux a du reste un caractère qui lui est propre, et qui annonce en général des qualités suspectes. La chair du chapeau est molle, visqueuse, naturellement jaune; mais aussitôt qu'on l'entame ou qu'on la froisse, elle prend, ainsi que les tubes et le pédicule, une teinte grisâtre, verte, bleue, brune ou d'un noir de fumée. Elle exhale d'ailleurs une odeur forte, nauséeuse, analogue à celle du foie de soufre, et elle contient un principe résineux très-délétère. Dans quelques localités, on désigne ce bolet et ses variétés sous le nom de *faux ceps*, et on se donne bien de garde d'en faire usage. Paulet a donné à l'espèce principale le nom vulgaire d'*ognon de loup*.

Le bolet tubéreux de Bulliard (*boletus tuberosus*, t. 100) est pour quelques botanistes une simple variété qu'on peut manger sans inconvénient lorsqu'il est jeune. Bulliard dit même que ce champignon a un goût exquis, mais qu'il acquiert en vieillissant une amertume insupportable. Je conseille à tous les amateurs de champignons de n'en point faire l'épreuve, elle pourrait leur être funeste. Palisot de Beauvois a fait aussi l'éloge des qualités alimentaires de ce même champignon qu'il a pris pour une variété du bolet comestible (*boletus edulis*); mais il est aisé de voir qu'il a confondu deux espèces différentes. Le bolet comestible est bien pourvu d'un pédicule tubéreux, mais ni l'espèce principale ni ses variétés ne changent de couleur lorsqu'on entame leur substance. Palisot de Beauvois s'est montré naturaliste habile dans ses divers mémoires sur la mycologie; mais il ne paraît pas avoir fait une étude assez suivie des champignons sous le rapport de leur usage diététique. Ici il attribue des qualités salubres à une espèce évidemment suspecte; ailleurs, il range parmi les champignons vénéneux une autre espèce qui fournit une nourriture saine et abondante.

PROPRIÉTÉS DÉLÉTÈRES. EXPÉRIENCES SUR LES ANIMAUX.

Les animaux rejettent promptement la pâtée où on a introduit le bolet pernicieux, même à petites doses. Les chats et les chiens éprouvent surtout des vomissements, la diarrhée, et quelquefois des mouvements convulsifs. Un jeune chat, qui en avait pris environ une once, est mort en vingt-quatre heures. Les intestins étaient enflammés et marqués çà et là de taches brunâtres. La même dose, administrée à un chien d'une taille ordinaire, a donné lieu à un dévoiement accompagné d'épreintes qui ont duré deux jours. Un autre chien, à qui les docteurs Pouget et Pécharmant avaient fait avaler de la viande mêlée avec le même champignon, a peu souffert; mais il a été triste pendant quelque temps, et a refusé toute espèce de nourriture. Au reste, cet animal a paru doué d'une organisation rebelle à l'activité des substances vénéneuses : la fausse oronge et l'agaric bulbeux n'avaient déjà produit sur lui qu'un effet médiocre. Aussi nos deux jeunes médecins lui avaient-ils donné plaisamment le nom de *Mithridate*. Ces épreuves ont été faites avec le bolet à pores couleur de sang, et avec la variété à pores d'un jaune livide.

Nous avons recueilli sur les effets de ce champignon un fait très-propre à en faire apprécier la nature vénéneuse.

PREMIÈRE OBSERVATION.

Un jeune chirurgien des hôpitaux militaires avait mangé deux champignons cuits sur le gril et assaisonnés avec de

l'huile, du poivre et du sel. L'un était le cep ordinaire
(*boletus edulis*), et l'autre le bolet à tubes rouges ou couleur de cinabre, comme il fut aisé de s'en convaincre par
quelques petits fragments qui avaient été conservés avec
la partie tubuleuse. Quelque temps après son repas, ce
jeune homme éprouva une chaleur intense à la gorge et
dans la région épigastrique, avec des vomissements, des
tranchées et des spasmes accompagnés d'une grande faiblesse. Appelé à son secours, je lui trouvai le pouls serré,
convulsif, la peau brûlante, le ventre ballonné et très-
douloureux. Il avait cependant bu une grande quantité
d'eau sucrée tiède, et vomi les champignons à moitié digérés.

Je prescrivis de suite des lavements huileux et des fomentations émollientes sur l'abdomen. Le malade prit en
même temps un grain d'extrait d'opium dissous dans une
cuillerée d'eau de fleur d'orange. Une heure après, son
état offrant peu d'amélioration, j'administrai encore deux
grains d'opium en deux doses, et, grâce à ce puissant remède, tous les accidents eurent bientôt cessé. Je reviendrai souvent, dans le cours de cet ouvrage, sur les vertus
admirables de l'opium, dans les empoisonnements suivis
d'une irritation violente, dans les coliques, dans les spasmes des viscères abdominaux, etc.; mais il faut savoir
saisir le véritable moment de son emploi. Administré à
temps, il a prévenu l'inflammation, et abrégé ainsi le cours
de plusieurs affections morbides, qui, traitées d'une autre
manière, auraient pu devenir mortelles. Je ne me dissi-
mule point que beaucoup de médecins ne partagent point,
surtout aujourd'hui, mon opinion; mais j'ai pour moi des
faits nombreux; et, certes, c'est bien là ce qui constitue
la partie la plus essentielle de notre art.

10

DEUXIÈME OBSERVATION.

Le professeur Delle Chiaje, qui rapporte notre observation dans un excellent ouvrage intitulé : *Enchiridio di Tossicologia*, y joint un autre empoisonnement qui eut des suites beaucoup plus graves.

Le chevalier de P*** et son domestique avaient mangé de ces mêmes champignons préparés en salade. Le maître tomba dans un état d'assoupissement, et tout son corps se couvrit d'une éruption pustuleuse. C'est en vain qu'on lui donna des boissons acidulées, des potions rafraîchissantes et autres remèdes, les membranes digestives furent rapidement frappées de gangrène. Le domestique du défunt éprouva seulement quelques symptômes d'irritation dans les viscères.

Voilà deux faits qui prouvent sans réplique les propriétés délétères de cette espèce de bolet; et pourtant on nous dit, dans une *Flore* publiée il y a quelques années, qu'on peut manger ce champignon dans son jeune âge. Lecteur, n'en croyez rien. Jeune ou vieux, préparé en ragoût ou en salade, il pourrait vous donner la mort.

Le journal de Lot-et-Garonne racontait, il n'y a pas long-temps, la mort d'une famille entière qui avait mangé des champignons vénéneux. Les restes du ragoût avaient également fait périr un chat. Les gens de l'art chargés de constater cet empoisonnement n'ont point fait connaître l'espèce de champignon qui avait donné la mort à tant d'individus. Comme dans ce pays on mange beaucoup de ceps, on aurait bien pu prendre le bolet à tubes rouges pour le véritable ceps ou bolet comestible.

BOLET MARRON. *BOLETUS CASTANEUS.*

Boletus castaneus. BULL. CHAMP. t. 328. DC. Fl. Fr. 331. PERS.
SYN. 509. CHEV. Fl Par. 1. 263. DESV. Fl. Anj. 6.

Cette espèce est remarquable par sa couleur d'un brun
marron ; elle a un pédicule cylindrique, mou, souvent
renflé et crevassé à sa base, haut de deux à trois pouces.
Le chapeau est orbiculaire, convexe, comme velouté ou
légèrement tomenteux, d'une teinte bistrée ainsi que le
pédicule, quelquefois un peu jaunâtre sur les bords. Les
tubes, d'un blanc de lait en naissant, deviennent jaunes
avec l'âge.

On rencontre ce champignon dans les bois vers la fin de
l'été. M. Hocquart l'a observé aux environs d'Étampes,
où il est assez commun. Sa chair est blanchâtre, molle,
cotonneuse, peu sapide et d'une qualité médiocre ; toutefois elle sert d'aliment dans quelques localités.

BOLET BLANC. *BOLETUS ALBUS.*

Boletus albus. PERS. CHAMP. p. 233. — *Suillus esculentus,
crassus, albus.* MICH. GEN. PLANT. p. 127.

Cette espèce, connue sous le nom vulgaire de *cep blanc*
ou *potiron blanc*, est entièrement blanche. Micheli l'a
observée en Italie, et Paulet dans la forêt de Sénart.
Elle porte un chapeau charnu, large d'environ trois pouces, d'un blanc de lait, doublé de tubes d'un gris pâle.

Ce champignon se montre dans les bruyères, en automne ; sa substance intérieure est d'un beau blanc qui ne
change point ; elle a un goût de bon champignon. On le
mange en Italie sous les noms de *porcino*, de *ceppatello
buono, bianco*.

10.

BOLET POIVRÉ. *BOLETUS PIPERATUS.*

Boletus piperatus. Bull. Champ. t. 451. f. 2. Sowerb. Fung.
t. 54. DC. Fl. Fr. 554. Pers. Syn. 507. — *Boletus ferrugi-
natus.* Batsch. Fung. t. 25. f. 128.

(Pl. 7, Fig. 4.)

Son pédicule est jaune, cylindrique, peu épais, haut
de deux ou trois pouces ; son chapeau orbiculaire, plane,
un peu visqueux, d'un jaune plus ou moins foncé, quelquefois d'une teinte fauve. Les tubes assez grands, d'une
couleur rougeâtre ou ferrugineuse, surtout à leur orifice,
s'avancent jusque sur le pédicule. La chair du chapeau est
ferme, d'un jaune de soufre, un peu rougeâtre près des
tubes ; elle ne change point de couleur quand on l'incise,
mais elle est d'une saveur âcre, poivrée.

Ce champignon est assez rare ; on le trouve cependant,
en automne, dans les bois des environs de Versailles,
dans la forêt de Montmorency, etc. Il croît aussi dans nos
départements méridionaux. M. de Saint-Amans l'a observé aux environs d'Agen, et M. Desvaux dans le département de Maine-et-Loire. Un fragment de la grosseur d'une noix, que j'ai avalé cru et mêlé avec un peu
de pain, m'a causé une heure après une sensation douloureuse à l'épigastre ; mais elle s'est dissipée peu à peu sans
autre accident.

BOLET AMER. *BOLETUS FELLEUS.*

Boletus felleus. Bull. Champ. t. 579. Pers. Syn. 509. DC.
Fl. Fr. 552. Fries. Syst. mycol. 1. p. 594.

Son chapeau est fauve ou bistré, d'abord très-convexe,
ensuite plane ou même un peu concave, d'une substance

molle, blanche, mais qui prend peu à peu une teinte rosée
quand on la blesse. Les tubes sont allongés , inégaux ,
blancs à leur naissance , puis couleur de chair ; ils deviennent très-larges et irréguliers en vieillissant. Le pédicule
est long d'environ trois pouces, cylindrique, un peu renflé
à sa base, jaunâtre, et assez souvent marqué de lignes
fauves en réseau.

On trouve ce bolet dans les bois en juillet et août. Il a
quelque ressemblance avec le bolet comestible , dont il
diffère par la teinte rosée de sa pulpe , et surtout par sa
grande amertume. Cette dernière qualité n'invite point à
en faire usage. Ainsi que l'espèce précédente, il doit être
exclu du nombre des champignons alimentaires.

BOLET AZURÉ. *BOLETUS CYANESCENS.*

Boletus cyanescens. BULL. t. 369. DC. Fl. Fr. 353. FRIES. SYST.
MYCOL. 1. p. 393. DESV. Fl. Anj. 6. — *Boletus constrictus.*
PERS. SYN. 508.

(Pl. 8, Fig. 1 et 2.)

Ce bolet a un pédicule haut de deux ou trois pouces,
d'un gris jaunâtre, épais à sa base, plus mince, comme
étranglé et blanc à sa partie supérieure. Son chapeau est
charnu, convexe, orbiculaire, large de trois à quatre pouces, de la même couleur que le pédicule. Les tubes , d'un
blanc pur à leur naissance, deviennent d'un blanc grisâtre
en vieillissant. Sa chair est épaisse, ferme, blanche; mais
elle se teint d'un bleu d'azur aussitôt qu'on l'entame.

On le trouve, en août et septembre , dans les bois de
Marly, de la Malmaison, de Vésinay, etc.

En général, on attribue des qualités vénéneuses à tous

les champignons qui changent de couleur lorsqu'on brise leur tissu. Ce motif de réprobation ne repose peut-être pas sur des faits rigoureux et authentiques ; mais ce qu'on ne saurait contester, c'est que quelques espèces très-délétères ne conservent point leurs nuances primitives , tandis que les champignons les plus salubres , tels que ceux de couche ou des prairies, les mousserons, les oronges, les ceps, ont une pulpe qui se distingue par une blancheur permanente. Ainsi, il est prudent de ranger le bolet azuré parmi les espèces d'une qualité suspecte.

BOLET BLANCHATRE. *BOLETUS ALBIDUS.* N.

(Pl. 8 , Fig. 3.)

Cette espèce se colore également en bleu aussitôt qu'on incise sa substance ; mais elle diffère du bolet azuré par ses tubes d'un jaune serin ou paille. Son pédicule est blanchâtre, cylindrique, un peu ventru à la base, plus mince et teint de jaune au sommet, haut d'environ trois pouces ; il porte un chapeau voûté, d'un blanc grisâtre ou cendré, doublé de tubes fins, presque tous égaux, et d'un jaune plus ou moins prononcé.

Sa chair, naturellement blanche, prend une couleur bleuâtre aussitôt qu'on la froisse, surtout vers la partie voisine du pédicule ; mais cette couleur disparaît peu à peu au bout de quelques minutes. Elle est d'un goût douceâtre, d'une odeur peu marquée ; nous n'en conseillons pas l'usage culinaire.

Nous avons trouvé ce champignon , vers la fin d'août , dans le parc de Saint-Cloud et dans le bois de Vésinay. Il ne faut pas le confondre avec le *polyporus ovinus* ou *boletus albidus* de Persoon , dont nous avons déjà tracé les caractères.

BOLET CHRYSENTÈRE. *BOLETUS CHRYSENTERON.*

Boletus chrysenteron. Bull. Champ. t. 490. f. 3. DC. Fl. Fr. 355. — *Boletus subtomentosus.* Pers. Syn. 506. — *Boletus cupreus.* Shæff. Fung. t. 133.

(Pl. 8, Fig. 4.)

Cette espèce varie beaucoup dans sa forme, sa couleur et ses dimensions. Son pédicule est cylindrique, fibreux, grêle ou épais , aminci ou renflé à sa base , d'une couleur jaune ou rougeâtre , quelquefois parsemé de lignes purpurines disposées en réseau. Son chapeau est arrondi , convexe , tomenteux ou glabre , tantôt fauve , tantôt d'un rouge brun ; sa surface avec l'âge se fend quelquefois en aréoles polygones ,. ce qui lui donne un aspect singulier. Les tubes sont d'un beau jaune , larges , irréguliers , très-faciles à détacher de la substance charnue, qui est mollasse, jaune , et prend une teinte grisâtre , verdâtre ou bleuâtre lorsqu'on l'entame. Quelquefois aussi ce changement de couleur n'a point lieu , ou du moins il est peu sensible.

Tous les bois des environs de Paris produisent abondamment le bolet chrysentère , depuis le mois de juillet jusqu'au mois d'octobre. On le trouve aussi dans nos départements méridionaux , où il acquiert de plus fortes dimensions ; ses tubes jaunes , très-dilatés , et sa tige ordinairement grêle , plus ou moins rougeâtre , ou de couleur lie de vin, le font distinguer aisément des véritables ceps.

Bien qu'il figure parmi les espèces comestibles dans quelques traités sur les champignons , nous pensons qu'il est plus prudent de n'en pas faire usage ; d'ailleurs il n'a rien d'agréable au goût, et il se rapproche par ses caractères physiques de quelques champignons dont Paulet a constaté les effets délétères. Nous nous bornerons à mentionner ici le *pinau jaunâtre* ou *pain de loup*, à chapeau d'un brun fauve, à tubes jaunes, larges ; le *petit pinau jaune*, dont le chapeau est également doublé de tubes larges et flavescents ; enfin le *cheviller roux brun*, à chapeau couleur de feuille morte, à tubes anguleux, grands et d'un jaune verdâtre.

Toutes ces espèces changent plus ou moins de couleur aussitôt qu'on incise leur tissu. Les unes tourmentent les animaux, les autres ont donné la mort à des enfants, ont excité des douleurs viscérales, la cardialgie, le resserrement spasmodique de la gorge et la gangrène. Mais ces divers champignons, dont Paulet a donné une description incomplète, ne sont probablement que de simples variétés du bolet chrysentère.

Le bolet livide de Bulliard (t. 490. f. t.) a aussi beaucoup de rapport avec cette dernière espèce. Son chapeau est roussâtre ou d'un jaune livide, doublé de tubes très-courts, égaux, jaunâtres et décurrents. On le trouve dans les bois humides et marécageux. Sa chair est d'une texture molle, spongieuse, d'un goût désagréable ; elle verdit quand on l'entame.

Nous ne saurions assez le redire, on doit rejeter toutes les espèces de bolet dont la substance ne conserve point sa couleur primitive. Récoltées pour les véritables ceps, avec qui elles ont d'ailleurs quelques traits de ressemblance, elles donnent lieu à de nombreux empoisonnements dans les campagnes.

Les effets nuisibles de ces champignons étaient connus des anciens. Pline, qui leur donne le nom de *suilli*, recommande de se méfier de ceux qui ont une teinte livide. Le même auteur nous apprend qu'Annæus Sérénus, capitaine des gardes de Néron, périt avec tous ses convives pour avoir mangé des champignons vénéneux.

BOLET RUDE. *BOLETUS SCABER.*

Boletus scaber. BULL. CHAMP. t. 132 et t. 489. f. 1. PERS. SYN. 505. DC. Fl. Fr. 336. — *Boletus bovinus.* SCHEFF. FUNG. t. 104.

(Pl. 9, Fig. 1.)

Cette espèce est très-commune dans tous les bois, en été et en automne. On la reconnaît à son pédicule hérissé de petites aspérités ou écailles noirâtres, haut de cinq à six pouces, plein, cylindrique, un peu renflé à sa base, aminci à sa partie supérieure. Son chapeau est charnu, hémisphérique, large de trois à six pouces, tantôt d'une couleur cendrée ou d'un jaune terne, tantôt brunâtre ou fuligineux. Ses tubes sont allongés, ordinairement blancs ou d'un gris de perle, quelquefois roussâtres. Sa chair est blanche, un peu molle, d'une odeur de champignon et d'un goût légèrement acide.

On peut en toute sûreté faire usage de ce champignon, surtout lorsqu'il est jeune et dans son premier développement. J'en mange tous les ans une assez grande quantité; mais je n'y trouve ni le goût ni le parfum des véritables ceps.

BOLET ORANGÉ. *BOLETUS AURANTIACUS.*

Boletus aurantiacus. BULL. CHAMP. t. 489. f. 2. DC. Fl. Fr.
557. PERS. CHAMP. p. 234. DESV. Fl. Anj. 6.

(Pl. 9, Fig. 1 et 2.)

Ce beau champignon se montre en automne sur la lisière
des bois ou dans les bruyères. Il croît abondamment dans
les bois de Sainte-Geneviève, de Meudon, de Gonart, de
Satory, de Ville-d'Avray, etc. Il est très-reconnaissable à
son chapeau orbiculaire, bombé, ordinairement très-ample, de couleur orangée ou fauve, quelquefois d'un rouge
brun ou d'un roux très-tendre, doublé de tubes allongés,
très-fins, d'un blanc mat ou de couleur paille à leur orifice ;
à son pédicule élevé, blanchâtre, couvert de petites écailles
rousses, quelquefois très-épais, quelquefois renflé au milieu ou d'une grosseur égale, excepté au sommet, où il est
un peu plus mince.

On lui donne vulgairement les noms de *roussile, gyrole
rouge, etc.* Sa chair est blanche, parfois d'une teinte rosée,
un peu visqueuse, surtout après les grandes pluies. Au
reste, il n'a rien de malfaisant, et, malgré le témoignage
défavorable de Bulliard, on peut le manger sans crainte,
ainsi que l'espèce précédente, ayant soin d'employer de
préférence les jeunes individus dont la substance est plus
ferme et plus savoureuse. Paulet dit lui avoir trouvé un
goût d'oronge. Lorsque les ceps sont rares, j'en fais également usage ; mais quelle différence entre la délicieuse
oronge et ce champignon d'une qualité assez médiocre ! On
l'apprête d'ailleurs comme les ceps ; mais comme il a peu
de parfum, il faut en relever le goût en ajoutant de la

muscade râpée ou autre substance aromatique. L'huile
d'olive et une pointe d'ail le rendent aussi plus sapide.

BOLET GROUPÉ. *BOLETUS CIRCINANS.*

Boletus circinans. PERS. SYN. 505. CHEV. Fl. Par. 1. p. 264. —
Boletus granulatus. LINN. SPEC. 1647.

Ce bolet a un chapeau d'un jaune fauve, charnu, convexe, large de trois à quatre pouces et un peu visqueux.
Les tubes, recouverts en naissant d'une membrane épaisse,
sont anguleux, un peu granuleux à leur orifice, et d'une
couleur jaunâtre, ainsi que le pédicule; celui-ci est court,
épais, un peu aminci vers sa base, et parsemé à sa partie
supérieure de petites écailles noirâtres, plus ou moins apparentes.

On trouve ce champignon en automne, dans les pâturages ombragés, et surtout dans les bois de pins, où plusieurs individus se réunissent et forment une espèce de
cercle. M. Chevallier l'a observé autour du Plessis-Piquet,
et M. Persoon, sous les pins de Trianon. Je l'ai retrouvé
moi-même plusieurs années de suite au petit Trianon, et
toujours à peu près à la même place. Je l'ai également
observé sur les gazons de Bagatelle, à l'ombre des pins.
Sa chair est molle, d'un blanc jaunâtre, d'une saveur fade,
d'une odeur qui n'annonce pas un champignon salubre. Je
n'en conseille point l'usage.

BOLET SQUAMEUX. *BOLETUS SQUAMOSUS. N.*

Ce bolet, dont nous ne trouvons nulle part la description, est assez rare. Il porte un chapeau orbiculaire, bombé,
épais, large de deux à trois pouces, d'un gris pâle ou cendré, recouvert d'écailles irrégulières, anguleuses, taillées

en pointe de diamant. Les tubes sont très-courts, très-serrés, d'un blanc mat ou légèrement teint de jaune. Le pédicule est court, gros, tubéreux, haut d'environ deux pouces et d'un gris blanchâtre.

J'ai observé pour la première fois ce champignon à Versailles. Ma fille Valentine l'avait cueilli, vers la fin de juin, au bord du bois de Satory, sur la pelouse de l'allée qu'on appelle Bois-Robert. Sa chair est ferme, cassante, un peu vineuse, d'une odeur de champignon, d'une saveur douce. Cependant, comme elle change de couleur, nous n'en conseillons point l'usage.

BOLET ANNULAIRE. *BOLETUS ANNULARIUS.*

Boletus annularius. BULL. CHAMP. t. 332. DC. Fl. Fr. 339. — *Boletus annulatus.* PERS. SYN. 503. — *Boletus luteus.* SCHÆFF. FUNG. t. 114. BOLT. FUNG. t. 84. Fl. DAN. t. 1153.

On reconnaît cette espèce à son pédicule cylindrique, plein, court, muni d'un large collier. Le chapeau est arrondi, convexe, jaune, marqué de lignes roussâtres; sa surface est luisante, sa chair ferme, épaisse, blanche, excepté près des tubes, où elle a une légère teinte de jaune. Ses tubes sont grêles, assez courts, arrondis, légèrement décurrents, d'un jaune foncé, recouverts à la naissance du champignon d'une membrane qui se détache peu à peu pour retomber en forme d'anneau au sommet du pédicule.

Ce champignon croît en automne dans les bois arides et montueux. Le professeur Decandolle en interdit l'usage, et nous sommes entièrement de son avis; car le *tubiporus annulatus* de Paulet, qui lui ressemble, a fait périr de langueur un chien auquel on en avait fait manger. Au reste, ce bolet est assez rare dans les bo's des environs de Paris.

BOLET CENDRÉ. *BOLETUS CINEREUS.*

Boletus cinereus. PERS. SYN. 504. — *Boletus floccopus.* FRIES. SYST. MYCOL. 1. p. 593. CHEV. Fl. Par. p. 267. t. 6. f. 10.

Cette espèce est remarquable par son chapeau de couleur cendrée ou grisâtre, bombé, charnu, recouvert d'écailles droites, épaisses, velues, très-rapprochées, surtout vers le centre, et qui lui donnent un aspect peluché ou floconneux. Les tubes sont blancs à leur naissance, ensuite colorés par les sporules qui sont d'une couleur ferrugineuse. Le pédicule, haut de deux à trois pouces, peluché, écailleux, ainsi que le chapeau, un peu renflé à sa base, offre à sa partie supérieure un anneau membraneux et persistant. Ce beau champignon est rare. Je ne l'ai observé qu'une seule fois dans la vallée de Fleury.

Sa chair, ferme, épaisse, prend, suivant M. Chevallier, une teinte un peu rose lorsqu'on la coupe. D'après notre observation, cette teinte est légèrement azurée. Au reste, nous ne saurions conseiller l'usage de ce bolet, dont l'odeur et le goût n'offrent rien d'agréable.

Le genre bolet renferme bien encore quelques autres espèces, dont les unes sont, d'après le témoignage de Paulet, d'une nature suspecte ou délétère, et les autres usuelles en Toscane, suivant Micheli ; mais leurs caractères sont exposés d'une manière trop imparfaite par ces deux naturalistes, pour pouvoir en parler ici avec quelque utilité.

En parcourant la tribu des bolétacées, on a pu se convaincre qu'elle renferme un certain nombre de plantes vénéneuses. Outre l'observation que nous avons rapportée et qui nous est particulière, on trouve dans l'ouvrage de Paulet plusieurs faits qui prouvent que les bolets à pulpe verdâtre ou bleuâtre sont très-dangereux, et quelquefois mortels.

PREMIÈRE OBSERVATION.

Quatre enfants du village de Chatou furent empoisonnés par de semblables champignons assaisonnés avec du beurre. Les premiers symptômes que fit éclater cet empoisonnement furent des envies fréquentes de vomir, des évacuations de matières noirâtres, des douleurs déchirantes d'entrailles, la constriction spasmodique de la gorge avec perte de connaissance. Un de ces enfants, qui en avait mangé le moins, fut sauvé avec du bouillon émétisé, qui lui fit rendre le reste des champignons. Quant aux trois autres, ils n'eurent aucune évacuation ; leur état ne fit qu'empirer, et ils moururent le lendemain, après des douleurs inouïes, dans le délire et dans des convulsions générales.

On voit, par cette observation, que l'émétique a été d'un grand secours pour un de ces enfants, en éliminant le résidu du poison, tandis que les trois autres malheureux, qui ne purent rien avaler à cause du trismus des mâchoires, périrent en vingt-quatre heures. Dans cette circonstance, la saignée, les bains tièdes, les topiques émollients et sédatifs auraient été éminemment utiles pour combattre l'irritation inflammatoire des organes gastriques, et dissiper l'état de spasme. Lorsque l'empoisonnement est récent, et que l'irritation n'est pas trop vive, les vomitifs sont presque toujours suivis d'un prompt et heureux effet. Il est d'autant plus important de ne pas en re-

tarder l'emploi , qu'ils préviennent l'absorption des molécules délétères.

DEUXIÈME OBSERVATION.

L'empoisonnement qui suit a été causé par un mélange
de plusieurs espèces de champignons où se trouvaient des
ceps de mauvaise qualité.

Le 6 octobre , à dix heures et demie du soir, le docteur
Loubet , de Saint-Gaudens , fut appelé chez le sieur Beyt,
qui avait été empoisonné avec sa femme et deux de ses
enfants par des champignons. Ils les avaient mangés à
souper, et, deux heures après, ils éprouvaient déjà, surtout le père et la mère, un violent choléra-morbus , avec
une douleur très-aiguë à la région ombilicale. Ces symptômes étaient accompagnés d'une soif que la boisson la plus
abondante ne pouvait apaiser, et de la suppression totale
des urines. Le pouls était presque dans l'état naturel. Ils
n'avaient pris encore que de l'eau tiède et du vinaigre pur,
dont ils crurent devoir faire usage , parce qu'ils n'avaient
bu que de l'eau à leur souper.

Le docteur Loubet administra l'ipécacuanha à tous les
quatre, et il en seconda l'effet avec l'eau tiède , à laquelle
il ajoutait une cuillerée d'huile d'olive par tasse. Les évacuations devinrent plus fréquentes et plus copieuses, mais
sans amélioration notable. Il prescrivit alors l'usage de
l'oxycrat , dont les malades burent largement jusqu'au
lendemain matin. Malgré cette abondante boisson , les
symptômes ne diminuèrent point d'intensité, et il survint
des crampes très-violentes dans tous les membres. Enfin,
on eut recours à une boisson antispasmodique et à l'éther,
dont on donnait de temps en temps une quinzaine de

gouttes. Ces derniers moyens, secondés de quelques lavements et continués jusqu'à neuf heures du soir, dissipèrent comme par enchantement les douleurs, les crampes, la soif, et rétablirent le cours des urines. Cette malheureuse famille passa la nuit suivante dans un calme parfait, à l'exception de la mère, qui eut encore toute la nuit des évacuations, mais moins abondantes. Deux jours après, tous les accidents avaient entièrement disparu.

Cette observation nous a été communiquée par M. Tournon, professeur de matière médicale à Toulouse.

Nous ne saurions trop recommander aux mycophiles d'examiner avec soin les plantes de ce groupe, dont quelques-unes sont très-vénéneuses, d'après la remarque des anciens, et d'après les faits nombreux recueillis par les modernes. C'est en parlant de ce groupe que Pline dit : *Suilli venenis accommodatissimi.*

Les Grecs, et particulièrement Galien, donnaient à ces plantes le nom d'*amanita*, que nous avons appliqué à un genre différent. Ils aimaient beaucoup les champignons ; mais ils ne savaient pas toujours choisir les bonnes espèces, comme on peut le voir par ce passage du *Banquet des savants* d'Athénée : Éparchide raconte que le poète Euripide étant en voyage dans l'île d'Icare fit les vers suivants au sujet d'une mère qui fut empoisonnée à la campagne avec ses trois enfants, savoir, deux garçons déjà formés, et une jeune fille, après avoir mangé de mauvais champignons :

« O soleil qui parcours la vaste étendue du ciel, as-tu jamais vu un accident aussi funeste ? Quoi, une mère, ses deux fils et sa fille enlevés du même coup à mes yeux ! » (Athen. *Deipnos.* t. 2.)

Au reste, ce n'est point la famille d'Euripide qui éprouva ce malheur, comme l'ont dit et répété plusieurs mycologues modernes.

CINQUIÈME TRIBU.

AGARICÉES. *AGARICEÆ*.

Champignons pourvus d'un chapeau ordinairement pédiculé, charnu, rarement subéreux. Hyménium situé à la partie inférieure du chapeau, formé de lames ou feuillets rayonnants. Sporules petites, globuleuses, disposées dans des utricules linéaires.

CHANTERELLE. *CANTHARELLUS*.

Chapeau charnu ou membraneux, relevé en dessous par des plis ou nervures ordinairement bifides, rameuses vers le sommet. Sporules blanches, arrondies, s'échappant de toute la partie inférieure du chapeau.

CHANTERELLE COMESTIBLE. *CANTHARELLUS CIBARIUS*.

Cantharellus cibarius. FRIES. SYST. MYCOL. 1. p. 318. CHEV. Fl. Par. 1. p. 240. — *Agaricus cantharellus*. LINN. SPEC. 1639. BULL. CHAMP. t. 62. — *Merulius cantharellus*. PERS. SYN. 488. DC. Fl. Fr. 341.

(Pl. 10, Fig. 1 et 2.)

C'est un joli champignon tout jaune ou couleur d'or, qui croît abondamment dans nos bois, où il se fait remarquer par un petit chapeau d'abord arrondi et convexe, et qui prend ensuite, en se développant, la forme d'un petit entonnoir dont les bords sont diversement contournés, et

11

comme frisés ou festonnés. La face inférieure de ce chapeau est marquée de nervures une ou deux fois bifurquées, et décurrentes sur un pédicule ordinairement court, plein et charnu.

La chanterelle comestible se plaît dans les lieux frais et ombragés ; on la rencontre à chaque pas dans les taillis de Meudon, de Ville-d'Avray, de Saint-Germain, de Montmorency, d'Écouen, etc., où elle se montre depuis le mois de juin jusqu'au mois d'octobre ; elle paraît même un peu plus tôt, lorsque la température est douce et humide. Son usage, répandu dans toutes les provinces, lui a valu une foule de noms vulgaires, tels que ceux de *gérille*, *gyrole*, *cheveline*, *chevrette*, *gingoule*, *jaunelet*, *girandet*, *escraville*, *mousseline*, *cassine*, *gallinace*, *crète de coq*, *oreille de lièvre*, etc. Dans quelques départements du midi, on l'appelle *cabrillo* ou *scarabillo*. En Allemagne, elle porte le nom de *pfifferling*.

Peu de champignons offrent autant de sécurité que la chanterelle ; elle est si reconnaissable à son chapeau plus ou moins jaune et singulièrement contourné, qu'il est impossible de la confondre avec d'autres plantes d'une nature vénéneuse. Sa chair est d'ailleurs blanche, cassante, d'une odeur légère de champignon, et d'un goût piquant, mais agréable. Nous avons signalé, tant à Paris qu'en province, les qualités salubres de ce champignon, et c'est aujourd'hui un aliment très-recherché dans plusieurs campagnes. Au château de la Cour-Roland, où nous en avons introduit l'usage, M. de Germonville ne croirait pas faire un bon dîner, si on ne lui servait un plat de chanterelles. Ces petits champignons foisonnent dans son parc, situé à une petite lieue de Versailles.

PRÉPARATION DES CHANTERELLES.

Après avoir lavé et épluché les chanterelles, on les passe à l'eau bouillante ; ensuite on les fait cuire avec du beurre frais, un peu d'huile d'olive, de l'estragon haché, du poivre, du sel et un peu de zeste de citron. Lorsqu'elles sont cuites, on les laisse mijoter sur un feu doux pendant quinze ou vingt minutes, et on les arrose de temps en temps avec du bouillon ou de la crème, ou bien on les lie avec des jaunes d'œufs.

D'après la haute expérience de M. de Germonville, ces champignons sont plus légers sur l'estomac lorsqu'on les accompagne de quelques petites doses de vin de Saint-George ou de Pomard. Tous ceux qui ont le bonheur de s'asseoir à la table de cet aimable amphitryon savent que ses vins sont exquis, qu'il les verse d'une main généreuse, et qu'il en fait les honneurs avec une grâce parfaite.

Ce ragoût a produit une conversion gastronomique assez importante pour que nous lui donnions ici une petite place. Que le lecteur veuille bien se reposer un peu avec nous, il trouvera peut-être moins fatigante la route que nous lui faisons parcourir.

CONVERSION D'UN CHANOINE.

M. l'abbé C***, ancien chanoine de Reims, d'une assez belle stature, passablement ventru, carré, potelé et dispos, quoiqu'il ait vu passer toute une génération gourmande, venait de temps en temps dîner au château de la Cour-Roland. Il ne manquait jamais de déclamer contre l'usage des champignons des bois, horrible poison à son

11.

avis, et ses sarcasmes n'épargnaient pas même les recherches auxquelles se livrait l'auteur de cet ouvrage. Il fallait corriger et convaincre ce gourmand à la fois incivil et rebelle. Tout fut disposé pour cette correction, qui, d'abord menaçante, procura pourtant un plaisir bien vif à notre chanoine.

Un certain jour où il devait dîner au château, on prépara un plat de chanterelles qu'on servit immédiatement après le potage, et ce fut l'unique plat qui figurait sur la table. Mais ce ragoût, dressé avec art et d'un aspect ravissant, exhalait un parfum qui excita l'allégresse de tous les convives. On voyait même sur le visage du chanoine un mélange confus de sentiments contraires ; la surprise, la crainte, les regrets, la convoitise s'y peignaient tour à tour, et lui imprimaient un caractère indéfinissable. Pendant qu'on savourait à la ronde les chanterelles et qu'on les arrosait d'abondantes libations, notre pauvre gourmand était au supplice. Sa sensualité réclamait sa part du festin, la crainte du danger lui disait de s'abstenir ; mais à table le temps perdu est quelqufois irréparable. Le plat de champignons diminuait à vue d'œil, et le premier flacon était déjà vide. Je pris en pitié ce nouveau Tantale, et, lui servant le reste du ragoût : Soyez sans inquiétude, lui dis-je, voici le contre-poison. Avec ce vin parfait, on peut affronter tous les périls.

Tout aussitôt un miracle s'accomplit. Son front, auparavant nuageux, se déride et devient serein comme le ciel après la tempête ; son triple menton se déroule majestueusement, ses lèvres épaisses et vermeilles s'entr'ouvrent, et sa bouche aspire la vapeur odorante des champignons. Poursuivant mon succès, je prends en main un nouveau flacon de vin de Saint-George ; le nectar coule dans les verres en flots de pourpre ; le chanoine, rassuré, vide intrépidement le sien , et s'écrie, saisi d'un saint enthousiasme : « O l'aimable contre-poison ! Quel baume consolateur ! Qui pourrait méconnaître ici la main de Dieu, qui, dans sa bonté ineffable , a placé le remède à côté du poison ! » Il fallait voir cette figure épanouie , radieuse , où brillait toute la béatitude gastronomique. Il n'y a qu'un fin gourmet ou un homme dont la conscience est irréprochable qui puisse avoir une pareille mine.

On peut également préparer les chanterelles avec de la volaille , des tendons de veau ou toute autre viande , en ajoutant à l'assaisonnement ordinaire un peu de jus de citron. Dans nos départements du sud, on les marie avec des cuisses d'oie confites. Apprêtés de la sorte, ces champignons ont une couleur dorée qui charme l'œil et promet de nouveaux plaisirs. Je me rappelle que j'ai offert , en 1830 , cette combinaison gastronomique à MM. J.-L. Martell , Mac Carty et Pirolle , qui étaient venus me visiter à Versailles. Pendant que deux de ces honorables convives parlaient de ce ragoût en termes flatteurs , le silence de M. Martell était bien autrement expressif. La tête légèrement inclinée sur la table , il aspirait la vapeur odorante des champignons ; il les savourait , les analysait avec cette délicatesse qui n'appartient qu'à un palais expérimenté ; et , dans son regard plein d'amour, on pouvait lire tout le contentement de son âme.

Quelques mycophiles préfèrent la chanterelle réduite en purée et servie sous une noix de veau ou sous un filet de bœuf. Cette purée s'allie à merveille avec la tomate , et ce mélange plaît aux méridionaux , aux tempéraments bilieux, ardents. M. de Louvain, qui a souvent récolté ce champignon avec nous, ne le mange que sous la forme de purée assaisonnée de jus de citron et de fines herbes.

Si vous employez l'estragon, qu'il soit fraîchement cueilli, et non conservé. Dans l'état de dessiccation, il a perdu son arome ; il ne lui reste que le principe amer qui donne aux champignons un goût désagréable.

Mais ne perdons pas de vue le père de famille, le laboureur peu aisé, et tous ces hommes utiles qui vivent au milieu des champs. Ils pourront apprêter simplement les chanterelles avec du beurre, de l'huile ou de la graisse, du poivre et du sel. En y ajoutant des tranches de pain grillé, ils auront un plat suffisant pour une famille entière. On peut aussi incorporer ces champignons dans une omelette après les avoir passés à l'eau bouillante, ou bien les mêler avec des œufs brouillés.

CONSERVATION DES CHANTERELLES.

Les propriétaires ruraux devraient faire connaître les chanterelles aux pauvres villageois qui les foulent aux pieds, ignorant que la Providence les a semées avec profusion comme un aliment précieux dans les temps de disette. On peut les dessécher facilement et en faire des provisions pour l'hiver. On les conserve dans des jarres ou dans des tonneaux où l'on a mis de l'eau salée. Lorsqu'on veut les manger, on les fait revenir dans de l'eau tiède ; ensuite on les fricasse avec du beurre ou du saindoux, et un peu de sel. C'est un mets populaire, peu coûteux, nutritif et salubre. On rend ces champignons plus délicats en les faisant macérer dans du bouillon ou du lait avant leur préparation. Confits et salés, ils peuvent remplacer les cornichons.

PROMENADE DANS LES VALLONS DE BUC ET DE LA TRINITÉ.

Connaissez-vous le petit vallon de Buc et ces belles arcades qui le coupent transversalement, et ces fraîches prairies où la Bièvre serpente et murmure, et ces fleurs charmantes, et ces jolis champignons qui foisonnent au bord des bois ?

Si vous aimez la chanterelle, transportez-vous au pied de la colline, vous la trouverez sur la mousse où elle se dessine, se redresse, se contourne de mille façons. Quelquefois elle se cache sous les feuilles sèches du châtaignier ou du chêne. Soulevez légèrement ces feuilles, elle vous apparaîtra avec son petit chapeau tout rayonnant d'or. Quelquefois aussi elle change de couleur et de parure. C'est une coquette qui blanchit son teint pour mieux attirer les regards. J'aime à la voir à côté d'un vigoureux cep renfermant sous sa voûte d'ébène un embonpoint excessif. Quel contraste ! Vienne un gourmand, son choix ne sera point douteux ; son estomac bien inspiré lui servira de guide. Mais les dames, mais les enfants préfèrent la chanterelle. Quels cris d'allégresse lorsqu'un groupe de ces jolis champignons brille à travers les broussailles !

Cherchez encore la chanterelle dans les bois de Gonart, tout près du carrefour de l'Orme. Écoutez tous ces petits oiseaux qui font retentir les taillis. Mélodie douce, simple, ravissante ! Si vous aimez les petites herbes sauvages, cueillez le polygala aux ailes d'azur, ou bien le polygala aux ailes de rose, plus vif, plus léger, plus attrayant.

Voulez-vous prolonger votre promenade, gravissez le

coteau, traversez la plaine, et dirigez vos pas vers le vallon de la Trinité, d'autres disent le vallon de Châteaufort. Voyez en passant l'église du hameau assise sur un petit tertre d'où vous découvrez un charmant paysage. Descendez dans la vallée et cueillez la menthe au parfum suave, et la belle salicaire, et la petite véronique, aux lèvres bleu de ciel, et la valériane, à la taille élancée, aux fleurs d'un rose si doux. Surtout ne dédaignez pas cette plante rustique, c'est le matinal pissenlit qui se réveille au chant du coq, et dont l'amertume est si salutaire. Voici la ciguë des Athéniens. Fuyez cette plante homicide ; son odeur nauséabonde, sa tige sanglante inspirent l'effroi.

Visitons maintenant les petits coteaux de Châteaufort. La chanterelle y abonde. « Est-ce que vous cueillez cela, monsieur ? me demande un pauvre bûcheron. — Oui, certainement. J'en fais d'excellents ragoûts, des omelettes, et autres petits plats de ménage. — Moi, je le foule aux pieds, c'est du poison. — Qui vous l'a dit ? — Notre maître d'école. — Je vous assure qu'il se trompe, et, pour vous le prouver, je vais en avaler un petit morceau tout cru. »

Ce pauvre homme me regarde, m'examine, il est saisi d'étonnement, il me prend pour un sorcier. « Ne craignez point pour ma santé, lui dis-je. La plupart des habitants de Versailles mangent ces petits champignons apprêtés de mille manières. Je m'en nourris moi-même, et j'en fais manger à ma famille et à mes amis. Vous pouvez vous confier à moi. J'observe et j'étudie les champignons depuis mon enfance. Mais prenez garde ! On en trouve dans les bois qui sont malfaisants et qu'il ne faut point ramasser. — Je peux donc manger de ces petits champignons jaunes sans inquiétude. — Vous le pouvez, j'en réponds. » Et tout aussitôt il se met à cueillir des chanterelles, et il en emporte un plein mouchoir, après que je lui ai dit la manière de les préparer.

CHANTERELLE ORANGÉE. *CANTHARELLUS AURANTIACUS.*

Cantharellus aurantiacus. FRIES. SYST. MYCOL. 1. p. 318. — *Merulius aurantiacus.* PERS. SYN. 488. NEES. SYST. f. 233.

α. Stipite nigrescente. *Merulius nigripes.* DC. Fl. Fr. 243. — *Agaricus cantharelloïdes.* BULL. CHAMP. t. 303. f. 2.

Cette espèce, assez rare, a quelque ressemblance avec la précédente ; mais elle en diffère par son pédicule grêle, cylindrique, quelquefois creux, beaucoup plus allongé, un peu recourbé à la base, d'abord jaune, ensuite noirâtre. Son chapeau est tomenteux, d'un jaune sale, large de deux à trois pouces, arrondi, déprimé au centre, souvent ondulé sur les bords et roulé en dessous. Les nervures sont raides, dichotomes vers le sommet, et d'un jaune orangé.

On la trouve, en automne, dans les bois, et quelquefois dans les champs parmi les graminées. Sa chair est d'une consistance molle, et elle n'a ni l'odeur ni le goût de la véritable chanterelle. Elle n'est point admise parmi les champignons alimentaires ; on la dit même d'un usage suspect.

Nous mentionnerons en passant une autre espèce qui a quelques rapports avec les pézizes et les helvelles, et qui est maintenant réunie au genre chanterelle sous le nom de *cantharellus cornucopioïdes.* C'est un champignon d'une couleur rembrunie ou noirâtre, qui paraît par groupes, à la fin de l'été, dans tous les bois, avec un chapeau peluché, concave, en forme d'entonnoir ou de trompette, marqué en dessous de veines anastomosées peu saillantes. Paulet lui donne le nom un peu lugubre de *trompette des morts*. Essayée sur les animaux, cette plante ne les a point incommodés ; elle a d'ailleurs, dit-il, une légère saveur de truffe.

AGARIC. *AGARICUS.*

Feuillets minces, sporulifères, fixés à la face inférieure du chapeau, rayonnant du centre à la circonférence, ordinairement simples et alternativement plus courts. Chapeau quelquefois recouvert d'un volva à la naissance du champignon.

§ I. PLEUROPE. *PLEUROPUS.*

Pédicule nul, latéral ou excentrique. Feuillets ordinairement inégaux.

AGARIC STYPTIQUE. *AGARICUS STYPTICUS.*

Agaricus stypticus. BULL. CHAMP. t. 140 et 557. f. 1. SOWERB. FUNG. t. 109. PERS. SYN. 481. DC. Fl. Fr. 561. FRIES. SYST. MYCOL. 1. 188.

(Pl. 10, Fig. 5.)

Cet agaric, de couleur jaunâtre ou fauve, a un pédicule latéral, plein, un peu comprimé, long de six à huit lignes, élargi au sommet et continu avec le chapeau ; celui-ci est réniforme, quelquefois lobé avec les bords roulés en dessous. Les lames sont minces, étroites, simples, d'une nuance à peu près semblable à celle du chapeau auquel elles viennent se fixer en rayonnant.

On le trouve dans les bois, en automne et en hiver, sur les vieilles souches et sur les troncs de chêne, où il croît par groupes.

La texture de ce champignon est molle, coriace, d'une

saveur âcre. Lorsqu'on le mâche, il produit bientôt après une forte astriction à la gorge. Ce seul caractère indique une qualité vénéneuse.

AGARIC D'ORME. *AGARICUS ULMARIUS.*

Agaricus ulmarius. Bull. Champ. t. 510. Sowerb. Fung. t. 67. Pers. Syn. 473. DC. Fl. Fr. 368. Fries. Syst. mycol. 1. 186. Chev. Fl. Par. 1. 193.

On rencontre ce champignon, en octobre et novembre, sur les vieux troncs de l'orme et du peuplier noir. Il est tantôt solitaire et tantôt réuni par groupes.

Son pédicule est excentrique, plein, charnu, arqué, long de trois à quatre pouces, d'un blanc sale ou grisâtre, et légèrement tomenteux. Le chapeau est arrondi, convexe, large de six ou sept pouces, et quelquefois davantage, d'un jaune très-pâle ou terreux, quelquefois taché de petites raies rouges ou brunes. Les feuillets sont nombreux, larges, inégaux, échancrés à leur base, adhérents au pédicule, et d'une couleur blanchâtre.

Sa chair est d'une consistance ferme, compacte, mais en même temps d'un goût qui n'est point désagréable.

AGARIC MARQUETÉ. *AGARICUS TESSELLATUS.*

Agaricus tessellatus. Bull. Champ. t. 513. f. 1. Pers. Syn. 474. DC. Fl. Fr. 366.

Cette espèce croît, en automne, sur les arbres languissants, et surtout sur les vieux troncs du pommier sauvage. On la reconnaît à son chapeau large d'environ quatre pouces, charnu, convexe, un peu oblique, fauve, marqué de taches d'une teinte plus claire et disposées par carreaux. Ses lames sont inégales, blanches ou roussâtres, adhérentes au pédicule et échancrées à la base. Le pédicule est long d'environ deux pouces, blanc, cylindrique et recourbé.

Sa substance est blanche, mais coriace et peu savoureuse. Malgré le témoignage de M. Persoon, je ne crois pas qu'il soit prudent d'en faire usage.

AGARIC GLANDULEUX. *AGARICUS GLANDULOSUS.*

Agaricus glandulosus. Bull. Champ. t. 426. Pers. Syn. 476. DC. Fl. Fr. 563.

Cet agaric est remarquable par ses lames blanches, larges, inégales en longueur, décurrentes sur le pédicule, munies de houppes glanduleuses et velues, répandues çà et là sur leur surface. Son chapeau est uni en dessus, d'une couleur plus ou moins brune, large de six à sept pouces, d'abord hémisphérique, ensuite sinueux ou creusé de diverses manières. Le pédicule est épais, très-court et latéral. Il croît à la fin de l'automne et en hiver, dans les bois, sur le tronc des gros arbres et sur les vieilles souches.

Sa chair est blanche, ferme et épaisse, d'une odeur et d'une saveur agréables.

AGARIC EN CONQUE. *AGARICUS OSTREATUS.*

Agaricus ostreatus. Pers. Champ. p. 216. Jacq. Fl. Austr. 3. t. 288. Curt. Fl. Lond. t. 216. Chev. Fl. Par. 1. p. 192.

Cette espèce se rapproche beaucoup de la précédente ; elle croît par groupes sur le hêtre, le chêne et le noyer. Son chapeau est d'une couleur bistrée, noirâtre ou jaunâtre, épais, convexe, presque orbiculaire ou en forme de conque. Les lames sont blanchâtres, décurrentes, presque anastomosées à leur base. Le pédicule est horizontal, à peine sensible et recourbé.

L'agaric en conque a également une chair blanche et de bon goût. On le mange dans les Vosges sous les noms de *courrose* et d'*oreille de noiret*.

AGARIC DE L'OLIVIER. *AGARICUS OLEARIUS.*

Agaricus olearius. DC. Fl. Fr. suppl. 368.

Ce champignon croît ordinairement en touffes, sur les racines à fleur de terre des oliviers, et quelquefois du charme et de l'yeuse.

Son chapeau est de forme variable, uni en dessus, comme velouté, d'un rouge doré vif, ensuite un peu brun ou olivâtre, doublé en dessous de feuillets inégaux, décurrents, d'une couleur fauve ou d'un jaune foncé. Le pédicule est court, excentrique, rarement central, et de la même couleur que le reste de la plante.

On le trouve dans le midi de la France; il n'est pas rare aux environs de Montpellier. Sa chair est jaunâtre, d'une consistance molle, et d'un usage pernicieux, d'après Micheli. Ce champignon porte en Italie le nom de *fungo olivo malefico.*

§ II. RUSSULE. *RUSSULA.*

Chapeau charnu, ordinairement comprimé. Feuillets égaux ou presque égaux, quelquefois fourchus et entremêlés de feuillets plus courts.

AGARIC ALUTACÉ. *AGARICUS ALUTACEUS.*

Agaricus alutaceus. PERS. SYN. 441. FRIES. SYST. MYCOL. 1.
p. 33. CHEV. Fl. Par. 1. p. 138.

α. Pileo rosco. *Agaricus campanulatus.* PERS. SYN. 440.

(Pl. 10 , Fig. 3.)

Cet agaric a un chapeau large, charnu, d'abord convexe, ensuite plane et légèrement déprimé, rouge, un peu tuberculeux, sillonné sur les bords dans son entier développement ; sa surface est sèche et se détache facilement de la chair. Les lames sont larges, luisantes, d'un jaune de peau ou d'une couleur ocracée, ainsi que les sporules. Le pédicule est blanc, glabre, ordinairement allongé. Dans la variété α, qui est peut-être une espèce distincte, le chapeau est campanulé, de couleur rose, doublé de lames jaunâtres.

Ces deux espèces ou variétés croissent, en été et en automne, dans les forêts parmi les gazons. Elles ont une chair douce et savoureuse dont on peut faire usage sans nul inconvénient ; mais il faut bien se garder de les confondre avec l'agaric émétique ou avec l'agaric sanguin, champignons très-âcres et vénéneux. Pour éviter une méprise qui pourrait avoir des suites funestes, il suffira d'examiner attentivement les feuillets, qui sont constamment blancs dans ceux-ci, plus ou moins jaunes dans les espèces que nous venons de décrire.

AGARIC SAPIDE. *AGARICUS SAPIDUS.*

Agaricus sapidus. Poir. Encycl. suppl. 420. — *Agaricus griseus.* Pers. Syn. p. 443.

(Pl. 10, Fig. 4.)

Cette espèce est très-reconnaissable à son chapeau large de trois ou quatre pouces, convexe, puis légèrement déprimé, rougeâtre à son disque, grisâtre ou cendré à ses bords, lisse, doublé de lames épaisses, larges et flavescentes. Le pédicule est blanchâtre, cylindrique, haut de trois à quatre pouces.

On trouve ordinairement cet agaric dans les bois de hêtres. Ainsi que les espèces précédentes, il est d'une saveur agréable. Bulliard n'a décrit aucun de ces champignons.

On mange en Allemagne deux autres russules, d'une assez grande dimension, qui sont peu connues en France. L'une est l'*agaricus esculentus* de Persoon (Syn. p. 441), l'autre l'*agaricus aureus* du même auteur (Syn. p. 442). La première, d'une consistance sèche et fragile, a un pédicule jaunâtre, un chapeau rouge et des feuillets luisants, d'un jaune foncé. La seconde, qui est moins grande, porte un chapeau d'un jaune fauve, doublé de lames épaisses à peu près de la même couleur. Sa substance est d'un beau jaune et d'un goût assez agréable. Ces deux espèces ont été figurées par Krapf (Schwam. t. 5).

AGARIC ÉMÉTIQUE. *AGARICUS EMETICUS.*

Agaricus emeticus. PERS. SYN. 439. FRIES. SYST. MYCOL. 1. p. 56. CHEV. Fl. Par. 1. p. 159. — *Agaricus pectinaceus.* DC. Fl. Fr. 369.

α. Pileo rubro, purpureo, roseo. BULL. t. 509. KRAPF. SCHWAM. t. 2 et 3.

β. Pileo violaceo, fulvo. BULL. t. 509.

(Pl. 11, Fig. 1—5.)

Toutes ces variétés, qui sont peut-être autant d'espèces distinctes, ont du moins un caractère identique quant à leurs propriétés; elles sont plus ou moins âcres. Elles diffèrent par la couleur du chapeau, qui est d'un rouge de sang, d'un rose tendre ou blanchâtre; quelquefois pourpre ou violet, couleur de lilas ou d'un gris mêlé de rose; quelquefois jaunâtre ou fauve. Le pédicule est blanc, cylindrique, plein, haut d'un à deux pouces. Le chapeau est bombé en naissant, ensuite plane, et enfin plus ou moins déprimé au centre, avec les bords sillonnés d'une manière sensible. Les lames sont toujours blanches, simples, presque égales, mêlées à quelques autres de moindre longueur.

On rencontre fréquemment ces plantes dans tous les bois, en été et au commencement de l'automne; elles se plaisent dans les lieux frais et couverts.

PROPRIÉTÉS DÉLÉTÈRES.

Lorsqu'on les mâche crues, elles impriment à toutes les parties de la bouche une sensation brûlante qui persiste pendant quelque temps, mais qu'on dissipe bientôt en se gargarisant avec de l'eau fraîche. Krapf a fait des expériences sur lui-même avec ces champignons, et il a couru de grands risques. L'émétique et une grande quantité d'eau fraîche lui ont sauvé la vie. D'après ce naturaliste, l'huile et le vinaigre augmentent leur âcreté.

Les expériences tentées par Paulet sur les animaux étant tout-à-fait contradictoires, puisque plusieurs de ces plantes n'ont produit aucun effet sensible, j'ai voulu m'éclairer sur la différence qu'offrent les épreuves de ces deux naturalistes, et j'ai choisi en conséquence l'espèce de russule la plus commune, celle qu'on trouve dans toutes les parties du bois de Meudon, et qui porte un chapeau rose à lames blanches.

Après m'être assuré par la dégustation de ses propriétés âcres, j'en ai mâché et avalé un morceau à peu près de la grandeur d'une pièce de cinq francs. Je m'étais muni par précaution de quatre grains de tartre émétique en deux paquets, et j'avais choisi pour le lieu de mes expériences les bords d'une espèce de mare pleine d'eau. Je travaillais à la rédaction de quelques notes depuis environ une heure, lorsque je commençai à éprouver des douleurs d'estomac suivies de quelques nausées. Après avoir bu un verre d'eau fraîche, les douleurs devinrent plus vives, les nausées plus fréquentes. Le morceau de champignon n'étant pas considérable, je crus que je pourrais me dispenser d'avoir recours à l'émétique, et qu'il me suffirait peut-être d'exciter l'arrière-bouche avec les doigts pour opérer le vomissement. En effet, après avoir chatouillé vivement le gosier, je rejetai le champignon avec des mucosités blanchâtres. Je bus une assez grande quantité d'eau, et je vomis encore quelques matières d'une teinte bilieuse. Enfin, j'en fus quitte pour quelques tremblements dans les membres inférieurs, produits sans doute en grande partie par les efforts que j'avais faits en vomissant. Je ne pense pas que j'aie couru quelque danger par cette épreuve ; mais elle a suffi pour me convaincre que Paulet a fait ses expériences avec quelques russules à feuillets jaunes, ou que du moins l'homme a un autre mode de sensibilité que les animaux, et que ces sortes d'épreuves, pour constater l'effet des poisons, sont loin d'offrir toute la certitude désirable. Au reste, l'agaric émétique à chapeau rouge m'a toujours paru plus âcre que les autres espèces ou variétés.

OBSERVATION.

Trois Italiens, un âgé de trente ans, un autre de quatorze, et une petite fille de l'âge de huit ans, avaient mangé, dans le mois de septembre 1826, de ces champignons, connus dans leur pays sous le nom de *rossola*. Des signes d'empoisonnement se manifestèrent chez les deux premiers individus au bout d'une demi-heure, chez l'enfant beaucoup plus tard, mais avec plus de violence.

Ces phénomènes étaient caractérisés par des vertiges, des nausées continuelles, des vomissements de matières bilieuses et de quelques fragments de champignons; par une soif ardente, des tranchées, des spasmes douloureux dans la région épigastrique, des défaillances ; par une constipation opiniâtre, par un froid glacial de tout le corps, particulièrement des extrémités inférieures; enfin, par la petitesse et l'irrégularité du pouls.

Le docteur Larber administra l'émétique à petites doses répétées, puis quelques purgatifs, enfin des potions excitantes où entrait une petite quantité d'ammoniaque. Ce traitement suffit à l'égard des deux premiers individus; mais la petite fille, chez qui l'empoisonnement ne s'était déclaré que vingt-quatre heures après l'usage des champignons, n'en reçut aucun soulagement. Elle mourut le lendemain. (Larber, *Sui funghi saggio generale*, tom. 1, pag. 89.)

On ne saurait donc trop se défier des champignons que renferme le groupe des russules. Pour ne pas confondre des espèces dont les qualités sont si différentes, il faut examiner avec soin la face inférieure du chapeau, ainsi que nous l'avons déjà recommandé. Les bonnes espèces ont des feuillets jaunes et tous égaux; ceux des espèces malfaisantes sont blancs et d'une longueur inégale. Et puis ces dernières, telles que l'agaric émétique et ses variétés, diffèrent singulièrement par la saveur qui est âcre et brûlante, tandis que l'agaric sapide et l'agaric alutacé ont un goût agréable de champignon.

AGARIC SANGUIN. *AGARICUS SANGUINEUS.*

Agaricus sanguineus. BULL. t. 42. — *Agaricus ruber.* DC. Fl. Fr. 572. FRIES. SYST. MYCOL. 1. 58. — *Agaricus integer.* LINN. SPEC. 1640. DEV. Fl. de l'Anjou. p. 8.

(Pl. 12, Fig. 1.)

Ce beau champignon se fait remarquer par son chapeau d'un rouge cramoisi ou couleur de sang, d'abord convexe, ensuite aplati ou déprimé au centre, avec les bords un peu déjetés et non striés. Les feuillets sont blancs, nombreux, bifides, quelquefois trifides, un peu décurrents sur le pédicule, qui est lui-même blanc, épais, cylindrique, souvent marqué de stries roses; en vieillissant, il devient creux, spongieux et friable.

Il croît solitaire dans les bois, vers le mois d'août. On

le trouve ordinairement au pied des grands arbres. Sa chair est blanche, d'une âcreté brûlante, et néanmoins assez souvent rongé des vers.

PROPRIÉTÉS DÉLÉTÈRES.

Cet agaric est peut-être plus malfaisant que l'agaric émétique, avec lequel il a d'ailleurs quelque ressemblance. Ainsi, il demande également à être examiné avec attention pour ne pas être confondu avec quelques espèces comestibles de la section des russules. La couleur et la disposition des feuillets ne sont point les mêmes, le point essentiel est de les comparer.

PREMIÈRE OBSERVATION.

Le 2 novembre au matin, dix individus, dont six conscrits réfractaires, cueillirent, dans une forêt voisine de Strasbourg, des champignons de l'espèce *agaricus integer venenatus*, et en mangèrent beaucoup.

M. Claude, médecin de la ville, vit ces malheureux vers les trois heures de l'après-midi.

Quatre, qui avaient mangé moins de champignons, et qui avaient provoqué le vomissement au moyen de l'eau tiède et de la titillation du gosier, furent peu incommodés.

Les six autres éprouvèrent une irritation vive de tout le canal alimentaire, des vomissements, des tranchées, une soif ardente, avec cardialgie, anxiété, oppression, évanouissements. Ils avaient les paupières enflées, les yeux hagards, ouverts, saillants, hors de leurs orbites, le pouls plein et petit par intervalle, les mâchoires serrées, etc.

M. Claude provoqua le vomissement tant par l'émétique que par la titillation de la gorge au moyen de la barbe d'une plume. L'estomac entièrement débarrassé, on donna un lavement purgatif, et immédiatement après plusieurs verres de décoction de quinquina.

Ces moyens suffirent pour faire cesser les accidents chez cinq des malades. Chez le sixième, homme d'une forte constitution, on observa les phénomènes suivants : ballonnement de l'abdomen, tension, sensibilité extrême de l'épigastre, trismus des plus violents, figure décomposée, pouls petit, coma profond, de temps en temps délire taciturne, soubresauts des tendons, extrémités froides. Un nouvel émétique provoqua des vomissements copieux. L'abdomen fut moins distendu, et il y eut moins de sensibilité à l'épigastre. Nouveau purgatif : évacuations abondantes, abdomen dans l'état naturel. Addition de la poudre de quinquina à la décoction de cette écorce.

Le malade reprenait de temps en temps sa connaissance ; mais bientôt après il retombait dans le même état d'assoupissement. Les extrémités étaient toujours froides. On frictionne la plante des pieds avec une brosse, le front et les tempes avec du vinaigre ; on fait respirer de l'ammoniaque. Le coma, qui durait depuis trois heures, cesse tout-à-coup et fait place à un délire gai d'abord, ensuite furieux et accompagné d'une extrême loquacité : plusieurs hommes pouvaient à peine contenir le malade.

Au bout d'une heure le délire cessa, il survint du calme et un sommeil d'environ trois quarts d'heure. Le malade en s'éveillant ne se rappelait de rien, et ne se plaignait plus que d'un peu de lassitude.

DEUXIÈME OBSERVATION.

Jeanne Martineau, femme de service, âgée de vingt-huit ans, et enceinte ; sa fille, âgée de six ans et demi ; sa mère, âgée de soixante-quatre ans ; et Guillaume Cabail, manœuvre, âgé de quarante-deux ans, d'un tempérament sanguin, tous habitants de Bordeaux, mangèrent à leur souper des champignons préparés à la graisse, et ne burent que de l'eau à leur repas, à la suite duquel ils se couchèrent pour s'endormir peu de temps après.

Pendant la nuit, la mère et l'enfant vomirent à plusieurs reprises une grande quantité de champignons. Guillaume, qui en avait mangé plus largement, passa de l'état de sommeil à celui d'un assoupissement profond.

Le lendemain matin, ces quatre individus étaient dans l'état suivant : 1° Du côté de Jeanne et sa fille, retour à l'état naturel.

2° Chez la grand'mère, agitation violente sans perte de connaissance ; yeux contournés et roulants avec vitesse dans leurs orbites, dilatation des pupilles, face animée, respiration difficile, pouls accéléré et rebondissant, langue sèche, abdomen tendu et douloureux, chaleur d'entrailles, nausées, vomissements de quelques portions de champignons, extrémités froides.

3° Chez Guillaume, assoupissement dont aucun genre d'excitation ne peut le tirer ; immobilité complète ; yeux hagards, troubles, entr'ouverts, pupilles dilatées ; bouche ouverte de laquelle s'écoule une écume d'un blanc sale ; visage décoloré, respiration lente et laborieuse ; pouls petit, languissant ; abdomen tendu, extrémités froides comme le marbre.

Jeanne et sa fille ne demandaient plus aucuns soins. M. Chansarel, qui se trouva appelé à donner les premiérs secours à la grand'mère et à Guillaume, leur administra (des vomissements spontanés ayant fait rendre à la première beaucoup de champignons, et l'émétique étant resté sans effet chez le second) une décoction de noix de galle par petits verres fréquemment répétés. Deux lavements préparés avec la même décoction furent en même temps donnés à Guillaume, qui, au bout de quelques minutes, recouvra ses sens et balbutia quelques mots. Chez la grand'mère, tous les accidents se dissipèrent presque aussitôt. Au bout de trois jours, par la diète et l'usage des boissons adoucissantes, le rétablissement était complet. Quant à Guillaume, les lavements ayant entraîné une grande quantité de champignons, dont quelques-uns n'étaient qu'à demi altérés, on pouvait espérer un rétablissement également prompt; mais un usage peu modéré du vin avait prédisposé cet homme aux irritations gastro-encéphaliques. Il survint du délire, et le malade fut confié aux soins du docteur Leymonerie, médecin de l'hôpital Saint-André.

On lui fit, dans le courant du jour, une forte saignée que l'on réitéra le soir; on prescrivit une potion purgative composée d'huile de ricin, des boissons acidulées, des sangsues aux tempes et des sinapismes aux jambes. Le délire dura deux jours, mais enfin il céda aux moyens de l'art, et, au bout de quelques autres jours, il ne restait plus au malade, des accidents de son empoisonnement, que l'irritation produite aux jambes par l'action des sinapismes. (Guérin de Mamers, *Nouvelle Toxicologie*, 331.)

Les auteurs ne sont nullement d'accord sur les propriétés de l'*agaricus integer* de Linné (SPEC. 1640). Les uns l'ont confondu avec notre agaric sanguin, d'autres avec l'agaric émétique; et alors ils lui ont attribué avec raison une qualité délétère. Il en est qui l'ont pris pour l'agaric russule de Persoon ou pour la variété à chapeau rouge de l'agaric alutacé, qui sont des espèces salubres. On peut s'en convaincre en lisant la *Toxicologie* de Plenck, et son *Traité des aliments* ou *Bromatologie*. La même confusion règne dans le traité de Puinh sur les poisons végétaux. Au reste, nous ne saurions trop le répéter, surtout à ceux qui, d'après le témoignage de Paulet, ne se défieraient point de ces plantes, la prudence exige qu'on renonce à l'emploi de toute espèce de russule qui manifeste la moindre âcreté.

AGARIC FÉTIDE. *AGARICUS FOETENS.*

Agaricus fœtens. DC. Fl. Fr. 370. — *Russula fœtens.* Pers. Obs. mycol. 1. p. 102. — *Agaricus piperatus.* Bull. Champ. t. 292.

Cette espèce, très-répandue dans les bois, au milieu des gazons, en septembre et octobre, se fait remarquer par l'odeur infecte qu'elle exhale, par sa saveur âcre, poivrée, et par sa couleur jaunâtre ou d'un roux sale.

Son chapeau est très-ample, toujours gluant ou visqueux, d'abord convexe, puis concave, irrégulièrement sinué, et marqué de cannelures articulées sur les bords. Les feuillets sont libres, épais, peu nombreux, souvent bifurqués vers la moitié de leur longueur, et couverts de gouttelettes d'eau. Le pédicule est épais, haut d'environ deux pouces, un peu bistré, et souvent rongé intérieurement par les limaçons.

On doit inscrire sans difficulté cet agaric au nombre des champignons vénéneux. Au reste, il n'a rien qui invite à en faire usage.

M. Descourtils s'est étrangement mépris en attribuant

à ce champignon les propriétés chimiques et médicales de l'agaric poivré à suc laiteux. L'agaric fétide n'a point été analysé par Braconnot, et aucun auteur n'a jamais fait mention de ses vertus pectorales.

AGARIC FOURCHU. *AGARICUS FURCATUS.*

Agaricus furcatus. DC. Fl. Fr. 371. — *Russula furcata.* PERS. OBS. MYCOL. 1. p. 202. — *Agaricus bifidus.* BULL. t. 26.

(Pl. 12, Fig. 2.)

On reconnaît cette espèce à ses lames blanches, épaisses, rares, presque toutes bifurquées vers la moitié ou les deux tiers de leur longueur, et adhérentes au pédicule; à son chapeau d'un vert terne, farineux et comme moisi, large de trois à quatre pouces, d'abord plane, ensuite déprimé vers le centre, avec les bords un peu recourbés en dessous. Le pédicule est blanc, épais, cylindrique, long d'environ deux pouces, d'abord plein, puis creux ou spongieux.

On trouve ce champignon, en juin et juillet, dans les bois un peu arides; sa chair est blanche, friable, d'une odeur nauséabonde, d'une saveur amère et salée. Il passe pour vénéneux.

AGARIC VERDOYANT. *AGARICUS VIRESCENS.* N.

Agaricus virescens. PERS. SYN. 447. — *Agaricus squalidus.* CHEV. Fl. Par. 1. p. 141.

(Pl. 12, Fig. 3 et 4.)

Cet excellent champignon a un chapeau charnu, convexe, un peu déprimé, large de deux à quatre pouces, verdâtre, d'une teinte plus foncée à son disque, quelquefois d'un vert blanchâtre sur les bords où l'empreinte des feuillets est marquée. Sa surface est sèche, un peu ridée, et comme aréolée ou fendillée. Les lames sont blanches, épaisses, peu nombreuses, quelquefois bifurquées. Le pédicule est blanc, plein, épais, et n'a guère qu'un pouce et demi à deux pouces de longueur.

Il varie dans sa couleur et ses dimensions. Le chapeau est quelquefois très-étendu, quelquefois très-petit, tantôt verdoyant ou de couleur d'oxide de cuivre, tantôt d'un vert moins prononcé et presque blanchâtre, ou d'un vert mêlé de jaune. On en voit dont la surface est rugueuse, marquée de lignes qui se croisent en divers sens et forment de petits polygones irréguliers.

On rencontre fréquemment cette espèce, en été, dans les bois de Vincennes, de Ville-d'Avray, de Meudon, de Verrières, de Gonart, de Satory, de Saint-Cyr, etc. Sa chair est très-blanche, ferme, d'une odeur légère de champignon, et d'une saveur douce qui invite à en faire usage.

J'ai fait connaître dans plusieurs campagnes des environs de Paris les bonnes qualités de ce champignon, qu'on rejetait à cause de sa couleur verdâtre, et quelques amateurs le préfèrent maintenant à l'agaric de couche. Il est généralement employé dans le midi de la France sous le nom de *verdelle*. Dans le Haut-Languedoc, où il est très-commun, on le fait cuire sur le gril avec de fines herbes et de l'huile. Il ressemble beaucoup à l'agaric palomet qu'on mange dans le Béarn et dans le département des Landes. Toutefois, il faut bien le distinguer de l'agaric fourchu, qui est d'un usage suspect, et qui a également un chapeau verdâtre ; mais ce chapeau est farineux ou écailleux à sa superficie

Ceux qui ne connaissent qu'imparfaitement les champignons pourraient également le confondre avec l'amanite
verte ou l'amanite bulbeuse (voyez plus bas la section des
amanites) ; mais ces deux dernières espèces sont pourvues
d'un volva et d'une collerette ; elles exhalent d'ailleurs
une odeur nauséabonde qui annonce leur mauvaise qualité.

Lorsque nous recommandons l'emploi culinaire d'un
champignon peu connu, ce n'est qu'après l'avoir fréquemment éprouvé sur nous-même ; car le seul témoignage des
auteurs, quelque respectable qu'il soit, ne saurait nous suffire. On peut donc faire usage de l'agaric verdoyant avec
une entière confiance. Nous allons tous les ans le cueillir
dans les taillis un peu découverts de Gonart, de Villebon,
de Velisy, et nous portons notre récolte à la ferme de Porchéfontaine, paisible retraite où les heures passent si rapidement ; où l'on trouve bon accueil, bonne chère, et des
vins exquis comme la politesse du maître de la maison.

Nous avons signalé cet excellent champignon à MM. Lefebvre, de Reboul, de Louvain, et autres mycophiles de
Versailles, qui le cueillent maintenant pour leur usage.

Il foisonne vers la fin de juillet dans les taillis de Guyancourt, de Bouviers et de la Minière. Je crois le voir encore au bord des petits sentiers, non loin de la Bièvre, où
j'admire tour à tour et le houblon grimpant sur les aulnes,
et la brillante salicaire, et l'épilobe aux épis de pourpre,
et la reine des prairies élevant ses panaches d'un blanc de
neige. Voici la brûlante ortie toute armée de dards, dont
elle menace l'indolent, le paresseux, le sybarite ; et la
petite centaurée, herbe élégante, couronnée de petites
étoiles roses, charme de l'œil, consolation du gourmand
qui a perdu l'appétit. Oui, mâchez de la petite centaurée,

si votre estomac est blasé, faible, languissant ; mais il faut que vous alliez la cueillir vous-même sur quelque jolie colline.

Quelle est cette belle plante dont les rubis se mêlent aux rayons du soleil? C'est la digitale, à la fois poison stupéfiant et remède héroïque. Comme elle suit les ondulations de la Bièvre! comme elle se groupe dans le petit vallon de Bouviers! C'est vraiment le vallon des digitales, on les compte par milliers. Que nos ambitieux dont le cœur bat avec tant de violence viennent cueillir ici la digitale (on dit qu'elle apaise les mouvements désordonnés du cœur), ils deviendront peut-être plus calmes, plus sages, et ils renonceront à cette vie agitée qui les tourmente. Mais non, ils aiment mieux ce genre de supplices. Inspirés, poussés par Satan lui-même, ils se complaisent au milieu des enfers.

Laissons-là les ambitieux, et cueillons l'agaric verdoyant pour notre petit ménage et pour nos amis. Nous le ferons cuire tout bonnement avec du beurre, du poivre, du sel et un peu de bouillon. Lorsque le plat est très-copieux, on peut conserver le reste pour le lendemain. On en fait un hachis avec quelques fines herbes et un peu de lard, on le passe au beurre, et on l'introduit dans une omelette.

Vous pouvez conserver ce champignon dans une petite cruche avec du vinaigre et du sel. Ainsi confit, vous le mangez comme les cornichons. Quelques amateurs le font sécher, après l'avoir coupé par tranches, et le mêlent avec les mousserons, avec l'agaric des pacages, etc. On fait avec ces champignons desséchés des purées ou des coulis qui donnent une sorte de relief au rôti, ou au bouilli de la veille. Demandez à M Masson, à M. Plon et M. Fayot,

si des Parisiens peuvent dîner avec ce mets un peu vulgaire, avec un petit rôti et un plat de légumes. Ces Messieurs sont venus me surprendre à Versailles, dans les
premiers jours de l'hiver. « Il n'y a plus maintenant de
champignons dans les bois, quel dommage! m'ont-ils dit
en arrivant. — Soyez tranquilles, leur ai-je répondu, j'en
ai toujours pour les bonnes occasions. Vous en aurez de
confits, et vous en aurez encore dans un petit ragoût que je
vais faire préparer à l'instant. Si vous faites ici un mauvais dîner, eh bien! il vous sera facile de réparer demain
ce malheur dans votre ville de délices. Vous êtes jeunes,
Messieurs, et un peu mondains, je crois; sachez pourtant
que quelques petites privations nous réveillent, et nous
font mieux sentir les douceurs de la vie. » Cette réflexion de campagnard les fit sourire.

§ III. LACTAIRE. *LACTARIUS.*

Pédicule central. Chapeau charnu, souvent comprimé,
ombiliqué. Feuillets inégaux. Suc laiteux, blanc, jaune
ou rougeâtre.

AGARIC POIVRÉ. *AGARICUS PIPERATUS.*

Agaricus piperatus. Pers. Champ. p. 218. Fries. Syst. mycol.
1. p. 76. Chev. Fl. Par. 1. p. 150. — *Agaricus acris.* DC. Fl.
Fr. 373. Bull. Champ. t. 200.

α. *Lamellis roseis.* Bull. t. 538.

(Pl. 13, Fig. 1 et 2.)

Ce champignon a un chapeau glabre, convexe, un peu
déprimé au centre, ondulé et sinué en ses bords, et d'un
blanc de neige dans le premier âge. Peu à peu ce chapeau
s'étend, se creuse en entonnoir, devient quelquefois très-

ample, et prend enfin une teinte un peu jaunâtre. Les feuillets sont ordinairement très-nombreux, inégaux, souvent fourchus, d'abord blancs, ensuite de couleur paille. Le pédicule est blanc, charnu, plein, cylindrique, haut d'environ deux pouces.

On le trouve, en été et en automne, dans tous les bois des environs de Paris. Il abonde dans la forêt d'Orléans, où il est connu sous le nom de *chavanes*, et dans les Vosges, où on l'appelle *eauburon, vache blanche*. Il croît également en Italie, où il porte le nom de *peveraccia, o peperone;* en Allemagne, où il est désigné sous celui de *pfefferschwamm*. On le rencontre rarement seul : un grand nombre d'individus sont ordinairement dispersés çà et là dans les lieux les plus sombres des bois.

La variété α se distingue par ses lames de couleur rosée, par son chapeau plus aplati, et dont les bords sont légèrement tomenteux. On la trouve dans les bois et sur les pelouses; elle est connue dans quelques localités sous le nom de *lathyron* ou *roussette*.

L'agaric poivré a une chair blanche, cassante; toutes ses parties contiennent un lait visqueux, abondant et très-âcre, qui coule par gouttes aussitôt qu'on les blesse. Jean Bauhin avait autrefois éprouvé sur lui-même son action irritante. J'ai eu occasion de confirmer l'expérience de ce célèbre botaniste.

J'avais cueilli, vers la fin de l'été de 1816, un de ces champignons dans le bois d'Hellenvilliers (Eure), où ils abondent. J'essayai d'en mâcher un petit fragment, et j'avalai la salive imprégnée de son suc; mais j'éprouvai bientôt après une sensation brûlante dans toutes les parties de la bouche. Depuis cette époque, j'ai encore dégusté plusieurs

fois ce champignon cru, et les mêmes effets se sont renou-
velés. Plenck nous dit qu'il irrite vivement les tuniques de
l'estomac, provoque la cardialgie, et peut même donner
la mort. Enhardi par l'exemple de Paulet, je l'ai pourtant
mangé cuit sur le gril, avec de l'huile, du poivre et du sel.
Il m'a paru moins délicat que les autres champignons ;
mais, du reste, la digestion s'est faite sans le moindre
embarras.

Il est constant que la cuisson et un assaisonnement convenable détruisent son âcreté, puisqu'on le mange en Allemagne, en Pologne, en Russie, et même en France.
Dans certains pays, on le fait sécher après l'avoir coupé
par tranches ; ailleurs, on le conserve dans des tonneaux
avec du vinaigre et du sel.

Un Alsacien, cantinier de la vieille armée, et sa femme
avaient ramassé dans la forêt de Gonart une grande quantité
de ces champignons laiteux. Je les rencontrai dans un petit vallon où ils étaient occupés à les éplucher. « Mais vous
avez cueilli des champignons malfaisants ? dis-je à ce vieux
militaire. — Vous vous trompez, Monsieur, tout le monde
les mange en Alsace, et j'en ai cent fois régalé mes camarades en Allemagne. Nous les mangions fricassés dans la
poêle avec du beurre, de l'huile ou de la graisse, et nous
buvions un petit verre d'eau-de-vie après. Ma femme, qui
est Dauphinoise, craignait d'abord d'en manger ; maintenant elle n'aime que ces champignons. — En avez-vous
quelquefois offert aux habitants de Buc ou de Jouy ? —
Est-ce qu'on connaît les bons champignons dans ce pays-
là ? — Mais que pensez-vous de ceux-ci ? lui dis-je, en lui
montrant quelques chanterelles que je venais de cueillir.
— Oh ! ceux-là je ne les ramasse point, il en faudrait plu-

sieurs centaines pour en faire un plat, tandis que deux ou
trois de ces gros champignons suffisent pour nourrir un
homme pendant vingt-quatre heures. — Eh bien! je vous
conseille pourtant, avant de les fricasser, de les faire bouillir un peu dans l'eau, ou bien de les mettre pendant quelques minutes sur le gril, et de les presser ensuite dans un
linge afin d'en exprimer le lait qui est très-âcre. Voilà la
vraie manière de les apprêter, et c'est celle que j'emploie
moi-même; car je mange aussi quelquefois de ces champignons laiteux. »

Il me remercia très-poliment, et me souhaita le bon-
jour en me disant : J'étais autrefois cantinier, je suis maintenant cardeur de matelas dans les campagnes. Lorsque
je manque d'ouvrage je vis de champignons; malheureusement il n'y en a pas toute l'année.

Voilà donc une espèce qui est âcre et même malfaisante
dans son état de crudité, mais qui, préparée d'une manière convenable, offre un aliment substantiel à l'ouvrier
et aux pauvres habitants des campagnes.

Micheli signale comme comestible un champignon tout
blanc et rempli d'un suc laiteux, *fungus esculentus*, *piperatus*, *totus albus*, *lacteo succo turgens*. Il l'appelle *lattajuolo bianco*, *buono*. On le vend au marché de Florence.

L'agaric poivré contient un principe gélatineux, et une
liqueur laiteuse qui devient concrète et se dissout parfaitement dans l'alcool; la teinture qui en résulte est d'une
belle couleur d'or. D'après l'analyse de M. Braconnot, ce
champignon fournit de l'albumine, de l'adipocire, des
cristaux de sucre, de l'acétate de potasse, etc. Le docteur
Dufresnoy, à qui nous devons des observations intéressantes
sur les propriétés de quelques végétaux, assure l'avoir donné

avec succès dans le premier degré de la phthisie pulmonaire.

Quelques botanistes ont confondu la variété à feuillets
roux avec l'agaric controverse (*agaricus sanguineus.*
Batsch), qui porte aussi un chapeau blanc, mais dont la
surface est panachée de taches et de zones irrégulières d'un
rouge de sang. Ce champignon, également imprégné d'un
suc laiteux très-âcre, doit former une espèce distincte.

Il ne faut point confondre notre agaric poivré à suc laiteux avec l'agaric poivré de Bulliard, ou agaric fétide de
la *Flore française;* celui-ci n'a point de lait, et appartient
au groupe des russules.

AGARIC MEURTRIER. *AGARICUS NECATOR.*

Agaricus necator. Bull. Champ. t. 529. f. 2. — *Agaricus torminosus.* Schæff. Fung. t. 12. Pers. Syn. 430. Pers. Syn.
430. Fries. Syst. mycol. 1. 65.

(Pl. 13, Fig. 3 et 4.)

On reconnaît ce champignon à son chapeau incarnat ou
couleur de rouille, d'abord arrondi, convexe, ensuite semi-
orbiculaire, large de trois à quatre pouces, ordinairement
zoné, pelucheux, surtout sur les bords, qui sont très-ve-
lus, comme frangés et un peu roulés en dessous. La peluche qui couvre le chapeau est blanchâtre à sa marge,
d'une nuance plus foncée ou rougeâtre à son disque. Les
feuillets sont inégaux, blancs, d'un jaune pâle ou roux,
empreints, ainsi que les autres parties du champignon,
d'un suc laiteux blanc ou jaunâtre qui coule aussitôt qu'on
les brise, et qui est d'une saveur brûlante.

Cette espèce est très-commune dans les bois humides,
en été et en automne; elle est quelquefois d'un roux très-

tendre, quelquefois rougeâtre ou d'un jaune ferrugineux. La peluche soyeuse et les zones concentriques du chapeau sont quelquefois peu sensibles; mais ses bords sont toujours plus ou moins velus.

PROPRIÉTÉS DÉLÉTÈRES.

Les expériences de Paulet sembleraient prouver que cet agaric, qu'il appelle *mouton zoné*, n'est point malfaisant, malgré l'épithète de *torminosus* que lui a donnée Schæffer. Bulliard assure, au contraire, qu'il est très-redouté dans quelques campagnes, et surtout dans les environs de Bar-sur-Aube, où il est connu sous les noms de *mortou*, de *raffoult*, et qu'une petite quantité suffit pour produire les plus graves accidents. Le docteur Picco et quelques auteurs allemands ont également signalé ses qualités pernicieuses.

J'ai donné à deux jeunes chats un de ces champignons haché avec de la viande. Quoiqu'ils en aient mangé fort peu, ils ont éprouvé une violente diarrhée, beaucoup de faiblesse et un tremblement qui a duré plusieurs heures. Le lendemain, un de ces animaux était encore très-faible, et l'autre dans un état naturel.

J'ai renouvelé cette expérience sur un chien de taille moyenne, qui a dévoré en un instant un champignon cru, et mêlé également avec de la viande. Une heure après, il s'est plaint, et a rejeté la pâtée entière. Il est resté couché pendant plusieurs heures, et il paraissait très-abattu. Le soir, on lui a présenté un peu de lait qu'il a bu avec avidité. Il est probable que le poison aurait causé la mort, ou du moins des symptômes beaucoup plus graves, s'il n'eût été rejeté par le vomissement.

Le docteur Larber rapporte un empoisonnement occasionné par l'agaric meurtrier de Bulliard et une de ses variétés. Deux individus moururent à Bassano après avoir mangé de ces champignons. On observa, parmi les principaux phénomènes, de violents vomissements et comme une sorte de choléra, ensuite un assoupissement profond qu'aucun remède ne put vaincre.

On trouva les vaisseaux sanguins des méninges fortement injectés, et les membranes digestives plus ou moins enflammées. (*Sui funghi saggio generale*, 1, p. 75.)

Bulliard craint qu'on ne confonde avec cette espèce l'agaric poivré qu'on mange dans quelques campagnes; mais ces deux champignons ont peu de ressemblance, soit pour la forme, soit pour la couleur; ils n'ont de commun que le suc laiteux dont ils sont également empreints.

Mais, lorsqu'on juge un champignon d'après sa couleur sans faire attention aux autres caractères, on court le risque de prendre l'agaric meurtrier pour l'hydne ordinaire (*hydnum repandum*), qui est également d'une couleur de chair ou de chamois.

C'est ce qui arriva un jour à deux soldats qui avaient confondu ces deux espèces de champignons, et qui en avaient fait une ample récolte dans les bois de Saint-Cyr. Heureusement, j'arrivai sur le lieu même au moment où ils allaient les emporter.

Prenez garde! leur dis-je. En voilà de vénéneux qui vous tueront infailliblement si vous les mangez. Examinez-les bien, ils sont velus surtout aux bords, et plus ou moins rayés. Voyez le lait qui coule de toutes leurs parties. Eh bien! ce lait va vous brûler la langue. Les autres n'ont aucun de ces caractères, ils sont fort bons, et vous pouvez

les manger sans crainte. Pourquoi ne cueillez-vous pas des
ceps, des chanterelles? Vous pouvez les distinguer aisément des espèces malfaisantes. Ils me suivirent pendant
l'espace d'une heure, écoutant mes conseils et mes observations avec une docilité parfaite.

L'agaric meurtrier a quelque rapport avec un champignon laiteux que L'Écluse a rangé parmi les espèces comestibles, et dont Sterbeeck a donné la figure, tab. 6,
sous le nom de *fungus coccineus villosus*.

Loësel, dans la *Flore de Prusse*, et Buxbaum, dans
sa quatrième *Centurie*, donnent également comme alimentaire une autre espèce, de couleur incarnat, à chapeau
ombiliqué, velu sur les bords, et plein d'un suc âcre. Les
Russes conservent ce champignon dans du sel, et ils le
mangent ensuite assaisonné avec de l'huile et du vinaigre.
Mais on ne saurait trop se défier des qualités alimentaires
qu'on attribue aux champignons laiteux ; ils sont tous plus
ou moins âcres, et d'un emploi en général suspect. En
vain Paulet et quelques autres naturalistes disent avoir
mangé l'agaric meurtrier sans éprouver le moindre malaise ; ces épreuves, qui n'ont pas été assez multipliées,
ne sauraient me rassurer, et je désire que mes doutes
passent dans l'esprit de tous les amateurs de champignons,
car je ne me consolerais de ma vie, si mes écrits pouvaient
donner lieu à quelque accident. Au reste, on verra bientôt
que mes craintes ne sont que trop fondées, lorsqu'on lira
que l'usage d'une espèce appartenant à la section des lactaires a été suivi d'une mort prompte.

AGARIC ZONÉ. *AGARICUS ZONARIUS.*

Agaricus zonarius. BULL. CHAMP. t. 104. DC. Fl. Fr. 575.
BALBIS. Fl. LYON. 2. 269. — *Agaricus flexuosus.* PERS. SYN.
431.

Son chapeau est large de deux à trois pouces, d'abord
convexe, ensuite plane ou légèrement déprimé au centre,
d'un jaune pâle, marqué de zones nombreuses, très-sen-
sibles vers les bords qui sont sinués et anguleux. Les feuillets sont un peu décurrents, blanchâtres et inégaux. Le
pédicule est plein, charnu, court, de la même nuance
que les feuillets. Ce champignon croît dans les bois, en
été et en automne ; on le trouve tantôt solitaire, tantôt
rangé par groupes de deux ou trois individus.

Un lait corrosif et abondant s'échappe des feuillets et
de la chair du chapeau aussitôt qu'on les entame.

AGARIC SANS ZONES. *AGARICUS AZONITES.*

Agaricus azonites. BULL. CHAMP. t. 559. f. 1. — DC. Fl. Fr.
578.

. Son pédicule est plein, cylindrique, ordinairement allongé, blanchâtre ou d'un jaune paille ; il porte un chapeau irrégulier, bosselé ou concave, roux ou d'une nuance
imitant celle du café au lait, rarement zoné, mais quelquefois couvert de taches brunes. Les feuillets sont jaunâtres, inégaux, droits, un peu écartés les uns des autres,
à peine attachés au pédicule, et imprégnés d'un suc laiteux, d'abord insipide, ensuite très-âcre. Ce champignon
vient, en été, dans les bois.

Nous l'avons observé, ainsi que l'espèce précédente,
dans la forêt d'Ermenonville, dans le parc de Morfontaine
et dans les bois de Luzarches.

AGARIC CAUSTIQUE. *AGARICUS PYROGALUS.*

Agaricus pyrogalus. Bull. Champ. t. 529. f. 1. Pers. Syn.
436. DC. Fl. Fr. 377. Fries. Syst. mycol. 1. 74.

(Pl. 13, Fig. 5.)

C'est un agaric d'une moyenne dimension. Son pédicule
est cylindrique, plein, haut d'environ deux pouces, et
d'un roux fauve. Son chapeau est plane, un peu creusé
au centre, d'un gris bistré ou d'un jaune livide, et marqué de zones concentriques noirâtres. Les lames sont inégales, écartées, rougeâtres, un peu adhérentes au pédicule.

Il croît dans les lieux sombres des bois, en août et
septembre. Le suc laiteux qu'il distille est d'abord douceâtre, puis d'une âcreté extrême. On doit le ranger
parmi les espèces malfaisantes.

AGARIC PLOMBÉ. *AGARICUS PLUMBEUS.*

Agaricus plumbeus. Bull. Champ. t. 282 et 559. f. 2. Pers.
Syn. 435. DC. Fl. Fr. 382. Fries. Syst. mycol. 1. 73.

On reconnaît facilement cette espèce à sa couleur de
bronze et comme enfumée. Le pédicule est épais, d'un
bistre jaunâtre, haut de deux à trois pouces ; il soutient
un chapeau très-ample, d'abord convexe, ensuite plus ou
moins concave, et dépourvu de zones concentriques. Les
feuillets sont nombreux, inégaux, jaunâtres, un peu décurrents sur le pédicule.

On trouve cet agaric, en automne, dans les bois ; sa
chair est blanche, cassante, très-âcre, ainsi que le lait
qui coule des feuillets.

M. Descourtils le regarde comme une variété de l'agaric engaîné , qui porte le nom de *coucoumelle grise ;* mais c'est une erreur, car ce dernier champignon est alimentaire , tandis que l'agaric plombé est vénéneux.

AGARIC A LAIT JAUNE. *AGARICUS THEIOGALUS.*

Agaricus theiogalus. BULL. t. 567. f. 2. PERS. SYN. 431. DC. Fl. Fr. 376. FRIES. SYST. MYCOL. 1. 71.

Le chapeau de cet agaric est large de deux ou trois pouces , d'abord de forme arrondie , ensuite concave, d'un fauve rougeâtre , un peu zoné. Les lames sont inégales , jaunes et un peu décurrentes sur le pédicule, où elles se terminent en pointe ; celui-ci est plein , cylindrique , long d'environ deux pouces , et d'un roux fauve.

On le trouve ordinairement solitaire , dans les bois , en août et septembre. Sa chair, naturellement blanche, jaunit lorsqu'on la coupe ; elle est saturée d'un suc jaunâtre et amer.

Cette espèce est également vénéneuse ; elle contient , d'après l'analyse de Vauquelin , une matière grasse d'une saveur âcre et amère.

AGARIC ACRE. *AGARICUS ACRIS.*

Agaricus acris. PERS. SYN. 457. FRIES. SYST. MYCOL. 1. p. 65. CHEV. Fl. Par. 1. p. 144. KRAPF. SCHWAM. t. 4. f. 4. — *Agaricus urens*. POIR. Encycl. suppl. 403.

Ce champignon n'est point l'agaric âcre de Bulliard , dont nous avons déjà décrit les caractères. Son chapeau , qui a les bords un peu roulés en dessous , est convexe en naissant , ensuite plane , un peu ombiliqué , d'une couleur grisâtre, cendrée ou fuligineuse, et sans zones. Les feuillets sont d'abord blancs, puis jaunâtres. Le pédicule est plein, blanchâtre ou fauve, quelquefois visqueux ainsi que le chapeau.

On le trouve dans les bois, au commencement de l'automne, parmi les gazons et les broussailles. Sa substance est pleine d'un suc blanchâtre ou un peu rosé, ensuite jaune et très-âcre.

AGARIC DOUCEATRE. *AGARICUS SUBDULCIS.*

Agaricus subdulcis. PERS. SYN. 433. — *Agaricus lactifluus dulcis.* BULL. CHAMP. t. 224. f. A. B. — *Agaricus rubescens.* SCHÆFF. FUNG. t. 73.

Cet agaric a un chapeau large d'environ trois pouces, d'abord convexe, puis creusé en entonnoir et d'un fauve rougeâtre. Les feuillets sont inégaux, un peu décurrents, d'une couleur rosée ou ferrugineuse. Le pédicule est cylindrique, glabre, plein, quelquefois fistuleux, à peu près de la couleur du chapeau. On le rencontre, en été et en automne, dans les bois, parmi la mousse. Sa chair est cassante, imprégnée d'un suc laiteux douceâtre dans les jeunes individus; mais ce lait acquiert une saveur âcre et nauséeuse avec la vieillesse de la plante. On mange néanmoins ce champignon dans certaines localités.

AGARIC LACTAIRE DORÉ. *AGARICUS LACTIFLUUS AUREUS.*

Agaricus lactifluus aureus. PERS. CHAMP. p. 220. — *Agaricus lactifluus ruber.* TRATTIN. FUNG. AUSTR. t. 13.

Ce champignon est connu dans les Vosges sous le nom vulgaire de *vache*, à cause du suc laiteux qu'il répand, et, en Italie, sous le nom de *lattajuolo dolce*. Il a un chapeau large de trois à quatre pouces, d'abord globuleux, ensuite légèrement déprimé, mais toujours un peu mamelonné au centre, rougeâtre ou d'un brun orangé. Les feuillets sont jaunâtres, inégaux, un peu écartés les uns des autres. Le pédicule est épais, cylindrique, blanchâtre ou d'une couleur de chair nuancée de brun. Il croît, en été, dans les friches et sur les pelouses.

La chair de cette plante est fine et délicate. Aussitôt qu'on l'entame, elle donne une liqueur très-douce et abondante qui invite à en faire usage; aussi est-elle très-recherchée dans les Vosges, dans le département de la Meuse, en Autriche et en Bavière. On la mange à Vienne, cuite avec de la crème ou du beurre, et assaisonnée avec du sel et des fines herbes.

Ce champignon a quelque ressemblance avec l'*agaricus lactifluus* de Linné. Suivant Plenck, celui-ci, d'une texture un peu ferme, acquiert par la cuisson un goût très-agréable. Il est très-gélatineux, très-nutritif, mais un peu difficile à digérer. On le mange en Allemagne, assaisonné avec du beurre et du persil. (*Bromatologia*, p. 83.)

Mais le même auteur dit, dans sa *Toxicologie*, qu'un autre agaric, dont la couleur et la forme sont à peu près les mêmes, est très-malfaisant; c'est l'*agaricus venenatus* de Krapf, qui ne diffère du premier que par l'âcreté de son suc laiteux.

Une femme qui en avait fait usage eut de violents vomissements, et resta languissante pendant une année. Elle était tombée dans le marasme, et son état paraissait désespéré lorsqu'il survint des sueurs copieuses qui produisirent une crise favorable. Une autre femme et sa fille, ayant mangé des mêmes champignons assaisonnés avec de l'huile,

du vinaigre et du poivre, éprouvèrent l'une et l'autre des
vomissements et des douleurs déchirantes dans les entrailles. La fille mourut, et la mère courut les plus grands
risques.

AGARIC DÉLICIEUX. *AGARICUS DELICIOSUS.*

Agaricus deliciosus. Pers. Syn. 432. DC. Fl. Fr. 379. Schæff.
Fung. t. 11. Sowerb. Fung. t. 202. Fries. Syst. mycol. 1.
67. Chev. Fl. Par. 1. 144. Bald. Fl. Lyon. 2. 268.

Il a un chapeau large de trois ou quatre pouces, presque
plane, un peu déprimé au centre, réfléchi sur les bords,
jaune en naissant, ensuite fauve ou d'un rouge de brique,
le plus souvent uni, quelquefois zoné. Les feuillets sont inégaux, d'un jaune orangé, et couverts à leur maturité d'une
poussière séminale verdâtre. Le pédicule est jaune, plein,
long de deux ou trois pouces.

Ce champignon croît, en août et septembre, dans les
bois montueux; il distille un suc laiteux rougeâtre ou couleur de safran. On le trouve dans le midi de la France, aux
environs de Lyon, de Montpellier, de Toulouse, etc. Il
abonde surtout dans les pays du nord, en Bavière, en
Prusse, en Pologne, en Suède, en Russie, où l'on en fait
un fréquent usage.

Malgré le nom d'agaric délicieux qui lui a été imposé
par Linné, quelques naturalistes lui contestent ses qualités alimentaires, et on le mange rarement en France. Peut-
être l'espèce qui croît dans le nord de l'Europe est-elle
différente de celle qu'on observe dans nos provinces.

Ce champignon, que les Allemands appellent *reitzker*
à cause de sa saveur un peu piquante, contient un principe mucilagineux très-abondant qui annonce ses qualités

nutritives. Plenck dit qu'il est excellent dans les ragoûts. Suivant Linné, les Suédois en font également le plus grand cas. En Allemagne, on en fait des provisions pour l'hiver, et on le conserve confit dans la saumure ou dans le vinaigre.

C'est sans doute à raison de la matière muqueuse qu'il fournit que le docteur Dufresnoy a fait son éloge dans les affections pectorales; il l'emploie avec la conserve de roses, le soufre et le sirop de millefeuille. Nous ne contestons pas l'utilité de ces substances ainsi réunies dans quelques catarrhes chroniques; mais que peut-on en attendre dans les maladies graves du poumon?

Le docteur Paulet donne la description d'un agaric à suc laiteux, qu'il nomme le *laiteux pointu rougissant*. Il est remarquable par la forme de son chapeau, dont le centre, d'abord élevé en pointe, devient ensuite concave. Sa surface est blanche ainsi que sa substance intérieure; mais celle-ci se colore de rouge par le contact de l'air, ainsi que le suc qu'elle répand. Ce suc, qui devient d'un beau rouge de carmin, est d'une saveur brûlante. Le docteur Picco de Turin ayant administré à un chien ce champignon haché avec de la viande, l'animal périt de gangrène au bout de douze heures. Ce champignon est fort rare, et nous ne l'avons jamais observé aux environs de Paris.

La section des lactaires renferme bien encore quelques autres espèces plus ou moins âcres; mais il est inutile, je pense, d'en donner ici la description, le lait qu'elles renferment toutes dans leur substance étant un caractère plus que suffisant pour les faire distinguer des autres champignons. En général, ces plantes sont d'une nature suspecte,

et elles doivent inspirer une grande défiance. Si quelques-
unes peuvent servir d'aliment, beaucoup d'autres sont délétères. Il faut surtout craindre celles qui répandent un suc
laiteux âcre ou d'une saveur nauséabonde.

L'empoisonnement produit par les champignons laiteux
se manifeste par une irritation viscérale plus ou moins intense. On y remédie par une méthode adoucissante et anti-
phlogistique. Les vomitifs peuvent être quelquefois très-
utiles dans la première période de l'empoisonnement; mais
si les tuniques digestives sont déjà enflammées, ils deviennent eux-mêmes un nouveau poison. Les boissons tièdes,
mucilagineuses, le lait coupé, les demi-bains doivent alors
obtenir la préférence.

§ IV. COPRIN. *COPRINUS.*

Chapeau membraneux et fragile. Feuillets libres, inégaux, déliquescents dans leur vieillesse. Sporules noires.
Pédicule fistuleux, nu ou muni d'un collier.

AGARIC PAPILLONACÉ. *AGARICUS PAPILIONACEUS.*

Agaricus papilionaceus. BULL. CHAMP. t. 561. f. 2. DC. Fl.
Fr. 400. PERS. SYN. 410.

Son pédicule, fistuleux, jaunâtre, parsemé vers sa partie supérieure d'une poudre bistrée, porte un chapeau en
cloche, obtus, quelquefois conique, lisse, peu charnu,
d'un jaune sale ou d'un noir fuligineux. Les lames sont
minces, larges, inégales, adhérentes au pédicule, cen-
drées, nébuleuses ou mouchetées comme les ailes de certains papillons.

Cet agaric vient, en été, dans les bois, sur les feuilles
pourries et parmi les graminées. Il n'est point alimentaire.

AGARIC NARCOTIQUE. *AGARICUS NARCOTICUS.*

Agaricus narcoticus. Batsch. Fung. t. 16. f. 77.

Ce petit champignon, qu'on rencontre sur les gazons,
le long des chemins, a un pédicule grêle, surmonté d'un
chapeau écailleux, d'abord convexe, ensuite plane, de
couleur cendrée, avec des plis bifides. Les lames sont peu
nombreuses, entières, alternes avec d'autres de moitié
plus courtes, à peu près de la même nuance que le chapeau.

Il répand une odeur narcotique qui occasionne des
maux de tête à ceux qui l'observent un peu trop long-
temps.

AGARIC EN DEMI-GLOBE. *AGARICUS SEMI-GLOBATUS.*

Agaricus semi-globatus. Pers. Syn. 407. Bull. Champ. t. 566.
f. 4. Sowerb. Fung. t. 248. — *Agaricus glutinosus.* Curt.
Fl. Lond. t. 69.

Cette espèce a un chapeau charnu, hémisphérique, un
peu visqueux et d'une couleur jaunâtre. Les lames sont
adhérentes au pédicule, très-larges, horizontales, noirâtres ou nébuleuses. Le pédicule est allongé, blanc ou jaunâtre, muni d'un anneau fugace. Il croît dans les bois et
dans les prairies, sur la fiente des bêtes de somme.

D'après Sowerby, cette espèce est malfaisante. Comme
elle vient dans les prés, on pourrait la prendre pour le
champignon comestible, avec lequel elle a d'ailleurs quelque ressemblance; mais elle en diffère par son pédicule
long et mince, par ses feuillets larges, tachetés, par son
chapeau luisant et visqueux.

Nous pourrions inscrire encore au rang des champignons

vénéneux ou suspects l'agaric larmoyant (*agaricus lacry-mabundus*. BULL. t. 191), à chapeau campanulé, brun ou fauve, à feuillets jaunâtres, tachetés, recouverts en naissant d'un tissu arachnoïde ; l'agaric fimetaire (*agaricus comatus*. SOWERB. t. 189), à chapeau blanc, en forme de massue, parsemé d'écailles soyeuses ; enfin quelques autres espèces qui croissent dans les bois sur les vieilles souches, sur les fumiers, le long des chemins ; mais ce serait multiplier inutilement les descriptions ; la section des coprins ne renfermant que des agarics fugaces, et dont toute la substance se résout rapidement en une pulpe noire, il n'est guère possible de les prendre pour des espèces usuelles.

Au reste, le professeur Decandolle (*Essai sur les propriétés médicales des plantes*) met tous les coprins au rang des champignons malfaisants. Leur ténuité, leur altération rapide, leur goût douceâtre et quelquefois âcre, doivent faire proscrire leur emploi culinaire.

Vous nous avez suivi, cher lecteur, dans nos courses, et vous avez pu observer avec nous les lactaires et les coprins. Quittons ces groupes malfaisants, et allons cueillir, dans les bois de Gonart ou dans les prairies de Buc, ces jolis champignons d'un blanc de neige, qui font la joie du bûcheron et du friand des villes.

Nous voici sur le sommet de la colline. Reposons-nous un instant sur la pelouse ; tout nous y convie, et jetons un coup d'œil sur la campagne. Quel doux ombrage ! quel site enchanteur ! Vous voyez au couchant, à travers le feuillage des bouleaux, les belles arcades de Buc illuminées par les derniers rayons du soleil ; à l'est le village de Jouy, avec ses riantes prairies arrosées par la Bièvre, et une foule de maisonnettes blanches, posées çà et là sur les coteaux. Mais qu'est devenu ce beau parc qui dominait la vallée ! Une hache sacrilége en a fait un désert. Plus d'arbres, plus de bosquets, plus d'ombrages ! Le château seul est debout : on dirait une citadelle que le canon de l'ennemi n'a pas encore foudroyée.

Hélas, le parc de la Cour Roland, planté sur la hauteur du coteau voisin, ce joli parc où le cèdre du Liban se marie avec le suave tilleul, où j'ai passé des heures délicieuses, où j'ai cueilli tant de morilles, tant de boules de neige, tant de mousserons d'automne, va peut-être subir le même sort ! Puisse quelque nouveau seigneur le sauver de la destruction ! Qu'il vienne, il pourra rêver paisiblement au milieu de ses bocages ; nous ne lui demanderons pas d'où il vient.

Détournons un instant nos regards pour les porter vers le sud sur le petit hameau des Loges, sur sa petite église, et sur son petit clocher assis sur un petit coteau. O le joli paysage ! La cloche argentine retentit dans les airs, les fidèles accourent, l'encens fume, et sa vapeur odorante monte au ciel, avec la prière du pasteur et l'arome des fleurs de la vallée.

§ V. PRATELLE. *PRATELLA.*

Pédicule nu ou muni d'un collier. Chapeau charnu. Feuillets noircissant dans leur vieillesse sans se résoudre en eau.

AGARIC COMESTIBLE. *AGARICUS EDULIS.*

Agaricus edulis. DC. Fl. Fr. 418. Bull. Champ. t. 134 et 314.

α. *Agaricus campestris.* Linn. Spec. 1641. Schæff. Fung. t. 33.

β. *Agaricus arvensis.* Schæff. t. 310 et 311.

(Pl. 14, Fig. 1-6.)

Ce champignon, qu'on cultive sur des couches dans toute l'Europe, est très-facile à reconnaître à ses feuillets d'abord d'une couleur rosée ou d'un violet tendre, puis fuligineux, et enfin noirs dans leur vieillesse. Son chapeau est arrondi, convexe, large de trois à quatre pouces, d'un blanc jaunâtre, quelquefois brun, surtout au centre, et plus ou moins écailleux ou moucheté. Il est uni et d'un blanc de neige dans la variété β. Les feuillets sont libres, inégaux, étroits, recouverts en naissant d'une membrane blanche, qui se déchire avec le développement du chapeau, pour former une espèce de collier au sommet du pédicule. Celui-ci est blanc, cylindrique, plein, charnu, quelquefois tubéreux à sa base, et long de deux à quatre pouces.

Il croît principalement en automne, dans toutes sortes de terrains, dans les bois peu couverts, dans les bruyères, les friches, les pâturages, les jardins, etc. La deuxième variété est très-commune dans les prés où l'on mène paître les chevaux. Par sa forme et sa blancheur éclatante, elle ressemble en naissant à une boule de neige; mais sa peau est si fine, si délicate, qu'elle jaunit au plus léger attouchement. Son chapeau s'aplatit, s'évase peu à peu en parasol, et devient quelquefois très-ample. J'en ai observé de huit à dix pouces de diamètre dans les prairies de Jouy et de Bièvre. Je crois cueillir encore cette belle variété dans le vallon de Saint-Paul, non loin de Chevreuse. O la délicieuse retraite! Un petit vallon, un petit ruisseau, des prairies, des bosquets, une petite maison (cela vaut mieux qu'un beau château), un jardin bien cultivé, des légumes, des herbes fraîches, un sommeil paisible, que faut-il de plus à l'homme sage?

Enfin, nous avons vu et savouré la *boule de neige* dans le département de l'Aveyron, au pont de Tanus, gorge sauvage, mais pittoresque, poétique et digne de la palette du peintre.

On a donné à ces champignons des noms vulgaires qui varient suivant les localités. On les appelle *potirons* ou *pâturons*, *champignons des bruyères* ou *des prés*, *boule de neige*, *champignons de fumier* ou *de couche*, etc. Dans quelques départements du midi, ils portent les noms de *pradelos*, *pradels* ou *pradelets;* dans le département de Maine-et-Loire, celui de *cluzeau*. En Italie, on les nomme *pratajolo de'prati*, *pratajolo bianco*, *pratajolo maggiore*, *bianco*, *buono*. Tous ces champignons sont des variétés de l'agaric comestible. Ceux qu'on cultive ont plus de chair, plus de substance; ils prennent sur la couche plus de force, et pour ainsi dire plus d'embonpoint; mais ils n'ont pas à beaucoup près la même finesse que les champignons qui croissent sur les collines ou dans les pâturages. Ceux-ci ont une chair blanche, cassante et très-parfumée.

D'après l'analyse du professeur Vauquelin, le champignon de couche contient de l'adipocire, de la graisse, de l'osmazome, une substance animale insoluble dans l'alcool, du sucre, de la fungine et de l'acétate de potasse.

Ces plantes, dont les Romains faisaient beaucoup de cas, n'ont rien perdu de leur célébrité; tous les gastronomes les recherchent comme un mets délicieux, et quelques-uns les cultivent eux-mêmes avec un soin particulier.

> Là croît ce champignon, délice des festins,
> Que l'art fait chaque jour naître dans nos jardins.
>
> CASTEL, *les Plantes*.

L'agaric de couche est un champignon européen. On le mange à Vienne, à Berlin, à Saint-Pétersbourg, à Londres, à Rome, à Naples, et surtout à Paris, où il s'en fait une consommation prodigieuse. On le cultive dans les potagers, dans les champs, dans les caves, dans les carrières. Nous ne reviendrons pas sur cette espèce de culture; nous renvoyons le lecteur à notre introduction, où se trouvent décrits les procédés les plus simples*. Si l'on compare le champignon cultivé avec ceux qui croissent spontanément dans les pacages, dans les bois ou dans les champs, on verra que c'est la même espèce. Ils sont tous munis d'un anneau, et leurs feuillets ont une couleur plus ou moins rosée. Leur parfum, à peu près le même, est un peu plus fin dans le champignon des champs.

Nos militaires, la plupart amateurs de champignons, ont retrouvé presque partout celui-ci. M. de Louvain l'a

---

* Vous suivrez surtout le procédé simple et facile que nous a fait connaître M. Pirolle, qui sait si bien allier l'utile à l'agréable; et lorsque vous irez voir pousser vos champignons, vos yeux pourront se fixer également sur les magnifiques dahlias de votre jardin, si vous savez profiter des leçons de cet habile et consciencieux horticulteur.

Voyez le *Traité spécial du Dahlia* que M. Pirolle vient de donner aux amateurs de ce beau genre de plantes, monographie parfaite, qui s'adresse aux petits cultivateurs comme aux grands propriétaires. Paris, chez Fortin, Masson et Comp., libraires, rue de l'École-de-Médecine, n° 17.

observé dans la forêt de Dusseldorf, où il est très-commun, et il s'en est souvent régalé. M. le capitaine Lallemant et ses camarades l'ont récolté dans le parc d'El Pardo , résidence royale située à deux lieues de Madrid. Les Espagnols et les Français le recherchaient également. Je l'ai moi-même cueilli dans les prairies des environs de Figuières. Je le mangeais cuit sur le gril , et simplement assaisonné d'huile, de sel et de poivre.

Tous ces champignons doivent être cueillis avant leur entier développement. Lorsqu'ils sont vieux , ils deviennent âcres , indigestes , et ils peuvent provoquer une irritation plus ou moins vive du canal alimentaire.

Je fus appelé en 1814 , à l'hôtel des Languedociens , rue de Richelieu , par M. d'Auvaire, qui se croyait empoisonné après avoir mangé une croûte aux champignons. Tout le monde sait qu'à Paris on n'emploie pour ce ragoût que le champignon de couche. Les principaux symptômes consistaient dans des coliques violentes accompagnées d'évacuations répétées , dans un spasme général et une faiblesse extrême. Le malade avait pris du thé et quelques lavements sans en être soulagé. Ses souffrances duraient depuis plusieurs heures lorsque j'arrivai près de lui. Une potion composée de trois cuillerées d'eau de menthe et de vingt-quatre gouttes de laudanum liquide fut administrée en deux doses , et, bientôt après , l'irritation gastrique céda comme par enchantement. On donna ensuite par cuillerées un mélange de deux onces d'eau de menthe, d'une once de sirop de gomme arabique , d'un demi-gros d'éther et de quinze gouttes de laudanum. Cette nouvelle potion dissipa entièrement les contractions spasmodiques qui se renouvelaient de temps à autre.

J'ai acquis la preuve, et je ne saurais trop le répéter ici, que les poisons et autres substances irritantes qui excitent des douleurs atroces et des spasmes violents doivent être combattus par l'opium. C'est de tous les remèdes le plus prompt et le plus efficace. Le lait, les boissons mucilagineuses, si utiles dans quelques circonstances, agissent ici avec trop de lenteur, et font perdre un temps précieux. Toutefois, l'opium n'est plus convenable lorsque l'empoisonnement est trop avancé, et qu'il y a des signes évidents d'une phlegmasie viscérale.

N'oublions pas de dire que M. d'Auvaire avait trouvé la croûte aux champignons un peu âcre, et qu'il l'avait mangée avec une sorte de répugnance. Ce cas, malgré sa gravité, ne saurait pourtant être considéré comme un véritable empoisonnement. On sait que les champignons de couche trop avancés, de même que toute autre substance alimentaire qui a déjà subi un certain degré de décomposition, peuvent donner lieu à des irritations plus ou moins vives. Il y a plus : les aliments les plus salubres, les plus légers, ont quelquefois produit, suivant la prédisposition de l'estomac, des indigestions accompagnées des symptômes les plus alarmants. Il est inutile d'interroger les fastes de l'art ; ce sont des faits connus de tous les médecins.

Voici néanmoins un fait tout récent que nous ne saurions passer sous silence, parce qu'il renferme des erreurs qu'il est important de rectifier. Une femme, demeurant rue Pierre-Lescot, a éprouvé, dans la nuit du 4 avril, des douleurs intestinales causées, d'après la rumeur publique, par du vin empoisonné qu'elle aurait bu dans un cabaret voisin. Le docteur Daniel, membre de la commission sanitaire du quartier de la Banque, appelé à son secours, a prescrit sur-le-champ quatre grains d'émétique, et la malade a rejeté des champignons qu'elle avait mangés à son dîner.

Ce médecin a sans doute rempli une indication urgente ; mais il n'a pas montré la même sagacité lorsqu'il a donné à entendre qu'il avait combattu un empoisonnement produit par des champignons délétères. « On sait, dit-il, qu'il » existe des champignons vénéneux , et qu'il y a mille » exemples de morts occasionnées par leur usage. La » personne que j'ai secourue pouvait aussi succomber. »

Mais M. Daniel ne désigne point l'espèce de champignon qui a donné lieu à cet empoisonnement. Serait-ce l'agaric de couche ? Son usage répandu dans toute l'Europe atteste ses qualités salubres. Faut-il en accuser quelque champignon des bois ? Certes , lorsque la saison est plus avancée , les mauvaises espèces n'y sont pas rares ; mais tous les naturalistes savent que les bois n'en produisent point avant le mois de mai. On y trouve seulement , dans les premiers jours d'avril , quelques morilles dont les propriétés alimentaires sont généralement connues. La malade ne peut donc avoir mangé que des champignons de couche , qui n'ont jamais causé de véritable empoisonnement. Mais si elle en a mangé outre mesure , si d'ailleurs le vin n'a pas été épargné , il n'est pas étonnant qu'elle ait éprouvé une indigestion avec des coliques violentes, indigestion aggravée sans doute , soit par la peur du choléra , soit par les bruits d'empoisonnement que la malveillance avait répandus parmi le peuple.

Au reste, ce fait, réduit à ses véritables proportions, ne saurait être qualifié d'empoisonnement, et nous n'en aurions pas même fait mention , s'il n'eût d'abord été consigné dans les journaux , et si le public ne l'eût ensuite interprété de diverses manières.

Nous l'avons déjà dit, et nous le redirons encore, ce n'est point en criant au poison qu'on éloignera les pauvres gens de l'usage de ces plantes. Les déclamations, la menace même d'une mort cruelle ne les corrigeront point. La véritable philanthropie consiste à instruire , à éclairer le peuple. Apprenez-lui à distinguer les bonnes et les mauvaises espèces de champignons , les accidents seront alors beaucoup plus rares.

RÉCOLTE DE L'AGARIC COMESTIBLE.

Lorsqu'on récolte ce champignon ou ses variétés , il importe de les examiner attentivement , afin de ne pas les confondre avec l'agaric bulbeux ou l'agaric printanier; ces deux champignons sont très-vénéneux , mais ils ont des lames toujours blanches , tandis qu'elles sont rosées ou violettes dans les champignons comestibles. Lorsque nous traiterons des amanites, nous comparerons les caractères qui distinguent ces différentes espèces de manière à rendre toute méprise impossible.

Il nous reste à décrire les préparations culinaires les plus usitées et les plus convenables. Quelques-unes nous appartiennent, les autres nous ont été communiquées par des hommes versés dans la gastronomie usuelle. Nous confondrons ici le champignon de couche et les variétés de l'agaric comestible des pâturages. Tous ces champignons ont les mêmes caractères et les mêmes qualités. Ils sont devenus un besoin social. Ainsi, point de bonne chère sans champignons. Oubliez cet ingrédient dans un pâté chaud, dans une fricassée de poulet, on vous dira : Il y

manque quelque chose, le goût du champignon que rien
ne saurait remplacer, pas même la truffe du Périgord.

CHAMPIGNONS SUR LE PLAT.

On épluche et on coupe par morceaux des champignons
à feuillets roses nouvellement récoltés dans la prairie. On
les lave à l'eau froide, et on les essuie en les pressant dans
un linge. Ensuite, on les met sur le plat avec du beurre,
du persil, du sel et du poivre. On les fait cuire sur un feu
vif, et on y ajoute, si l'on veut, au moment de servir, de
la crème ou des jaunes d'œufs pour les lier.

CHAMPIGNONS A LA PROVENÇALE.

On choisit des champignons de couche fraîchement
cueillis, d'une chair ferme et épaisse. On les épluche, on
les coupe en deux; et après les avoir lavés à l'eau froide,
on les fait mariner pendant une ou deux heures dans
l'huile, avec du sel, du gros poivre et une pointe d'ail.
On les met ensuite dans une casserole avec de l'huile fine,
et on les fait sauter à grand feu. Lorsque les champignons
sont cuits et d'une belle couleur, on y ajoute du persil
haché et du jus de citron. Ce procédé se rapproche de
celui qu'on emploie à Bordeaux pour la préparation des
ceps *.

---

* Pendant un séjour de quelques semaines que j'ai fait dans le Midi, l'année
dernière, mes parents, mes amis, tout le monde voulait me régaler de champignons. « Docteur, me disait M. Calmès, conseiller à la cour royale de Toulouse,
vous avez illustré les champignons, et les champignons vous ont illustré. Il n'est
pas possible de vous avoir à dîner sans vous en offrir un petit plat. En voici que je
suis allé cueillir moi-même dans nos pâturages, et qu'on a préparés à la provençale.

— Je vous remercie, monsieur le conseiller, et de votre empressement et de
votre éloge, ou, si vous l'aimez mieux, de votre jeu de mots. Si j'ai fait un peu

CHAMPIGNONS FARCIS.

On épluche des champignons de couche de moyenne grandeur. Tant mieux si on peut leur substituer la variété à feuillets roses des pacages, connue sous le nom de *boule de neige*. On prépare en même temps une espèce de farce ou hachis avec un morceau de beurre, du lard râpé, un peu de mie de pain, des fines herbes, une pointe d'ail, du sel, du gros poivre et un tant soit peu d'épices. Lorsque le tout est bien manié, on renverse les champignons dont on a retranché la tige, et on en garnit leur partie concave. Puis on les fait cuire en papillote sur le gril, et encore mieux dans une tourtière ou sous le four de campagne, avec quelques cuillerées d'huile fine dont on les arrose de temps en temps. On peut, suivant le goût, ajouter à la farce des filets de volaille, de perdreau ou de faisan.

CROUTE AUX CHAMPIGNONS.

Pelez légèrement la surface de vos champignons, et supprimez leurs tiges. Surtout qu'ils soient bien frais et pas trop épanouis. Mettez-les dans une casserole avec du beurre fin, et faites sauter le tout sur un feu assez vif. Au moment où le beurre est fondu, vous relevez la casserole et vous y exprimez le jus d'un citron. Replacez-la sur le fourneau, et faites sauter encore pendant quelques minutes. Ajoutez alors sel, poivre, quatre épices et une cuillerée d'eau dans laquelle vous avez fait infuser pendant une demi-heure une gousse d'ail coupée en quatre. Laissez

de bien par mes recherches, par mes écrits; si les personnes éclairées le disent ou le pensent, mon cœur est pleinement satisfait. Voilà toute l'illustration que j'ambitionne.

bouillir pendant une heure. Au moment de servir, faites
une liaison avec trois jaunes d'œufs que vous mêlez aux
champignons ; versez ensuite votre appareil sur des croûtons frits d'avance dans du beurre , et symétriquement
arrangés dans le plat.

Au lieu de croûtons, on peut employer le dessus d'un
pain mollet, chapelé et vidé de sa mie. On beurre cette
croûte en dedans et en dehors, et on la fait roussir sur un
feu doux.

CHAMPIGNONS A LA CUSSY.

Prenez des champignons bien parfumés et d'une texture
ferme. Lavez , brossez et pelez des truffes noires , saines
et d'une moyenne grosseur. Coupez les champignons ainsi
que les truffes par tranches épaisses comme une feuille de
carton , et ajoutez-y un peu d'ail haché très-menu. Mettez
le tout dans une casserole avec un morceau de beurre pro-
portionné à la quantité de vos champignons ; faites sauter
à grand feu ; et lorsque le beurre est fondu , exprimez-y le
jus d'un ou deux citrons. Donnez encore quelques tours ;
ajoutez ensuite sel , gros poivre , muscade râpée , quatre
cuillerées à bouche de grande espagnole et autant de sauce
réduite. Faites cuire votre ragoût, et ajoutez, au moment
de l'ébullition , un verre de vin de Sauterne ou de Xérès.
Continuez la cuisson pendant vingt-cinq minutes, et
servez.

Nous devons cette élégante formule à M. le marquis
de Cussy, gastronome éclectique, et l'un de nos plus
honorables souscripteurs.

Elle a été fidèlement exécutée chez M. Frédéric Fayot,
qui avait réuni à sa table ses meilleurs amis. On y voyait

le célèbre auteur des *Deux Gendres*, M. Étienne, écrivain
classique, plein d'esprit et de goût; M. Corbière du Havre,
excellent convive, conteur attrayant, d'une verve intaris-
sable; M. Gaubert, médecin philosophe, et son jeune
frère, praticien non moins distingué, tous deux aimables,
bienveillants, et de bonne compagnie. Il n'y a chez
M. Fayot ni luxe, ni profusion, ni vaisselle plate, mais
on y savoure des mets fins, délicats. La conversation y est
douce, spirituelle, variée, et l'on y boit du vin de Médoc
qui favorise la digestion sans irriter les nerfs.

HACHIS AUX CHAMPIGNONS.

Hachez finement deux douzaines de champignons épluchés, lavés et égouttés. Mettez-les dans une casserole avec
un bon morceau de beurre. Lorsque le beurre sera fondu,
ajoutez en remuant une cuillerée à bouche de farine, deux
verres de bouillon, sel, gros poivre, quatre épices et une
feuille de laurier. Faites réduire à moitié, et versez votre
sauce sur un hachis de gigot de mouton, de veau rôti ou
de volaille. Le tout bien mêlé et bien chaud, servez avec
des croûtons frits au beurre.

PURÉE DE CHAMPIGNONS.

Choisissez des champignons d'une forme globuleuse,
bien nourris et bien blancs. Après les avoir épluchés, la-
vez-les dans l'eau froide, et égouttez-les en les essuyant.
Puis vous les hachez le plus fin possible, et vous les pressez dans un linge. Mettez vos champignons hachés dans
une casserole avec un morceau de beurre et un peu de gros
poivre. Faites sauter quelques instants sur un feu assez
vif, et lorsque le beurre sera fondu, exprimez-y le jus

d'un citron. Ajoutez du consommé ou du velouté, suivant
la quantité des champignons; et laissez réduire jusqu'à
consistance de purée, dont vous entretiendrez la chaleur
au bain-marie. Vous pourrez servir avec cette purée des
blancs de volaille, des filets de bartavelle, de levraut, de
truite, de sole, de merlan, des œufs pochés, etc.

TIMBALE DE VOLAILLE AUX CHAMPIGNONS.
— LE PATISSIER CARÊME.

C'est un gros pâté, une pièce solide, substantielle,
agréable pour les parties de campagne ou de chasse, pour
les grands déjeûners où il faut calmer l'appétit de plusieurs
gourmands.

Carême savait que je devais réunir quelques amateurs ;
il s'empressa de m'envoyer une énorme timbale garnie
d'une dinde en galantine aux truffes et aux champignons. Il
était malade, il n'avait pu la préparer lui-même; mais il
en avait chargé un de ses habiles élèves, M. Magonty.
C'était une véritable forteresse. Elle fut attaquée par des
naturalistes, des littérateurs, des médecins.

Ce pauvre Carême me disait alors en m'adressant ce
beau cadeau : « Voici un petit plat pour vos gastronomes ;
je désire de tout mon cœur qu'ils le trouvent d'un bon
goût, et vous aussi. Oh ! quand pourrais-je vous suivre
dans les bois, dans les prairies, pour y cueillir ces champignons dont vous parlez si bien? Je guérirai, n'est-ce pas?
Dieu me conservera pour le bonheur du monde friand,
pour tous ces braves gens qui savent vivre. Quant aux
nouveaux riches, à ces hommes fiers, hautains, arrogants,
ils n'y entendent rien. Ils méprisent la science, ils dédaignent les hommes de génie; il leur faut des marmitons et

des sauces qui les brûlent..... Vous voulez donc absolument me réconcilier avec M. de Cussy, et vous désirez que je réponde à la lettre qu'il m'a écrite ; j'y consens ; mais il faut qu'il se rétracte, qu'il abjure publiquement ses hérésies culinaires. Comment ! il méprise le potage, ce fondement d'un bon repas, et il a été préfet du palais sous l'empire ! »

Lisez l'excellent livre de Carême, intitulé : *le Pâtissier Parisien*, vous y trouverez la recette de la timbale aux champignons, elle n'a pas moins de trois ou quatre pages.

M. Brillat-Savarin avait une tendre affection pour ces immenses pièces. « Une timbale en galantine, disait-il, est un mets exquis, on peut en manger tant qu'on veut. Et si vous avez une indigestion, cinq ou six douzaines d'huîtres apaiseront votre estomac en révolte ; je ne fais pas d'autre remède, je laisse le thé aux petits tempéraments. » On voit que ce gastronome faisait de l'homœopathie sans le savoir.

Carême nous donne encore une sorte de pâté ou de macédoine composée de champignons et de légumes, tels que carottes, navets, oignons, choux-fleurs de Bruxelles, petits pois, haricots blancs et verts, pointes d'asperges, céleri, artichauts, etc. Cette entrée aussi riche qu'élégante vous offre, dit-il, le *nec plus ultrà* de la friandise. Vous pouvez y joindre des filets de poularde, ou des crêtes et des rognons de coq, ou une escalope de foie gras, de filets de mauviette ou autre menu gibier.

TRUITE AUX CHAMPIGNONS OU A LA GENEVOISE.

— JOIE DU GOURMAND.

Vous enveloppez dans un linge bien blanc un belle truite

vidée et lavée, et vous la faites cuire dans un bleu ou court-bouillon. Vous faites tremper une croûte dans la poissonnière, et vous la baignez dans le court-bouillon. Vous mettez dans une casserole du beurre avec des champignons, des échalotes et du persil hachés; vous les mouillez avec du bouillon et du jus. Vous prenez ensuite la croûte de pain, vous l'égouttez et la passez comme une purée. Vous la mettez dans sa sauce, en y ajoutant deux cuillerées de court-bouillon et un morceau de beurre manié de farine. Vous égouttez la truite, et après l'avoir dépouillée de son enveloppe, vous la servez masquée de sa sauce.

Le lac de Genève fournit des truites de vingt, trente livres et plus. Quel spectacle pour un gourmand, lorsqu'un pareil poisson est servi avec toute sa gloire sur une table somptueuse! C'est un tableau de Raphaël placé devant un peintre passionné pour son art. Mais l'admiration suffit au peintre, son âme est ravie, satisfaite. Il faut au gourmand quelque chose de plus. Son palais, son estomac sont dans l'attente, le moindre retard les irrite, les met en courroux. Enfin la truite est distribuée aux convives. Le gastronome flaire, déguste, savoure son morceau. Toutes ses sensations, toutes ses facultés se sont réfugiées dans son estomac. On fait l'éloge du poisson, on vante sa sauce, lui seul se tait; mais comme son attitude est éloquente!

C'est la marée surtout que le champignon parfume agréablement. Si les mets délicats et substantiels vous plaisent, mangez la barbue ou le turbot avec un coulis de champignons et d'écrevisses arrosé de suc de citron. Et la belle dorade, cet excellent poisson que les Athéniens avaient consacré à Vénus, elle aime aussi à s'unir au champignon des prairies. Malheureusement on ne la connaît guère à Paris, et il faut que vous alliez la manger à Montpellier ou à Marseille.

> Et la dorade enfin, dont les riches couleurs
> D'or, de pourpre et d'azur fugitif assemblage,
> Du dauphin fabuleux nous retracent l'image.

Passons de ces riches laboratoires, où s'agitent de nombreux cuisiniers, au modeste fourneau de la bonne ménagère. Là vous trouvez l'omelette ou les œufs brouillés aux champignons, et la petite tourte, et les champignons aux tomates, et cette matelote si renommée qui fait courir les bons Parisiens depuis la Râpée jusqu'à Poissy.

MATELOTE AUX CHAMPIGNONS. — LE ROCHER DES SOUVENIRS. — M. DUBOSC ET MADAME GERMAIN.

Je parcourais en 1834, par un beau jour d'automne, le vallon de Cernay avec M. Dubosc, homme spirituel, savant naturaliste et passablement friand. Nous avions visité l'étang de Vaux, les ruines de l'abbaye, où l'écho ne redit plus la prière du soir, et nous revenions vers l'étang de Cernay. Tout près des cascatelles qui murmurent dans ce lieu charmant, s'élève un énorme rocher avec cette inscription : *Rocher des Souvenirs.* « Oh! quelque amateur, s'écrie M. Dubosc, aura sans doute trouvé ici des mousserons, et il aura voulu perpétuer le souvenir de sa bonne fortune. Cherchons dans les broussailles l'assaisonnement d'une matelote que je préparerai moi-même. L'aubergiste de Cernay a du poisson, il me l'a montré ce matin. — Mais, M. Dubosc, vous ne pensez qu'au plaisir de l'esto-

mac, et vous détournez le vrai sens de cette jolie inscription. Je crois, moi, qu'elle rappelle un instant de bonheur,
ou peut-être un tendre aveu sorti de la bouche de quelque
belle voyageuse.

— Tout cela ne me touche guère. Mon estomac n'est
jamais dupe de mon cœur, il sait lui imposer silence lorsqu'il veut parler trop haut. Oui, je préfère un bon ragoût
et une bonne digestion à tous les rêves des romanciers.
Mes plaisirs sont sans regrets, sans amertume; j'ai vécu
et je mourrai gourmand. »

Il cherche, il regarde de tous côtés, point de mousserons. Nous gagnons une prairie qui se trouve à quelques
pas sur notre droite. M. Dubosc me devance, et un in-
tant après je le vois courbé en arc vers la terre; on dirait
qu'il cherche un trésor. Il se redresse et pousse des cris
de joie en me montrant plusieurs champignons qu'on appelle *boules de neige*, parce qu'ils sont d'une forme globuleuse et d'une blancheur éblouissante. « Eh bien! me dit-
il, voici les souvenirs de la prairie; ils valent bien ceux du
rocher. »

Grâce, s'il vous plait, cher lecteur, pour mon bavar-
dage, vous allez avoir la matelote. Enfin nous voilà sur
la place de Cernay-la-Ville, chez M. Germain, aubergiste, boulanger, épicier, etc. Madame Germain prépare
le feu, dispose l'anguille, le brochet et la carpe; M. Dubosc épluche les champignons. « Je vous défends d'y toucher, me dit-il; vous pouvez rêver à votre rocher. Vous
êtes distrait, mélancolique, vous gâteriez les champignons, je veux les préparer moi-même. »

Il s'avance vers le fourneau pour s'emparer de la casserole, qui lui est vivement disputée par madame Germain.

« Je suis maîtresse ici, s'écrie-t-elle. Personne, pas même mon mari, n'a le droit de toucher à mon fourneau. — Vous me permettrez cependant, Madame, de vous aider, d'être votre marmiton. — A la bonne heure, chacun son métier. »

A cette plaisante réplique je ne pus m'empêcher de rire, et je fus me promener sur la place, où vint me joindre M. Dubosc. « Comment trouvez-vous, me dit-il, ce cordon bleu de campagne? — J'avoue que vous avez été un peu mystifié. Cependant surveillez vos champignons, et prenez garde à l'assaisonnement. Je crains les ragoûts de cabaret, et mon palais a de la mémoire. Point de quatre épices, c'est un mélange presque toujours altéré dans les campagnes. Retournez vite à votre poste que vous n'auriez pas dû quitter. Flattez un peu madame Germain, vantez son talent, elle deviendra plus traitable. Mais n'oubliez pas de lui dire d'ajouter à la matelote quelques lames de jambon entrelardé avec un peu de jus de citron, de ménager le vin blanc, le poivre et le sel. »

Nous nous mettons à table. On nous sert une petite soupe aux herbes et au beurre frais, avec une bouteille de vin de Mâcon. C'est bien du Mâcon, Messieurs, voyez le cachet; on vous fournira, s'il le faut, le certificat d'origine. Puis vient notre matelote aux champignons, qui est vraiment excellente. Un morceau de veau rôti la remplace, et madame Germain a la bonté de nous servir elle-même un fromage à la crème fait en conscience. Enfin elle nous donnera du café, et même du ratafia ou de l'eau-de-vie de Cognac. Nous acceptons seulement le café. On nous le sert. Hélas! c'est du café préparé à la manière de Jacques Delille. Il a bouilli, il est amer, il a perdu son parfum; et

les vers charmants de notre poète ne sauraient consoler
M. Dubosc.

Les champignons sont le condiment indispensable d'une
infinité de mets qu'on sert journellement sur nos tables.
Tourtes, coquilles de toute espèce, émincés de volaille, de
filets de bœuf, de lièvre, de lapereaux, sautés de perdreaux,
de bécasses, grandes et petites sauces, tout ce qui fait la base
d'une cuisine substantielle et délicate réclame leur parfum,
sans compter bien d'autres ragoûts un peu plus vulgaires,
surtout la modeste blanquette, débris de la pièce de veau
qu'on a mangée la veille en famille. Parée de champignons
et servie avec une croûte de pain bien rissolée, elle forme
un nouveau plat que vous êtes quelquefois bien aise d'offrir à un ami qui vous arrive à l'improviste. Et la fricassée
de poulet, ragoût classique de l'ancien temps, que nos
pères n'oubliaient jamais les jours de grand gala! Quel
gourmand n'a tressailli de joie à l'aspect de deux ou trois
poulets à la reine, artistement dépecés, dressés en dôme
et richement garnis de jolis petits champignons d'un blanc
d'ivoire? Otez à ce ragoût son élégante parure, il n'a plus
ni grâce, ni charme pour un palais délicat.

Enfin le parfum de ces plantes est si délectable, qu'on
a cherché à l'extraire par divers procédés. On le retrouve
dans l'essence de champignons, connue chez les Anglais
sous le nom de *Ket-chop* ou *Soyac*. On sert ce condiment
avec toute sorte de poissons, et il est certains friands qui y
mettent le plus haut prix.

Mais les anciens ont-ils connu notre champignon de
couche ainsi que les champignons des pâturages? Horace et
Pline les désignent fort bien. L'ami de Mécène fait dire

au gourmand Catius : Les champignons des prairies sont les meilleurs, je ne me fierais pas aux autres.

Pratensibus optima fungis
Natura est ; aliis male creditur.

SAT. 4, lib. 2.

Les Grecs appelaient *myces* tous les champignons munis de feuillets, et ils comprenaient dans ce groupe les champignons qui croissent dans les prairies. Ils les mangeaient préparés simplement avec de l'huile, des œufs, de la crème, ou bien ils les mêlaient avec toute sorte de viandes et de poissons. Les friands d'Athènes en assaisonnaient les cailles, les alouettes, les rouge-gorges et autre menu gibier. Ils faisaient aussi des pâtés de bec-figues et de champignons. Les gourmands faisaient rôtir un porc tout entier, après l'avoir farci de champignons, de grives, de volaille et autres viandes assaisonnées de poivre.

Voulez-vous le menu d'un souper athénien? Il est écrit dans une de ces fameuses parodies de Matron que nous a conservées Athénée : « Le pain d'abord, élément essentiel d'un repas, des plats d'herbages, des coquillages, des viandes, des champignons et des huîtres. »

Ce poète n'oublie pas le turbot, le mulet, l'anguille, le jambon, la moutarde, le gibier et le vin de Lesbos. Mais il soupire quand il pense qu'il lui faudra retourner le lendemain de ce repas exquis au fromage et aux fèves de son petit ménage. Si vous n'avez pas su vous réserver pour le dessert, vous jouirez du moins par la vue du spectacle de fruits de toute sorte, qui couvriront la table après qu'une esclave vermeille vous aura apporté des parfums et des guirlandes de fleurs.

Les Romains, sobres et tempérants, lorsque leurs généraux conduisaient la charrue et vivaient de légumes, devinrent friands, gourmands, puis gloutons, après avoir vaincu l'univers. Les champignons leur plaisaient bien encore, mais combinés avec les plus riches coulis. On vit peu à peu le luxe de la table engloutir les plus riches patrimoines. Parmi les dissipateurs que l'histoire a condamnés à une célébrité éternelle, on trouve un Fabius surnommé le *goinfre*, un Apicius, un Milon, un Marc-Antoine, etc. Ce qu'on lit de la magnificence et de la sensualité de Lucullus est incroyable. Il avait auprès de Naples, sur le bord de la mer, une maison délicieuse, où l'on trouvait en tout temps tout ce que l'Europe, l'Asie, l'Afrique pouvaient fournir de plus rare, soit en viandes, soit en poissons.

Ils avaient une sauce préparée avec les entrailles marinées du scombre ou maquereau, qui leur servait à assaisonner le poisson, les champignons et une infinité de ragoûts. On l'appelait *garum sociorum*, et cette liqueur était si estimée que les dames romaines en portaient à leur cou dans des flacons d'onix. Selon Martial, un présent de ce garum était fort estimé.

> *Exspirantis adhuc scombri de sanguine primo,*
> *Accipe fastosum, munera cara, garum.*
>
> Epigr., lib. 13.

Les peuples modernes, comme nous l'avons déjà dit, font usage depuis fort long-temps du champignon de couche ou des prairies. On le mange à la Chine, dans les Indes, en Afrique et dans presque tous les pays du monde. Les Russes y mêlent leur *caviar*, qui ne vaut peut-être pas mieux que le *garum* des gourmands de Rome. Cependant je me rappelle avoir mangé avec plaisir, chez le colonel Zavaski, des champignons assaisonnés avec du *caviar* nou-

vellement apporté de Russie. Aidée de la civilisation, la
friandise a fait de grands progrès dans le Nord. Du sommet de la société elle a filtré peu à peu dans les arts, dans
le commerce, dans l'industrie. Enfin presque toutes les
personnes aisées y sont maintenant friandes. M. Hauer,
libraire de Saint-Pétersbourg, arrive à Paris ; on le pren-
drait, à ses belles manières, à la délicatesse de son goût,
pour un gastronome de la Chaussée-d'Antin. M. Pétillat,
ancien maître-d'hôtel de l'impératrice douairière de Russie,
est né, pour ainsi dire, dans la friandise ; il en parle en véritable artiste, et s'il voulait mettre la main à l'œuvre, il
ferait des merveilles. Comme son ami M. Hauer, il aime
les champignons (*griboui*) préparés à la Béchamel, ou bien
au beurre et à la crème.

PROPRIÉTÉS DIÉTÉTIQUES DES CHAMPIGNONS. — MYCOPHILE
PLONGÉ DANS LA MOLLESSE. — ÉLIXIR DE LEROY. —
CHARLATANISME.

Les gourmands paresseux aiment particulièrement le
champignon de couche, parce qu'il croît sous leurs yeux
dans leur petit jardin. Ils seraient trop fatigués s'ils allaient
le cueillir dans les prairies.

Mycophile est encore jeune, mais la vieillesse se peint
dans tous ses traits. Il a le teint blafard, l'œil mort, le
front chauve, la taille courte et ramassée. Il ne marche
pas, il se traîne, et après dix ou douze pas, il étouffe. Son
lit est placé au rez-de-chaussée, à côté de la salle à manger, non loin de la cuisine. De la salle à manger au jardin
il n'y a qu'un pas. Tout en dînant, il peut voir sa couche
aux champignons ; il est content, il pleure de joie lorsque
le tonnerre gronde, car il a lu dans un vieux livre que l'orage

les fait pousser. Mais il ne saurait les cultiver lui-même, il n'a pas même la force de les cueillir, la tête lui tourne quand il se baisse. Sa gouvernante lui met sa cravate, son habit et sa chaussure. Il vit de purée de champignons, de fécules, d'œufs frais, de macaroni au fromage de Parme, de brioches et de biscuits de Savoie.

Il boit du vin de Bordeaux, il a renoncé au vin de Bourgogne parce qu'il lui échauffe la tête, et au café parce qu'il lui agite les nerfs. « N'est-ce pas, ma bonne Marie, que je suis moins vif, moins emporté depuis que j'ai renoncé au moka? — Oui, monsieur. Cependant vous feriez peut-être bien d'en prendre une ou deux fois par semaine, vous seriez moins endormi. — Eh bien, vous m'en ferez tous les dimanches, ce sera assez. Allons! donnez-moi mon chapeau et ma canne, je sens que j'ai trop bien dîné, je veux faire un tour de jardin, et visiter ma couche aux champignons. L'avez-vous arrosée ce matin? Mais voyons où en est le baromètre. Oh! le voilà au variable. Il fait du vent, je pourrais prendre un coup d'air et m'enrhumer, je sortirai demain si le temps est beau. Vite! ma casquette et mon fauteuil. »

Il veut marcher, il chancelle; Marie le soutient et l'aide à se placer sur un grand fauteuil à la Voltaire. Il est immobile, il exhale un soupir; puis, laissant tomber un regard sur sa gouvernante, il lui dit d'une voix presque éteinte: « Ma bonne Marie, *suis-je assis?* — Oui, monsieur. Vous voilà bien, vous pouvez dormir tranquille. » A l'instant même il ferme les yeux et s'endort. « Oh! le bonhomme! dit Marie en se retirant, il me fait vraiment pitié. C'est une limace dans sa coquille. »

Un autre gourmand se remplissait l'estomac de champignons ; mais, afin de mieux les digérer, il prenait auparavant une petite dose d'un certain élixir inventé par Leroy, drogue infernale qui empoisonne les campagnes après avoir ravagé les villes. Peu à peu, les membranes digestives s'irritent, s'enflamment ; il survient un dévoiement que notre mycophage attribue à une surabondance d'humeurs. Il double les doses, il est violemment purgé. O l'admirable remède ! Il croit que sa guérison est prochaine. Vain espoir ! A force de manger des champignons et d'être purgé, il meurt.

Mais le malheureux s'écriait avant d'expirer : J'ai trop ménagé les doses. Qu'on m'en donne encore deux cuillerées ! Une heure après, il ne parlait plus ; quelques instants après, il était mort.

On a observé un fait à peu près semblable à Toussus, petit village des environs de Versailles. L'adjoint du maire de cette commune est mort, il y a peu de temps, d'une inflammation d'entrailles, après avoir fait usage du même remède. La veille de sa mort, il voulut prendre encore une dose d'élixir ; on lui en donna deux cuillerées, et il se crut sauvé, parce qu'il avait eu d'abondantes évacuations. Le lendemain, il en prit une nouvelle dose, et il expira dans la journée.

J'avais eu occasion de voir ce brave homme dans mes promenades à Châteaufort, et je lui avais dit que, dans l'état de sa maladie (il éprouvait une irritation continuelle dans tout le tube intestinal), le remède de Leroy était un poison qui le tuerait en peu de temps. Je ne pus le convaincre. Au reste, ce n'était ni un gourmand, ni un mycophile, il vivait simplement à la campagne.

E core un remède de charlatan, c'est-à-dire un purgatif qui guérit tous les maux. Nous prions le lecteur de ne point trop s'impatienter si, en passant, nous cherchons à être utile aux habitants des campagnes. Partout où nous trouverons le charlatanisme, nous nous ferons un devoir de lutter corps à corps avec lui.

Croirait-on qu'il existe dans le département de Seine-et-Oise une espèce de médicastre qui court les foires et les marchés pour y distribuer des pilules purgatives, digestives, vermifuges, stomachiques, etc. Cet homme n'est point seul; sa femme, encore plus habile et plus hardie que lui, l'accompagne. Cette espèce d'hygie campagnarde se démène, gesticule, crie, puis elle flatte les niais qui l'écoutent la bouche béante, les caresse de son sourire, et leur montre ces pilules admirables qu'elle a préparées de ses propres mains. Son mari se tait, il connaît toute l'adresse de sa femme, mais il hoche sa tête de contentement et d'approbation. La foule ébahie se presse, se rue sur le médecin femelle, s'approvisionne de pilules, et la santé de tout le monde est assurée. Quel dommage que cette belle découverte ne soit point mise en actions de 40 ou 50 francs! Avec une action, on serait purgé toute l'année, et l'on aurait encore droit à un dividende.

Et l'autorité souffre un pareil scandale! Et les lois se taisent, ou elles sont insuffisantes pour garantir l'ouvrier, le laboureur, le petit propriétaire du débordement du charlatanisme! Mais voici la rentrée des chambres. Sera-t-il enfin réprimé, ou continuera-t-il paisiblement ses ravages dans les petites villes, dans les bourgs, dans les hameaux ?

Revenons aux propriétés diététiques des champignons. Connaissez-vous ce fameux coulis de champignons, de truffes, d'écrevisses, si vanté par les gourmands et les libertins? Voici un de ses miracles.

Un officier-général de notre vieille armée, aimant le plaisir et la bonne chère, se rend chez une danseuse de l'Opéra qui l'attendait à déjeûner. Il se remplit de champignons, de truffes, de homards et de vin de Champagne. Une douce conversation s'engage après le dessert. La sirène caresse le vieux guerrier, vante sa noblesse, sa belle mine; celui-ci veut lui répondre par un compliment flatteur, il balbutie, chancelle et tombe sur un sofa. On lisait le lendemain dans les journaux qu'il avait succombé à une attaque d'apoplexie. C'était la vérité. La gourmandise et l'apoplexie marchent souvent ensemble.

Mangez des champignons et des truffes, faites bonne chère, si vous êtes riche, si votre estomac est vigoureux; mais gardez-vous bien de le distraire de son travail, il a besoin de toutes ses forces pour terminer l'opération la plus essentielle de la vie.

Le champignon confit avec du vinaigre et des aromates se montre le rival du cornichon, de l'olive et de l'anchois. C'est un agréable hors-d'œuvre, qui excite l'appétit, qui varie les plaisirs du gastronome naturellement inconstant. Toujours avide de nouvelles sensations, de nouvelles jouissances, il lui faut de nouvelles saveurs pour ranimer ses organes affaiblis, pour vaincre ses dégoûts toujours croissants. Mais quand vient le soir de la vie, le passé, le présent et l'avenir sont confondus dans sa tête, il ne sent plus rien, il est déjà mort.

Nous l'avons dit dans un autre ouvrage, c'est aux hommes intelligents, spirituels, ornements du monde social, que nos conseils s'adressent, et non aux gourmands de profession, classe égoïste, indocile, dont toutes les sensations résident dans le ventre. Ceux-ci n'ont point d'oreilles, ils ne sauraient nous entendre ; leurs entrailles toujours avides dépeuplent la terre et la mer *. Cuisiniers, courez au milieu des feux ; étudiez leurs besoins, leurs désirs ; aiguillonnez leur appétit blasé ! Que le grand et le petit four travaillent sans cesse ; que les vins se multi-plient ; que les mets se succèdent, qu'ils varient de forme, de goût, de couleur ; et, s'il le faut, que toutes les saveurs soient confondues en une seule ; qu'on allie dans un seul plat ce qui ferait l'ornement de plusieurs services ; enfin, que ces gourmands soient rassasiés, qu'ils célèbrent leurs propres funérailles, et que leur destinée s'accomplisse. (*Phytographie médicale*, nouvelle édition, tome 2, page 165.)

AGARIC AMER. *AGARICUS AMARUS.*

Agaricus amarus. BULL. CHAMP. t. 50 et 562. DC. Fl. Fr. 412. — *Agaricus auratus.* Fl. DAN. t. 820. — *Agaricus laterilius.* PERS. SYN. 421.

(Pl. 15, Fig. 1.)

Le chapeau de cet agaric est d'abord hémisphérique, ensuite plane ou légèrement concave, large d'environ deux pouces, peu charnu, jaune, d'une nuance plus foncée au centre. Les feuillets sont inégaux, étroits, presque libres, d'un gris verdâtre, recouverts, dans le premier dévelop-

---

* Je me souviens, dit Sénèque, d'avoir entendu vanter un ragoût fameux, dans lequel un gourmand, pour accélérer sa ruine, avait fait entrer tout ce que les gens les plus fastueux auraient pu consommer successivement à leur table pendant toute une semaine. Les coquilles de Vénus, les spondyles et les huitres étaient entremê-lés d'oursins, supportés sur un plancher de surmulets hachés et privés d'arêtes. (SENEC. *Epist.* XCV.)

pement du champignon , d'une membrane mince qui s'efface entièrement, et dont on aperçoit quelques légers vestiges au sommet du pédicule, sous la forme de peluchures noirâtres. Le pédicule est jaune, grêle, cylindrique, fibrilleux, un peu courbé, haut de deux à trois pouces. On le trouve, en été et en automne, dans les bois, où il croît par touffes au pied des arbres ou sur les souches pourries. Il est âcre et d'une grande amertume ; il n'affecte pas d'abord les animaux d'une manière sensible , mais quelque temps après ils éprouvent des étourdissements, boivent beaucoup, refusent de manger, et ne peuvent se soutenir sur leurs jambes. Les uns rejettent le champignon par le vomissement ; d'autres sont malades plusieurs jours , et finissent par périr.

AGARIC DORÉ. *AGARICUS AUREUS*. N.

Agaricus marginatus. Pers. obs. mycol. 1. p. 11.

α. *Agaricus fascicularis*. Sowerb. t. 285.

(Pl. 15, Fig. 2)

Le chapeau de ce champignon est campanulé, protubérant ou mamelonné au centre, large d'environ un pouce et demi, d'un jaune doré vif ou couleur de safran , d'un gris blanchâtre et comme satiné à la marge. Les feuillets sont nombreux, inégaux , étroits, d'un vert nébuleux , presque gris, recouverts en naissant d'une membrane légère qui disparaît ensuite avec le développement du chapeau. Le pédicule est long d'environ deux pouces, mince, d'un jaune très-pâle ou d'un blanc argenté.

Il croît en touffes ou en faisceaux soudés par la base. On le rencontre ordinairement au pied des arbres ou sur les pelouses arides. Je l'ai observé dans les bois de Gonart et dans les taillis de Porchéfontaine. Il est aussi amer que l'espèce précédente.

AGARIC LUSTRÉ. *AGARICUS NITENS.*

Agaricus nitens. BAUVOUX (*inéd.*).

Le chapeau de ce champignon est d'abord convexe, campanulé, plane dans sa vieillesse, d'une couleur blanchâtre, luisant, sec, mais se ramollissant peu de temps après qu'il a été cueilli, large d'un pouce et demi à deux pouces. Les feuillets sont inégaux en longueur, adhérents au pédicule, plus larges dans leur milieu qu'aux extrémités, d'abord blanchâtres ou d'un blanc tirant un peu sur le jaune, puis d'un gris plus ou moins brun, mais ne devenant jamais noirs.

Dans la jeunesse du champignon le pédicule est plein, puis légèrement fistuleux, blanchâtre, ordinairement cylindrique, haut de deux à trois pouces, épais d'une ou deux lignes, glabre, muni vers sa partie supérieure d'un collier formé par la membrane qui recouvrait les feuillets. Quelquefois ce collier est très-peu prononcé, mais alors on trouve des débris de la membrane aux bords du chapeau.

Ce champignon, qu'il ne faut pas confondre avec l'*agaricus nitens* de Bulliard, vient dans les prairies vers la fin de l'été. Il a un goût agréable; on le mange dans quelques cantons sous le nom de *mousseron des prés.*

La description de cette nouvelle espèce appartient à M. Bauvoux, habile mycologue, qui a eu la bonté de nous la communiquer.

§ VI. MYCÈNE. *MYCENA.*

Pédicule ordinairement fistuleux. Chapeau membraneux, campanulé. Feuillets ne noircissant point avec l'âge.

AGARIC ALLIACÉ. *AGARICUS ALLIACEUS.*

Agaricus alliaceus. Pers. Syn. 375. Jacq. Fl. Austr. t. 82. Chev. Fl. Par. 1. p. 177. Poir. Encycl. suppl. 268.

Cet agaric se fait remarquer par une odeur d'ail qu'il répand au loin. Son pédicule est allongé, noirâtre, comme pulvérulent et strié à sa base. Son chapeau, d'abord campanulé, est ensuite légèrement aplati et mamelonné, strié, d'un brun plus ou moins intense, garni en dessous de lames libres, séparées et blanchâtres.

Il croît en automne, dans les bois humides, parmi les feuilles pourries.

AGARIC PORREAU. *AGARICUS PORREUS.*

Agaricus porreus. Pers. Syn. 376. — *Agaricus alliaceus.* Bull. t. 158. DC. Fl. Fr. 423. Sowerb. Fung. t. 81. Desv. Fl. de l'Anjou. p. 9.

Ce champignon ressemble beaucoup à l'espèce précédente ; il a l'odeur et le goût de l'ail cultivé. Son pédicule est grêle, fistuleux, un peu conique, haut de quatre à cinq pouces, plus ou moins velu, rougeâtre à la base, plus pâle et plus mince au sommet. Son chapeau est convexe, souvent mamelonné, un peu sinué sur les bords, large d'environ deux pouces, peu charnu, d'une couleur cendrée ou roussâtre. Les lames sont inégales, libres, blanchâtres, terminées en pointe du côté du pédicule. On trouve ce champignon, en automne, sur les feuilles de chêne tombées à terre.

Ces deux espèces, si analogues par l'odeur alliacée qu'elles exhalent, n'ont pas précisément des qualités vénéneuses ; nous pensons néanmoins qu'à raison de quelques autres caractères équivoques, il est prudent de n'en pas faire usage. En général la section des mycènes n'offre que des plantes peu charnues et d'une nature suspecte.

§ VII. OMPHALIE. *OMPHALIA.*

Pédicule plein ou fistuleux. Chapeau ombiliqué. Feuillets ne noircissant point avec l'âge, et presque toujours décurrents.

AGARIC VIRGINAL. *AGARICUS VIRGINEUS.*

Agaricus virgineus. JACQ. MISCELL. t. 15. f. 1. PERS. SYN. 456. DC. Fl. Fr. 448. — *Agaricus niveus.* SCHÆFF. FUNG. t. 232.

On appelle ainsi cet agaric par allusion à son chapeau, qui est ordinairement d'un blanc pur. Ce chapeau est d'abord convexe, ensuite plane et ombiliqué, large d'environ deux pouces, strié et semi-transparent sur les bords, qui sont un peu rabattus. Les feuillets sont peu nombreux, entremêlés de demi-feuillets, et décurrents. Le pédicule est lisse, plein ou fistuleux, plus épais au sommet que vers la base.

Ce champignon est d'une texture ferme ou molle, suivant les lieux où il croît. On le rencontre ordinairement, vers la fin de l'été, dans les friches, dans les bruyères et sur les bords des bois. Il est rarement solitaire ; il forme presque toujours des groupes plus ou moins nombreux. On le mange dans quelques campagnes sous les noms de *mous-seron*, de *petite oreillette*. En Italie on l'appelle *piccolo mousseron*.

Vous avez parcouru la forêt de Gonart, vous avez une belle provision de ceps, de chanterelles; gagnez le carrefour du Christ, et comptez, si vous voulez, vos richesses mycologiques. Dirigez ensuite vos pas sur cette pente douce qui est devant vous, et que le soleil dore de ses rayons. Le châtaignier, le chêne, le bouleau vous offrent leur ombrage, et la pelouse sa verdure avec ses petits champignons aux teintes virginales. Voyez ce mélange de perles et d'émeraudes que le pinceau ne saurait rendre; voyez surtout cette petite coupe à demi transparente que la nature a modelée avec tant de grâce, mais n'y touchez pas, vos doigts pourraient la flétrir.

« Et moi je l'enlève, s'écrie Mycophile; c'est un délicieux mousseron qui parfumera mes ragoûts. » Et à l'instant même la pelouse est déshonorée, et toutes ces petites coupes qui faisaient sa parure tombent sous le scalpel du gourmand.

AGARIC AMÉTHYSTE. *AGARICUS AMETHYSTEUS.*

Agaricus amethysteus. BULL. t. 570. f. 1. PERS. SYN. 465. DC. Fl. Fr. 438. BOLT. FUNG. t. 63. HUDS. Fl. Angl. p. 612. LARB. FUNG. 2. 204.

(Pl. 15, Fig. 3.)

Ce joli champignon, d'un violet améthyste en naissant, devient ensuite d'un blanc grisâtre. Son chapeau est convexe, hémisphérique, légèrement déprimé au centre, comme velouté à sa surface, large d'environ deux pouces. Les lames sont larges, peu nombreuses, un peu décurrentes sur le pédicule, et d'un violet plus ou moins foncé. Le pédicule est grêle, allongé, plein, fibrilleux, de la même couleur que les feuillets.

Il est assez commun, en automne, dans les bois taillis, où il croît ordinairement en groupes de deux à quatre individus. Sa chair est mince, colorée en violet, peu savoureuse, mais point malfaisante. J'ai mangé plusieurs de ces petits champignons cuits sur le gril avec du beurre, du poivre et du sel. Les Italiens l'appellent *vedovino color del principe*. Ils ne le mangent point, ils le croient nuisible, *si ritiene nocivo;* mais ils se trompent.

Il faut voir sur la mousse, au bord des petits sentiers, cette jolie miniature dont les teintes sont si délicates. Cherchez-la, par un beau jour d'automne, dans le vallon de Buc, vous la trouverez, non loin du carrefour des Petits-Champs, sous de magnifiques fougères. O la charmante retraite où vous n'entendez que le bruit du désert, le gémissement des bouleaux et le doux murmure de la Bièvre, où vous trouvez à chaque pas des plantes qui vous embaument, où le grand liseron, ce beau parasite, enlace la reine des prés, et la couvre de ses corolles d'ivoire.

Cueillez sans crainte dans ce joli paysage l'agaric améthyste, que vous pouvez mêler à tous vos ragoûts. Je ne le connaissais pas bien encore, il y a quelques années. Mieux étudié, je le place maintenant à côté des mousserons. Vous le trouverez dans tous les taillis, dans toutes les vallées, depuis Versailles jusqu'à Saint-Lambert. Un autre jour je vous parlerai de Saint-Lambert, de ses belles prairies, de ses mousserons délicieux, et du Père Sylvi, vieillard octogénaire, riche, bienfaisant, et que j'appellerai le *père des pauvres*. Quel beau nom!

AGARIC TIGRÉ. *AGARICUS TIGRINUS.*

Agaricus tigrinus. Bull. Champ. t. 70. Pers. Syn. 488. DC.
Fl. Fr. 452. Sowerb. Fung. t. 68. Larb. Fung. 2. 193.

Cette espèce est blanche et toute mouchetée de petites
peluchures brunes qui lui donnent un aspect tigré. Son
chapeau est large de deux à trois pouces, mince, arrondi,
un peu déprimé au centre avec les bords plus ou moins rabattus. Les feuillets sont blanchâtres, assez étroits, nombreux, inégaux et décurrents. Le pédicule est court, cylindrique, mince, plein, un peu tortueux, et tigré ainsi que
le chapeau.

On trouve ce champignon, en été et en automne, ordinairement disposé par groupes sur les vieilles souches de
l'orme. Il est agréable au goût et à l'odorat. On le mange
dans quelques localités. En Italie il porte le nom de *fungo
tigrato buono.*

AGARIC EN ENTONNOIR. *AGARICUS INFUNDIBULIFORMIS.*

Agaricus infundibuliformis. Bull. Champ. t. 286 et t. 555.
DC. Fl. Fr. 453. — *Agaricus gilvus.* Pers. Syn. 448.

Son chapeau est large de quatre ou cinq pouces, toujours
creusé en entonnoir, plus ou moins sinué sur les bords,
luisant, humide, et d'un blanc jaunâtre ou grisâtre. Les
feuillets sont minces, étroits, inégaux, blanchâtres, souvent rameux et légèrement décurrents sur le pédicule, qui
est lui-même plein, épais, tantôt allongé et tantôt très-
court, fibreux et velu à la base.

Cet agaric croît en automne dans les bois, sur des amas
de feuilles sèches, auxquelles il adhère au moyen de fibrilles

radicales nombreuses. Il répand une odeur forte, mais agréable. On peut l'employer comme aliment.

L'agaric luisant (*agaricus splendens*. PERS. SYN. 452) est également comestible. On le reconnaît à son chapeau charnu, déprimé, luisant, de couleur de cire; à ses lames minces, nombreuses, blanchâtres et décurrentes; à son pédicule allongé, élastique et velu. On le trouve dans les bois de chêne; il a un goût agréable.

§ VIII. GYMNOPE. *GYMNOPUS.*

Pédicule plein. Chapeau charnu, ordinairement convexe, et dont les feuillets ne noircissent point avec l'âge.

AGARIC ANISÉ. *AGARICUS ANISATUS.*

Agaricus anisatus. PERS. CHAMP. p. 230. — *Agaricus odorus.* BULL. t. 176. DC. Fl. Fr. 468. FRIES. SYST. MYCOL. 1. p. 90. DESV. Fl. de l'Anjou, p. 10.

(Pl. 15, Fig. 4.)

Cet agaric exhale, surtout par un temps sec, une odeur agréable, pénétrante, analogue à celle de l'anis. Son chapeau est plane, un peu mamelonné au centre, large de trois pouces, d'une couleur verdâtre ou bleuâtre; sa surface est sèche et se pèle facilement. Les feuillets sont blancs, inégaux, un peu décurrents. Le pédicule est plein, cylindrique, mince, un peu élargi au sommet, long d'environ deux pouces, blanc ou légèrement verdâtre.

Il croît tantôt solitaire, tantôt par groupes peu nombreux, en août et septembre, dans les taillis et dans les bois de pins.

Bulliard dit qu'il a un goût très-agréable. Nous n'avons

pas eu occasion d'en faire usage ; mais son odeur forte et
très-volatile nous fait douter un peu de ses bonnes qualités.

AGARIC FICOÏDE. *AGARICUS FICOIDES.*

Agaricus ficoïdes. Bull. Champ. t. 587. f. 1. DC. Fl. Fr. 463.
— *Agaricus pratensis.* Pers. Syn. 304. — *Agaricus miniatus.*
Sowerb. Fung. t. 141.

Son chapeau est ordinairement rougeâtre ou couleur de
brique , d'abord convexe , ensuite aplati , un peu sinué en
ses bords, proéminent au centre, charnu, doublé de lames
d'un blanc grisâtre ou roussâtre, peu nombreuses, arquées,
inégales et décurrentes. Le pédicule est cylindrique ,
épais , assez court , d'une couleur blanchâtre.

On le rencontre, en été et en automne, dans les bois peu
couverts, dans les prés, sur les pelouses, solitaire ou
réuni par groupes de deux ou trois individus.

Il a une chair ferme , épaisse, colorée intérieurement ,
peu sapide , d'une odeur peu agréable.

AGARIC BLANC D'IVOIRE. *AGARICUS EBURNEUS.*

Agaricus eburneus. Bull. t. 118. DC. Fl. Fr. 466. Pers. Syn.
364. — *Agaricus lacteus.* Schæff. Fung. t. 39. — *Agaricus
nitens.* Sowerb. Fung. t. 39. — *Agaricus jozzolus.* Scop.
Fl. Carn. 2. p. 431.

Cette espèce est entièrement blanche. Son chapeau, d'a-
bord arrondi , devient plane et même un peu concave ; sa
surface est luisante, visqueuse et comme enduite de blanc
d'œuf dans les temps humides. Les feuillets sont étroits ,
inégaux, un peu arqués ou échancrés en fer de faux, et en
partie décurrents sur un pédicule grêle , presque cylin-

drique, écailleux vers le sommet, haut de deux ou trois pouces.

On la trouve fréquemment dans les bois et dans les landes, en automne. Elle n'a rien de désagréable au goût ni à l'odorat. On la mange dans quelques campagnes, et principalement en Italie, où elle est connue sous le nom de *jozzolo.*

Depuis quelque temps les mycophiles de Versailles mangent l'agaric blanc d'ivoire qui est assez commun dans les bois de Satory, de Gonart, de Butard, de Vaucresson, etc. On le trouve ordinairement sur la mousse, enveloppé de feuilles sèches. On le prépare comme la plupart des champignons, et on le mêle avec les hydnes, les ceps, les chanterelles, etc.

AGARIC DES BRUYÈRES. *AGARICUS ERICETORUM.*

Agaricus ericetorum. BULL. HERB. t. 551. f. 1. DC. Fl. Fr. 467. CHEV. Fl. Par. 1. 158.

Il ressemble beaucoup à l'espèce précédente, mais son pédicule n'est jamais chargé d'écailles au sommet. Son chapeau a presque toujours une teinte jaunâtre; il est plus exactement convexe, tandis que dans l'agaric d'ivoire il est toujours proéminent. Le pédicule est grêle, cylindrique, plein, quelquefois creux vers sa partie supérieure.

On le trouve dans les bois et particulièrement dans les bruyères. Il a le goût et l'odeur de l'espèce précédente.

AGARIC NÉBULEUX. *AGARICUS NEBULARIS.* N.

Agaricus nebularis. Batsch. Fung. f. 193. Pers. Syn. 349. Poir. Encycl. suppl. 200. — *Agaricus mollis.* Bolt. Fung. t, 40.

(Pl. 15, Fig. 5.)

On trouve communément ce champignon, en automne, au bord des bois. Il croît tantôt solitaire, tantôt par groupes de deux ou trois individus, sur des amas de feuilles à moitié pourries.

Son chapeau est large de deux à quatre pouces, légèrement concave ou plane, mais toujours proéminent, mamelonné au centre, d'un beau gris, comme farineux à sa surface. Les feuillets sont nombreux, inégaux, à peine décurrents, blanchâtres ou d'un gris pâle. Le pédicule est long de trois à quatre pouces, plein, cylindrique, renflé en massue à sa base, à peu près de la couleur des lames.

Il a une chair blanche, épaisse, ferme, d'une odeur et d'une saveur qui se rapprochent de celles du champignon de couche. Je l'ai souvent cueilli dans le bois des Célestins, et j'en ai régalé les aimables convives qui se réunissent chez M. Jordan, à la ferme de Porchéfontaine, tout près de Versailles.

AGARIC MOUSSERON. *AGARICUS ALBELLUS.*

Agaricus albellus. Schæff. Fung. t. 78. DC. Fl. Fr. 470. — *Agaricus mousseron.* Bull. Champ. t. 142. — *Agaricus pallidus.* Sowerb. Fung. t. 143. — *Agaricus prunulus.* Fries. Syst. mycol. 1. p. 193. Chev. Fl. Par. 1. p. 193.

(Pl. 16, Fig. 1—3.)

Cette espèce, si renommée pour son parfum suave, et généralement connue sous le nom de *mousseron*, a été décrite par un grand nombre de botanistes, qui sont loin d'être d'accord sur ses caractères distinctifs.

Son chapeau est d'un blanc mat ou d'un jaune très-pâle, large d'environ deux pouces dans son parfait développement, lisse et sec à sa surface, d'abord sphérique, puis convexe, très-charnu, et ondulé sur les bords, qui sont un peu repliés en dessous. Les feuillets sont nombreux, très-étroits, presque linéaires, un peu décurrents, blancs à leur naissance, puis d'un léger incarnat. Le pédicule est plein, charnu, très-court, renflé et velu à la base, de la même couleur que le chapeau.

On rencontre ce mousseron, vers la fin du printemps, dans les près montagneux, dans les bois, les friches, etc. Il est commun dans nos départements méridionaux, dans les Alpes, dans les Pyrénées, où son usage est très-répandu. Il croît par groupes composés d'un assez grand nombre d'individus ordinairement rassemblés en cercle. L'herbe ou la mousse au milieu de laquelle ils croissent est plus touffue, d'un vert plus foncé. Leur parfum se répand au loin et annonce leur présence. J'en ai quelquefois cueilli jusqu'à quarante épars çà et là dans le même lieu sur les collines du Haut-Languedoc. On les appelle *moussairous* dans les départements de l'Hérault, du Tarn, de l'Aveyron, etc.

Ces petits champignons ont une chair blanche, épaisse, ferme, d'un goût et d'un parfum délicieux. On les conserve desséchés, et il s'en consomme à Paris une assez grande quantité sous le nom de *mousserons de Provence*. On les appelle aussi *mousserons blancs, champignons muscats*. Les meilleurs nous viennent des Bouches-du-Rhône, de l'Isère et des Pyrénées. Ceux qu'on récolte aux environs de Barèges sont extrêmement recherchés par quelques amateurs, mais ils sont rares. M. Corcelet nous a dit les avoir vendus jusqu'à 30 francs la livre.

Les mousserons que Césalpin a fait connaître sous le nom de *prunuli* semblent peu différer de notre espèce. Ils portent un petit chapeau de forme globuleuse, d'un gris cendré, doublé de feuillets blancs, très-étroits, très-fins. On les trouve en Italie le long des haies, au milieu des buissons; leur chair est blanche, cassante et très-parfumée.

Le professeur Balbis parle, dans une note adressée à M. Persoon, d'un mousseron rare et délicieux qu'il a trouvé dans les parties montueuses de la vallée de Stafora, non loin de Bobbio, et qui correspond à l'*agaricus prunulus*. Il porte le nom de *spinaroli*. On le mange frais avec une sauce très-relevée; mais on le fait aussi sécher pour en parfumer les ragoûts, et on le vend dans le pays jusqu'à 15 francs la livre.

Un autre mousseron qui a une grande affinité avec ceux-ci a été signalé par Micheli, qui compare son odeur à celle de la farine de froment fraîchement moulue. Ces divers mousserons sont peut-être autant d'espèces distinctes, mais ils sont tous d'un goût très-délicat.

PROPRIÉTÉS DIÉTÉTIQUES ET PRÉPARATION DES MOUSSERONS.

Le mousseron (*agaricus albellus*) règne en petit souverain dans la cuisine méridionale, tous les ragoûts en sont parfumés. L'arome du mousseron corrige l'odeur un peu trop expansive de l'ail. Ce mélange fait avec intelligence aiguise l'appétit, réveille les estomacs paresseux, engourdis, donne aux légumes, surtout aux substances animales, une agréable sapidité. Si le Parisien, ennemi déclaré de

l'ail, avait des mousserons des Pyrénées, il mettrait de
l'ail dans toutes ses sauces. Est-il riche, accablé d'ennui,
qu'il aille visiter la source de l'Isère, la délicieuse vallée
du Grésivaudan, les coteaux du Languedoc ou de la
Provence; enfin qu'il parcoure la chaîne des Pyrénées,
depuis Perpignan jusqu'à Bayonne, il trouvera partout,
sous le beau ciel du midi, des mousserons, un air pur et
suave, et il reviendra brillant de santé.

RAGOUT DE MOUSSERONS.

Épluchez et lavez les mousserons, et passez-les au
beurre avec une pointe d'ail, un peu de jus de citron, poivre et sel. Nourrissez-les de bouillon ou de consommé, et
laissez-les cuire à petit feu.

Si vous voulez une croûte aux mousserons, vous prenez
du pain bien chapelé, vous le coupez en petits croûtons
arrondis que vous faites tremper dans du lait et frire de
belle couleur; après les avoir égouttés vous les dressez
dans un plat et vous versez dessus le ragoût de mousserons.

MOUSSERONS A LA CRÈME.

Vous passez vos mousserons, épluchés et lavés, au lard
fondu avec un bouquet de fines herbes et un peu de persil.
Après les avoir poudrés d'un peu de farine, vous les laissez mitonner; vous y ajoutez deux cuillerées de coulis, et
vous les liez avec deux jaunes d'œufs et de la crème.

MOUSSERONS A LA PROVENÇALE.

Après avoir épluché et lavé vos mousserons, vous les
passez à la casserole avec un demi-verre d'huile d'Aix, un
verre de vin de Champagne, de la ciboule, un bouquet de

persil, trois ou quatre cuillerées de bon consommé, une tranche de jambon, sel et gros poivre. Vous laissez mitonner votre ragoût et vous le dégraissez.

Otez le jambon et le bouquet de persil, coupez de la mie de pain en petites pièces, passez-les à l'huile, égouttez-les, et mettez-les dans le ragoût, au moment de servir, avec le jus d'un citron.

FILETS D'ISARD AUX MOUSSERONS. — INFLUENCE DE L'IMAGINATION SUR LES ORGANES.

On vante beaucoup aux Pyrénées les filets d'isard aux mousserons. On les fait mariner dans de l'huile; on les assaisonne de poivre et de sel, et on les fait cuire simplement à la casserole ou à la poêle avec des mousserons et du beurre.

Les gastronomes aiment à les manger au bruit des cascades et des torrents, et à les arroser de quelques verres de vin du Roussillon ou du Béarn. Cette musique des montagnes ranime, excite, double leur appétit.

Un gourmand, qui était allé prendre les eaux de Cauterets, avait mangé plusieurs fois dans les Pyrénées des filets d'isard ainsi accommodés, et il en parlait sans cesse De retour à Paris, il fut atteint d'une maladie bilieuse pour laquelle on avait prodigué les sangsues, tomba dans un délire mélancolique, refusait toute espèce d'aliments, et voulait se suicider. Dans les moments de calme on essaya de lui donner tantôt un potage, tantôt un peu de poulet qu'il effleurait à peine de ses lèvres.

Le souvenir des filets d'isard aux mousserons se réveille, il en demande, il en veut à l'instant même. On lui promet ce plat, son œil rayonne de plaisir. On fait macérer des

filets de mouton dans de l'huile avec un peu de vinaigre
aromatique, et on les prépare avec des mousserons desséchés, fournis par M. Corcelet du Palais-Royal. Enfin on
lui sert ce ragoût qu'il attendait avec une vive impatience;
il le mange, il le digère, et le calme renaît. Le lendemain
on lui donne encore des *filets d'isard* parfumés de mousserons, il se croit aux Pyrénées. Enfin on varie sa nourriture, il digère tout ce qu'on lui donne, le délire a disparu,
et il ne veut plus se suicider.

O pouvoir de l'estomac! un plat de trop, un plat de
moins, et la raison de l'homme disparaît. Mais l'estomac
est maîtrisé à son tour par l'imagination, et cette influence
peut être salutaire ou nuisible. Qui n'a lu un fait déplo-
rable rapporté par Montaigne?

« Je sais, dit-il, qu'un gentilhomme ayant traité chez
luy une bonne compagnie, se vanta trois ou quatre fois
après, par manière de jeu, car il n'en estoit rien, de leur
auoir fait manger un chat en paste : de quoy une damoi-
selle de la troupe prit une telle horreur, qu'en estant tombée en un grand desvoyement et fièvre, il fut impossible
de la sauver. » (*Essais*, liv. 1, chap. 20.)

Voici un autre fait que nous puisons dans nos observations pratiques. Une femme de chambre, d'une complexion
nerveuse et délicate, avait une sorte d'antipathie pour le
veau. Elle mange à la campagne un potage qu'elle trouve
excellent. Mais on lui donne ensuite un peu de pied de
veau avec une tranche de bœuf. A l'instant même son estomac se soulève et elle tombe en convulsion. Cet état dure
pendant plusieurs heures, et cède enfin à une potion cal-
mante prescrite par un médecin appelé au secours de la
malade.

L'estomac a ses goûts, ses antipathies, ses craintes, ses inquiétudes, ses joies, ses chagrins, ses jours de calme ou de mauvaise humeur. Cet état physiologique ne saurait être révoqué en doute. Notre *Phytographie médicale* et notre *Nouveau traité des plantes usuelles* en offrent des exemples remarquables.

POUDRE FRIANDE. — RÉUNION GASTRONOMIQUE.

Vous prenez parties égales de mousserons, de morilles, de ceps, de champignons de couche et de truffes ; vous les coupez par fragments, et vous les faites sécher au soleil ou dans un four. Vous pilez ensuite le tout dans un mortier et vous le passez au tamis.

Cette poudre donnera aux aliments un parfum et un goût admirables, si vous la conservez dans un vase de porcelaine ou dans une boîte hermétiquement fermée.

On la mêle avec les champignons frais, avec les salmis de bécasses, de perdreaux, de grives, de mauviettes, avec le turbot, la morue, la truite, enfin avec toutes sortes de légumes et de ragoûts.

Dans une réunion d'hommes de lettres et de médecins, présidée par M. le marquis de Cussy, la plupart des convives ne savaient ce qu'on avait mis dans les différents mets qui leur étaient offerts ; mais chacun disait à son tour : C'est excellent, c'est délicieux. Les convives étaient au nombre de sept : MM. de Cussy, Jacques Coste, Jules Janin, Loève-Veimar, Frédéric Fayot, Jules Guérin et moi. Voici le menu de ce petit festin : un potage aux carottes nouvelles ; un filet de bœuf sur une purée de champignons parfumée avec la poudre friande ; un pâté chaud plein d'écrevisses, de filets de volaille, de crêtes et rognons de coq, exhalant le même parfum ; un magnifique turbot, choisi par M. de Cussy lui-même au premier cri de la marée, et cuit dans un court-bouillon, avec une sauce également aromatisée et servie à part ; une poularde fine du Mans, farcie de truffes de Périgueux ; une timbale de bécasses de Saint-Mihiel ; enfin une crème à la vanille et quelques petits plats de dessert.

Le choix des vins était soumis au goût des convives. Ainsi M. Jacques Coste, fidèle Bordelais, buvait du vin de Médoc et trinquait avec M. le docteur Jules Guérin, M. Fayot et M. Loève, dont l'estomac un peu affaibli réclamait un vin tonique sans être irritant. M. Jules Janin s'était hautement prononcé pour le Champagne frappé de glace (c'est son vin de prédilection) ; il en buvait depuis le potage, et il a voulu le continuer jusqu'au dessert. M. de Cussy s'écriait de temps en temps : « Messieurs ! point de système exclusif ; ce sont les doctrines exclusives qui ont perdu les médecins et les philosophes. Faites comme moi soyez éclectiques, et buvez alternativement du Château-Margaux, du Chambertin et du Champagne. Le docteur Roques nous a promis un flacon de vin de Constance ; vous l'aurez, car il n'a jamais manqué à sa parole. Au nom du ciel, soyez indulgents les uns pour les autres, et buvez avec moi à notre heureuse réunion. »

Le lendemain, tous les convives étaient bien portants. Je ne sais s'ils ont conservé le souvenir de cette journée ; pour moi, je ne l'oublierai de ma vie.

A propos de la poudre friande, dont M. de Cussy m'avait demandé la recette, cet excellent homme me disait pendant sa longue maladie : « Que les forces viennent, et j'irai à Barèges, à Cauterets, aux Eaux-Bonnes, enfin là où la Faculté m'enverra. J'y cueillerai ces fins mousserons qui faisaient la joie du directeur Barras, et nous ferons à nous deux cette poudre friande que mon palais savoure encore, car il a de la mémoire pour tout ce qui est bon. Mais, cher docteur, je serai sage ; oui, je le serai, je vous le jure. Je veux encore jouir de votre amitié pendant quelques années... Et puis, la volonté de Dieu soit faite !

« Mais croyez-vous que mon mal se civilisera ? que cette figure effrayante, que ce corps hideux reviendront à leur état normal ? que ce prurit qui a quelque chose d'infernal s'apaisera ? Hélas ! la diète, les bains, les pommades, rien n'y fait. » Et ses pauvres paupières enflammées, bouffies, s'humectaient de larmes.

Je cherchais alors à adoucir son chagrin par quelques paroles consolantes, et je lui disais : « La nature a commencé une crise salutaire sur la peau en y dérivant une humeur âcre qui aurait enflammé les organes intérieurs ; c'est à l'art, à votre patience et à votre sagesse à faire le reste. »

Il fût peut-être devenu sage s'il eût vécu plus longtemps. Mais les médecins se multiplièrent, et ils ne parlaient pas tous la même langue. On fit de grands efforts, de trop grands efforts pour vaincre sa maladie. On tenta des moyens extrêmes, et, dans cette lutte inégale, la nature succomba, et le monde friand perdit une de ses merveilles, et les Pyrénées ne virent point arriver M. de Cussy.

ŒUFS BROUILLÉS AUX MOUSSERONS. — LE PATRE DES PYRÉNÉES.

C'était dans les premiers jours de juin. Les brises imprégnées de l'arôme des fleurs se jouaient dans le feuillage des hêtres et des châtaigners. Le soleil étincelait sur la glace des montagnes, et les torrents se précipitaient du haut des rochers avec un bruit sauvage, qui, d'écho en écho, allait mourir dans les vallons. Le pâtre Marcel était là, non loin de Barèges, avec son chien fidèle qui gardait son troupeau, tandis que lui cueillait de petits champignons tout blancs sur la mousse. Leur parfum se répandait au loin et charmait l'odorat.

« Comment préparez-vous ces champignons? » lui dis-je. Il me répond à l'instant : Je les fais bouillir dans de l'eau après les avoir épluchés, et lorsqu'ils sont bien cuits, je les presse dans un linge, et puis je les tourne dans un peu de lait bouillant avec des œufs et du sel. Mes vaches et mes chèvres me donnent du fromage, et le torrent me fournit du vin. Voilà comme je vis dans le temps des mousserons. »

Et Marcel agitait ses membres pour me montrer sa force et sa vigueur, et dans son œil satisfait on pouvait lire l'état de son âme.

Descendez jusqu'au bassin de Luz où tout s'anime de verdure, et gagnez la gorge imposante de Gavarnie; mais arrêtez-vous à Saint-Sauveur, vous trouverez dans tous les bosquets, et jusqu'aux bords du Gave, le mousseron à moitié caché dans l'herbe. Dans les Pyrénées-Orientales, il pullule également parmi les broussailles, et on en parfume les omelettes depuis Perpignan jusqu'au mont Canigou.

OMELETTE AUX CHAMPIGNONS. — LE DOCTEUR RIBES.

« Et cette partie de mousserons, me disait mon ami M. Ribes, aujourd'hui médecin en chef de l'Hôtel des Invalides, cette jolie partie, quand la ferons-nous? — Demain, si vous voulez, après la visite de nos malades de l'ambulance. » Nous partons de Boulou, quartier-général de notre armée, en suivant la rive gauche du Thec. Le canon gronde sur la montagne, dans le fort de Bellegarde occupé par les Espagnols ; mais c'est vraiment de la poudre perdue, car il ne saurait arrêter les Français qui courent la vallée.

Après avoir fait une petite pause à Saint-Jean-de-Pagès pour y boire une tasse de lait exhalant le parfum des pâturages nouveaux, nous allons explorer les belles prairies de Céret, qui nous donnent une abondante récolte de mousserons. Bientôt réunis à nos camarades de l'hôpital militaire d'Arles, nous battons les broussailles jusqu'à la base du Canigou, où nous trouvons encore des mousserons avec la belle gentiane à fleurs jaunes, l'anémone sauvage et le rhododendron ferrugineux.

L'air des montagnes nous avait électrisés, et notre appétit grandissait avec le mouvement. Nous avions une petite provision de vin, du pain bis et des mousserons, mais il nous manquait une poêle, du lard et des œufs pour faire notre omelette. Nous trouvons tout cela dans une cabane voisine. Pendant que les mousserons cuisent dans l'eau, le lard frit dans la poêle ; on y mêle les mousserons cuits, exprimés et hachés, puis les œufs bien battus. On tourne l'omelette ; elle est faite. On la sert sur un vieux plat de terre. Nous voilà tous assis au bord d'un petit pré, sous une touffe de jeunes frênes. Le gazon nous sert de nappe et de siéges, et des tranches de pain remplacent les assiettes. En un clin d'œil le plat de terre est vide ; mais il nous reste des mousserons cuits. On fait une seconde omelette ; elle disparaît avec la même rapidité. Point de verres : nous buvons à la régalade comme les Catalans. Mais tous

les convives ne sont pas également adroits, et la cravate
est un peu teinte de pourpre.

Le Canigou est là devant nous, avec ses énormes contre-
forts, avec ses sapins, avec ses rochers, ses torrents, ses
crêtes aériennes, ses glaciers étincelants de lumière. O la
belle journée! O temps heureux de la jeunesse! Quel délicieux repas!

Que le sybarite qui se meurt de faiblesse et d'ennui à
sa table somptueuse, au milieu des ragoûts et des essences
de gibier, parte pour les Pyrénées; qu'il quitte sa robe de
Sardanapale, qu'il aille visiter le Canigou (nous lui permettons de rester à sa base, il n'est pas fait pour monter
tout près du ciel); qu'il remplisse ses poumons de l'air
vif et pur qu'on y respire; puis, qu'il entre dans notre
cabane, qu'il tourne de ses mains délicates l'omelette aux
mousserons; il n'aura jamais fait de meilleur repas, et il
voudra peut-être finir ses jours dans les Pyrénées.

AGARIC AROMATIQUE. *AGARICUS AROMATICUS*. N.

(Pl. 16. Fig. 4 et 5.)

Ce mousseron, dont aucun ouvrage n'a offert jusqu'ici la
véritable figure, diffère de l'espèce précédente par son chapeau d'un fauve clair ou d'un roux tendre. Ce chapeau est
un peu conique en naissant, puis arrondi, convexe, légèrement ondulé et réfléchi en ses bords, large d'environ deux
pouces dans son parfait développement. Les lames sont
blanches, inégales, à peine décurrentes, Le pédicule est
blanc, court, épais, tubéreux à sa base.

Il est commun en Bourgogne. On le trouve dans les
pacages, le long des haies et au bord des bois, où il vient

par groupes de six à huit individus, et quelquefois davantage.

Ces champignons se montrent ordinairement vers la fin de mai, après une douce température. Ils se cachent sous l'herbe ou dans la mousse, et sans leur parfum, qui est très-volatil, on aurait de la peine à les découvrir. On les désigne sous le nom de *mousserons de Bourgogne*. Leur chair est blanche, ferme, parfumée, et d'un goût très-fin. On en fait un grand usage aux environs de Châtillon (Côte-d'Or).

Nous avons reçu en 1827, d'un amateur distingué de ce département, un groupe de huit mousserons très-bien conservés et fixés à une motte de terre épaisse. Le pinceau gracieux de M. Bordes les a reproduits dans leur état de fraîcheur avec une rare fidélité.

Paulet a décrit un autre petit mousseron qui n'a guère plus d'un pouce de hauteur sur autant d'étendue, et qui est d'un gris roussâtre. Sa surface, sujette à s'entr'ouvrir, est comme sillonnée, et ressemble en quelque sorte à celle d'un macaron.

On le trouve dans les friches et dans les lieux incultes, en Provence et en Italie. Il est connu sous le nom de *mousseron d'Armas* ou *macaron des prés*. Sa substance est ferme, blanche, d'un goût et d'un parfum très-agréables.

Ces mousserons se préparent comme le mousseron ordinaire, ou bien comme les morilles et le champignon de couche.

Après les avoir épluchés et lavés à l'eau froide, quelques amateurs les font cuire simplement à la casserole, avec du beurre ou de l'huile d'olive et du jus de citron. Mais c'est surtout comme assaisonnement qu'on les emploie, soit frais, soit desséchés. Une très-petite quantité suffit pour communiquer aux ragoûts le plus gracieux parfum. Il est des personnes qui les préfèrent même aux truffes.

Notre excellent ami, M. Dubosc, nous arrête ici, et nous dit : « Cher docteur, votre érudition, je le vois, commence à faillir. Vous passez sous silence une foule de mets, d'assaisonnements vraiment délicieux. Vous avez parlé de l'anguille, de la carpe, de la truite de Genève, mais vous avez dit peu de chose du poisson de mer, si estimé chez les Rhodiens que l'amateur de ce genre d'aliment était regardé comme un homme *de bon lieu* et *bien élevé*. Voilà ce qu'on trouve dans les *Histoires diverses* d'Elien. Vous oubliez également l'assaisonnement des grives, de ces oiseaux si recherchés des friands d'Athènes. Sans être Athénien, je vous dirai que rien n'est si agréable au palais qu'un ragoût de grives parfumé de mousserons ou de champignons de couche. Il y a encore certains condiments dont vous auriez dû parler. Et les câpres, et les anchois de Marseille! Comme tout cela s'allie admirablement avec les champignons! Les Athéniens allaient chercher leurs anchois à Phalère; moi, véritable Phocéen, je les fais venir tout bonnement de Marseille, ma patrie. Mais j'use de tous ces mets avec sagesse, avec retenue. Vous voyez que je n'oublie point vos leçons.

— Vous avez raison, mon cher Dubosc; vous ne voudriez pas vous exposer aux traits satiriques d'un autre Aristophane. Voyez comme il traite les gourmands d'Athènes; car dans cette ville si polie, si intelligente, il y avait aussi des gloutons; comme il parle d'un certain Pisandre, à la fois lâche et gourmand, et de Cléonyme, dont il compare la voracité à celle des animaux! Mais ces gourmands pâlissent devant la hideuse figure de Denis d'Héraclée, fils du tyran Cléarque, devenu si gros, si gras, si lourd par ses excès, qu'il en perdait la respiration. Enfin, succombant sous son énorme embonpoint, il tombait dans un sommeil léthargique, et on pouvait à peine le réveiller en lui enfonçant de longues aiguilles dans la masse des chairs. Enfermé dans une espèce de boîte, d'autres disent dans une petite tour, qui couvrait tous ses membres à l'exception de la tête, il donnait ses audiences à ceux qui se présentaient pour traiter d'affaires avec lui. « Quel manteau! grands dieux! s'écrie Elien. Est-ce là le vêtement d'un homme? Non. C'est la loge d'une bête féroce. »

Laissons là, mon cher Dubosc, l'érudition antique. Voici comme finissent de nos jours les hommes livrés à la mollesse et à la gourmandise.

L'HOMME SANS SOUCI.

M. B...., ruiné par le jeu et par la bonne chère, était réduit à la plus triste existence. Une petite succession vient le tirer de sa misère. Il quitte le sixième étage où il était logé, et descend à l'entresol. Deux bons matelas placés au milieu de sa chambre, voilà le lit où il repose, où il digère. Des saucissons d'Arles, du jambon de Bayonne, du pâté aux truffes, du bœuf à la mode embaumé de mousserons, et du vin du Rhône, voilà son régime alimentaire. Il me prie d'aller le voir dans son nouveau logement. J'arrive. Il venait de faire un bon repas. « Oh! que je vous remercie, me dit-il, de votre bonne visite! Vous voyez ici un vrai disciple d'Epicure. Ne rien faire, ne penser à rien, oublier les soucis de la vie, voilà la nouvelle philosophie que je me suis faite. Plus heureux que Diogène, j'ai deux matelas au lieu d'un tonneau, d'excellents mets au lieu de mauvais choux. Je ne crains ni les passants, ni les curieux, ni les malveillants. »

Six mois après, je reçois un petit billet de l'homme sans souci. Je vais le voir à l'hôpital de la Charité. Il avait épuisé ses ressources ; il était hydropique et mourant, mais tranquille sur son sort. « J'ai payé mes dettes, me dit-il, avant de sortir de ma chambre ; je vais bientôt acquitter la dernière et me mettre en route. Cher docteur, j'ai voulu vous voir avant de partir. » Bon Dieu ! quelle philosophie ! quelle triste fin !

AGARIC OREILLETTE. *AGARICUS AURICULA.*

Agaricus auricula. Dub. Fl. Or. p. 168. DC. Fl. Fr. suppl. 464. Chev. Fl. Par. 1. p. 133.

Cette espèce est commune, en automne, sur les pelouses aux environs d'Orléans. Elle a un pédicule plein, blanchâtre, cylindrique, ordinairement courbé. Son chapeau, rarement bien arrondi, est un peu roulé en ses bords, et d'un gris plus ou moins foncé. Les lames sont blanches et décurrentes sur le pédicule.

D'après M. Dubois, qui nous a fait connaître ce champignon dans sa *Flore d'Orléans*, on peut le manger avec confiance. Il a un très-bon goût et se dessèche aisément ; on ne le pèle point. Dans l'Orléanais, on l'appelle vulgairement *oreillette, escoubarde.*

AGARIC DU PANICAUT. *AGARICUS ERYNGII.*

Agaricus eryngii. DC. Fl. Fr. suppl. 462. — *Fungus eryngii*
MAG. BOT. MONSP. 103. MICH. GEN. plant. t. 72. f. 2.

Ce champignon, que Magnol, professeur de botanique à
Montpellier, a observé et décrit avec soin, croît en automne sur les racines mortes du panicaut ou chardon-ro-
land. Il a un pédicule court, plein, blanchâtre, tantôt central, tantôt excentrique; un chapeau d'abord arrondi, un
peu convexe, ensuite plane, irrégulier, d'un roux pâle,
avec les bords légèrement roulés en dessous. Les lames
sont blanches, inégales et décurrentes sur le pédicule.

On l'appelle *ragoule* ou *gingoule* dans le nord de la
France, *brigoule*, *barigoule* ou *bourigoule* dans le midi,
oreille de chardon dans le Nivernais, et *cicciolo* en Toscane. Il a une substance blanche, ferme, peu odorante,
mais d'un goût fin et délicat. On le mange en Provence,
apprêté avec de l'huile, du poivre, du sel, du persil et de
l'ail.

On fait également usage en Provence d'un champignon
un peu creusé en soucoupe, d'une couleur rosée, à feuillets
inégaux, décurrents, et qui croît particulièrement dans les
bois de pins. Sa chair est blanche, savoureuse, d'une
odeur fort agréable. M. Masse, homme de lettres d'un
talent distingué, et en même temps grand amateur de
champignons, m'a dit avoir souvent récolté celui-ci aux
environs de La Ciotat, où il est connu sous le nom de
pinedo, et très-recherché pour la table. Il est délicieux
cuit sur le gril, puis sauté avec de l'huile et une pointe
d'ail.

AGARIC DES PACAGES. *AGARICUS OVINUS.*

Agaricus ovinus. Bull. Champ. t. 380. Pers. Syn. 305. DC.
Fl. Fr. 474.

Son chapeau est d'un blanc jaunâtre ou d'un roux brun,
d'abord convexe ou de forme conique, ensuite plane, peluché à sa surface, souvent sinué et fendu sur les bords.
Les feuillets sont blanchâtres ou d'un gris cendré, larges,
inégaux, veinés, adhérents au pédicule et rarement décurrents. Le pédicule est court, plein, quelquefois fistuleux, cylindrique ou un peu conique, d'une couleur cendrée ou fuligineuse.

Ce champignon a une saveur douce et une odeur de
farine récemment moulue, deux qualités qui distinguent
les espèces salubres. On le trouve en été dans les pacages,
où il croît par groupes dont les pieds sont distincts.

Il se plaît dans les friches des environs de Paris, depuis
Fontenay-aux-Roses jusqu'à la Vallée-aux-Loups. Connaissez-vous cette petite vallée sauvage où le chantre des
Martyrs faisait résonner sa lyre? Vous êtes-vous reposé
sous les ombrages des bosquets qui entourent cette charmante solitude? Avez-vous visité le petit ermitage qu'habitait jadis M. de Chateaubriand? Et son petit parc planté
d'arbres verts, de tilleuls et d'acacias qui vous embaument? Et cette petite chapelle parée de fleurs et de verdure, où son âme recueillie s'inspirait des parfums du
soir?

Dérobons-nous à cette douce rêverie, et continuons nos
recherches. Adieu, mystérieux asile! Adieu, frais paysage
où le corps et l'esprit se raniment, où le cœur s'apaise!...
La reine des prés vient nous sourire, elle balance gracieu-

sement ses panaches de neige, le grand liseron l'embrasse
et s'endort sur sa tige. Au bord des petits sentiers, l'a-
garic des pacages se dessine sur le gazon, et nous montre
son joli chapeau blanc, nuancé de jaune. Il a le goût et
presque l'odeur du mousseron des Alpes ou des Pyrénées.
Vous pouvez le manger frais ou desséché, et en parfumer
vos ragoûts.

AGARIC FAUVE. *AGARICUS FULVUS. N.*

Cette espèce n'est point l'agaric fauve de Bulliard ou
de la *Flore française*. Elle a un pédicule haut de quatre
à cinq pouces, plein, très-épais, cylindrique, de la même
grosseur dans toute son étendue, d'une couleur blanchâtre,
un peu fauve et courbé à sa base. Le chapeau est très-
charnu, arrondi, convexe, à bords roulés en dessous et
légèrement striés, large de trois à quatre pouces, d'un
fauve rougeâtre, presque ferrugineux, doublé de lames
nombreuses, inégales, d'un roux pâle, adhérentes au
pédicule.

J'ai observé plusieurs fois ce champignon dans les bois
des environs de Versailles. Sa chair est épaisse, ferme,
d'un blanc pur, d'une odeur peu prononcée, mais d'une
saveur douce, agréable.

AGARIC COULEUR DE SOUFRE. *AGARICUS SULPHUREUS.*

Agaricus sulphureus. Bull. Champ. t. 168. Pers. Syn. 322.
DC. Fl. Fr. 490.

(Pl. 16, Fig. 6.)

Cet agaric est entièrement d'un jaune de soufre. Il a
un pédicule haut de deux à trois pouces, plein, fibreux,

cylindrique, un peu renflé vers la base, un chapeau charnu, convexe, ordinairement mamelonné au centre dans son premier développement, un peu déprimé dans sa vieillesse, large d'environ deux pouces. Les feuillets sont nombreux, inégaux, arqués et un peu adhérents au pédicule.

On le trouve fréquemment dans nos bois en été et en automne. Il est commun aux environs de Velizy et dans le parc de Meudon. Il croît ordinairement solitaire, et il exhale une odeur nauséeuse, ce qui doit le faire ranger parmi les espèces insalubres et suspectes.

AGARIC DU HOUX. *AGARICUS AQUIFOLII.*

Agaricus aquifolii. PERS. CHAMP. p. 206.

Ce champignon se fait remarquer par son chapeau d'un jaune de buis, charnu, large de quatre à cinq pouces, et dont la surface est lisse, douce au toucher, quelquefois entr'ouverte par quelques gerçures. Les feuillets sont inégaux, fragiles, d'un roux fauve. Le pédicule est blanc, ferme, fibreux, haut d'environ quatre pouces, un peu comprimé, plus mince vers la base.

On rencontre cet agaric, en automne, sous les buissons de houx, aux environs de Champigny. D'après le témoignage de Paulet, c'est un des meilleurs champignons Sa chair est blanche, fine, parfumée et d'un goût exquis.

AGARIC D'YEUSE. *AGARICUS ILICINUS.*

Agaricus ilicinus. DC. Fl. Fr. suppl. 473.

Suivant le professeur Decandolle, ce champignon croît par touffes nombreuses, sur les vieilles souches, au pied des chênes verts.

Le pédicule est aminci en pointe fine à sa base, renflé au-dessus, presque cylindrique au sommet, glabre, roussâtre, plein ou irrégulièrement fistuleux. Les feuillets sont d'un roux pâle, adhérents au pédicule; entre deux entiers, il y en a deux plus petits et inégaux entre eux. Le chapeau est très-convexe en naissant, puis presque plane, d'un roux fauve, sec, non peluché.

On le trouve, en automne, aux environs de Montpellier, où on le mange sous le nom de *pivoulade d'éouse*.

AGARIC DES DEVINS. *AGARICUS HARIOLORUM.*

Agaricus hariolorum. BULL. t. 585. f. 2. DC. Fl. Fr. 488. FRIES. SYST. MYCOL. 1. p. 123. CHEV. Fl. Par. 1. 170. — *Agaricus sagarum.* PERS. SYN. 531.

Cet agaric a un petit chapeau d'abord légèrement convexe, ensuite aplati, lisse, d'un jaune pâle, fendillé sur les bords, doublé de lames inégales, étroites, presque toujours tortueuses, adhérentes seulement par leur pointe au pédicule, jaunâtres ou d'une couleur bistrée. Le pédicule est cylindrique, mince, un peu renflé à la base, et tout hérissé ou velu.

Il croît en été par groupes sur les feuilles mortes; sa chair est blanche et de bon goût. Dans certains pays, le peuple superstitieux craint de le fouler aux pieds. En Italie, on l'appelle *fungho degli astrologhi*.

Je ne sais si les astrologues, les sorciers, les magiciens et autres charlatans se sont jamais servis de ce petit champignon pour fasciner les esprits crédules; ce que je peux vous dire, c'est qu'il est aussi délicat que le mousseron des pacages. Vous pouvez donc le manger sans crainte, et, si vous n'êtes point ennemi de l'ail, mettez-en un peu dans l'assaisonnement. Rien n'est plus sain , plus incisif dans un ragoût quand on ne le prodigue point. (Voyez l'histoire de l'ail et de ses propriétés diverses dans notre nouveau *Traité des plantes usuelles*, t. 4 , p. 114.)

PETIT REPAS. — CONVERSATION SEMI-POLITIQUE. — PRÉCEPTES D'HYGIÈNE.

M. Dubosc, mycophile distingué, dont le nom se mêle de temps en temps à nos récits, avait ramassé dans les friches du Gard et des Bouches-du-Rhône l'agaric des devins , l'agaric des pacages et le vrai mousseron. Il les avait fait sécher, et il les conservait dans un vase de porcelaine. On mêle assez souvent dans le Midi ces différentes espèces qu'on mange sous le nom de *mousserons*.

Dans une petite réunion d'amis , nous savourions à la campagne un salmis de perdreaux parfumé de ces mêmes mousserons et de quelques lames de truffes. C'était le seul plat de luxe de notre petit repas. M. Dubosc s'amusait à faire un peu de politique, et raillait de temps en temps les ambitieux de notre époque. Au dessert, le champagne vint égayer sa verve, et il recommença de plus belle. « Oui, disait-il, la plupart de nos hommes politiques n'ont jusqu'ici prouvé qu'une chose, l'amour de l'or, du pouvoir et de la renommée. Ils parlent de la misère du peuple, ils s'attendrissent sur son sort, ils pleurent de compassion. La table est-elle servie ? A ces larmes hypocrites succède la joie du festin.... »

L'amphitryon qui nous donnait à dîner (c'était un ancien préfet) arrête ici notre orateur et s'écrie : « Messieurs, messieurs ! point de politique ! Laissons les ambitieux se débattre , ne nous mêlons point de leurs querelles , si nous voulons digérer en paix. Ces sortes de discussions sont dangereuses à table, et la colère vient souvent y distiller son fiel. N'est-ce pas, docteur, que la colère paralyse l'estomac, qu'il faut être calme lorsqu'il travaille à la digestion? — C'est bien vrai, monsieur. Je n'en veux pour preuve que ces mêmes ambitieux dont parlait tout à l'heure notre ami Dubosc. Vous en connaissez, vous en voyez plusieurs. Avez-vous remarqué leur teint pâle, livide, safrané, ces contractions nerveuses qui les saisissent quelquefois après leurs repas? Il y a peu de jours encore, il a fallu transporter hors de la salle du banquet un orateur fameux qui s'était mis en colère après avoir mangé du pâté aux truffes. Deux médecins appelés à son secours ont eu beaucoup de peine à lui sauver la vie. Lorsqu'on a le bonheur de vivre hors de cette atmosphère brûlante, et qu'on sait se contenter de peu, il faut être bien mal inspiré pour prendre part aux luttes des divers partis qui se disputent les places et le pouvoir. Dans un petit cercle comme le nôtre, une causerie douce, bienveillante, de la cordialité, de la déférence les uns pour les autres, tout cela charme l'esprit, délasse la tête, ranime l'estomac.

— Vous l'entendez, messieurs, dit d'une voix sonore notre aimable amphitryon, trève à la politique! Le docteur a prononcé, suivons ses bons avis. Voilà de la médecine comme je l'aime, elle comprend la vie physique et la vie morale.

— J'aime aussi, répliqua M. Dubosc, les principes d'hygiène du docteur, il y a long-temps que je les connais. Ils me semblent pourtant un peu trop rigoureux. Et, par exemple, il soutient que les truffes favorisent la gravelle,

la pierre , la goutte et autres maux qui font le tourment
de la vie ; que la gourmandise dispose à la colère , excite
toutes les mauvaises passions , déprave les humeurs , enflamme le sang , accélère la vieillesse. Voici pourtant un
homme spécial , Brillat-Savarin , qui est d'un avis contraire. Mangez des truffes, beaucoup de truffes, s'écrie-t-il,
ne craignez rien , les gourmands vivent long-temps. Que
pensez-vous de cette belle maxime?

— C'est un propos de table que vous ne trouverez point
dans Plutarque ; il est digne d'un gourmand consommé ,
d'un homme né pour les festins , *propter convivia natus* ,
comme dit Juvénal. Mais sachez que Brillat-Savarin est
mort à peine âgé de cinquante ans. Ce n'est point l'usage
modéré des truffes, des champignons ou des ragoûts imprégnés de leur arome que je condamne. Ces aliments réveillent les personnes d'une organisation molle, d'un tempérament inerte, glacé, et qui vivent pour ainsi dire sans
le savoir. Ce que je blâme, c'est l'abus d'un semblable
régime , particulièrement nuisible aux hommes ardents ,
passionnés, enclins à la colère. D'abord , toute la verve
du gourmand se déploie ; il invente , il essaie , il varie
toute sorte de combinaisons pour accroître ses jouissances ;
mais peu à peu ces riches coulis , ces sauces brûlantes ,
attaquent l'organisation tout entière, paralysent les nerfs,
émoussent l'intelligence, pervertissent tous les sentiments
moraux. Il ne reste plus qu'une sorte d'instinct animal,
l'âme s'est évanouie, elle a secoué sa grossière enveloppe.
L'art de vivre est fondé sur l'hygiène, il a ses lois qu'on
ne viole jamais impunément. Soyons sages , modérés ,
jouissons des douceurs de la vie ; mais gardons quelque
chose pour le lendemain, nous en sentirons mieux le prix.

AGARIC BLANC DE NEIGE. *AGARICUS NIVEUS*. N.

Agaricus virgineus. BATSCH. FUNG. t. 3. f. 12. — *Agaricus albus*. PERS. SYN. 363. — *Agaricus columbetta*. FRIES. SYST. MYCOL. 1. p. 44?

Cette espèce, d'un blanc pur dans toutes ses parties, vient en automne ou solitaire ou en petits groupes, soudés ensemble par le pied, rarement formés de plus de deux individus.

Elle a un pédicule haut d'environ deux pouces, plein, cylindrique, assez épais, et presque de la même grosseur dans toute son étendue. Le chapeau est large de deux ou trois pouces, charnu, luisant, mais sec et comme satiné, d'abord de forme convexe, puis plane, à bords un peu roulés, sinueux, irréguliers et quelquefois fendus. Les lames sont nombreuses, minces, quelquefois échancrées ou dentées, et un peu adhérentes au pédicule.

On trouve ce champignon dans les bruyères, sur les bords un peu élevés et sablonneux des bois. Sa chair est ferme, blanche, d'une odeur douce, d'un goût agréable.

Il a quelque affinité avec une espèce que Jean Bauhin a fait connaître, et qui croît dans l'ancien duché de Montbéliard ; mais il diffère essentiellement de l'agaric à tête blanche de la Flore française (*agaricus leucocephalus*. BULL.). Celui-ci, d'une amertume excessive, a d'ailleurs la tige plus allongée, plus grêle, le chapeau plus petit, plus mince, d'un blanc moins pur, un peu teint de jaune vers le centre. Il est plus précoce, et il croît par groupes plus nombreux. Le sol en est quelquefois tapissé, et j'en ai vu au-delà de soixante dans le même lieu. Il abonde surtout dans les taillis de Porchéfontaine et de Velizy, dans les bois de Gonart, de Meudon, de Verrières, etc. Ces deux espèces ont été confondues par quelques botanistes.

AGARIC RUSSULE. *AGARICUS RUSSULA.*

Agaricus russula. Pers. Syn. 338. Schæff. t. 33.

Cette espèce, d'une assez grande dimension, a un pédicule ordinairement court, quelquefois allongé, blanchâtre ou rose, farineux à son sommet. Le chapeau est large de trois à quatre pouces, épais, convexe, légèrement déprimé au centre, rougeâtre, parsemé de petites écailles visqueuses. Les feuillets sont blancs, inégaux en longueur et en largeur, peu adhérents au pédicule, presque libres.

On rencontre ce champignon dans les bois, en automne. Sa chair est blanche, ferme et agréable au goût. Il importe surtout de ne pas le confondre avec l'agaric émétique, espèce vénéneuse dont le chapeau est également rougeâtre, mais dépourvu d'écailles ; ses lames sont d'ailleurs presque toutes égales.

AGARIC PALOMET. *AGARICUS PALOMET.*

Agaricus palomet. Thore. Chl. Land. 447. DC. Fl. Fr. suppl. 525. — *Agaricus virens.* Scop. Fl. Car. p. 437.

Ce champignon a des traits de ressemblance avec l'espèce que nous avons décrite sous le nom d'*agaricus virescens*, à la section des russules. Il a un chapeau d'abord convexe, ensuite légèrement concave, large de trois pouces, d'un blanc sale à la circonférence, d'un vert gris au centre, et marqué de lignes qui se croisent en divers sens. Les feuillets sont blancs, très-nombreux, adhérents et presque tous égaux en longueur. Le pédicule est plein, cylindrique, un peu renflé à sa base.

On le trouve, en été et en automne, dans les bois et dans les friches. Il est commun dans le département des Landes et aux environs de Pau, où on le désigne sous les noms de mousseron *palomet*, *palombettes* ou *blavet;* sa chair est blanche, cassante et d'un goût exquis. On le mange aussi en Toscane sous le nom de *verdone*.

TRUITE DES PYRÉNÉES AUX MOUSSERONS. — COLLOQUE ENTRE M. DUBOSC ET L'AUTEUR.

Laissons aux Béarnais ce joli champignon dont ils parfument leurs ragoûts, les Pyrénées sont trop loin de Paris. Nous pouvons d'ailleurs lui substituer le mousseron des prairies ou le mousseron d'automne. Cependant si vous allez aux Eaux-Bonnes pour votre santé, n'oubliez pas, en revenant, de vous arrêter à Pau, où vous pourrez manger, si vous vous portez bien, une petite truite pêchée dans le torrent, cuite sur le gril et servie sur une purée de mousserons. — « Parlez-moi de ce conseil, me dit mon ami Dubosc, voilà ce que j'appelle, moi, la science de la vie. Dites-nous d'abord ce qu'il faut manger, puis vous nous direz comment il faut vivre. Parler hygiène, morale, philosophie à quelqu'un qui est à jeun, *c'est bien maigre, bien creux.* Au reste, après la truite aux mousserons, vous pouvez, cher docteur, me moraliser tout à votre aise, je suis prêt à vous écouter.

— Mes conseils s'adressent un peu à vous, mon cher Dubosc, car votre friandise vous fait quelquefois franchir les bornes de la modération ; mais vous avez pour vous l'exercice, les courses dans la campagne, les promenades du matin, les lectures philosophiques du soir. Avec cette vie active, intelligente, l'équilibre entre le corps et l'esprit se rétablit aisément. Il n'en est pas ainsi de l'homme qui passe sa vie dans les plaisirs du monde, dans les délices de la table, et qui demande ensuite à un médecin des remèdes pour les maux qui l'affligent. Ce genre de vie lui donne d'abord une activité inquiète, des impressions factices qui le fatiguent et l'énervent. Maîtrisée par les jeux de l'imagination, sa sensualité quitte, reprend, cherche ou dédaigne ce qui est exquis, ce qui est nouveau; mais bientôt tous ces sentiments orageux changent la volupté en folie. C'est à ce malade de corps et d'esprit que je me permets de donner quelques conseils. L'ennui vous tourmente, lui dis-je, vos heures s'écoulent lentement, le jour vous désirez la nuit, et la nuit vous paraît si longue que vous ne cessez de soupirer après le jour! Partez, qu'attendez-vous? Allez cueillir sur une verte colline ces jolis mousserons, fils du printemps et de l'automne. La pureté de l'air, la paix des ombrages, quelques petits repas, réveilleront votre esprit, dissiperont votre humeur sombre, vos chagrins, vos caprices, et vous donneront un sommeil paisible.

> *Cœna brevis juvat, et propè rivum somnus in herbâ.*
> Hor., epist. xiv, lib. I.

Mais n'oubliez pas de ranimer votre âme par de bonnes lectures faites matin et soir, par des méditations morales ou philosophiques. C'est un précepte que nous donnent les meilleurs esprits depuis Pythagore et Galien jusqu'à saint Jérôme. Ce père de l'Église a dit : *Duorum temporum maximè habendam curam, mane et vespere, id est, eorum quæ acturi simus, et eorum quæ gesserimus.*

« — Voilà, dit M. Dubosc, une belle doctrine. Je n'ai jamais lu saint Jérôme, mais je lis de temps en temps Sénèque. Eh bien! j'y trouve à peu près le même conseil. Je me couche rarement sans me demander à moi-même : Qu'ai-je fait aujourd'hui? Que ferai-je demain? Vous voyez que si je ne suis pas meilleur, ce n'est point ma faute.

« — Continuez, mon ami, vous êtes encore un peu malade, mais vous guérirez, et bientôt votre âme jouira des doux plaisirs de la convalescence. »

AGARIC BRULANT. *AGARICUS URENS.*

Agaricus urens. Pers. Syn. 533. Bull. t. 528. f. 1. DC. Fl. Fr. 495. Fries. Syst. mycol. 1. 232.

On rencontre cet agaric dans les bois, en automne, tantôt solitaire, tantôt réuni en groupes sur les feuilles pourries.

Son chapeau est convexe en naissant, ensuite aplati, d'un roux cendré, large d'environ deux pouces, doublé de lames de couleur roussâtre, inégales, et dont les plus longues se terminent régulièrement à une ligne environ du pédicule; celui-ci est plein, cylindrique, haut de quatre à cinq pouces, velu à sa base et d'un jaune sale.

On a trouvé à ce champignon un goût poivré, un peu âcre. Cette qualité doit le faire exclure du nombre des espèces alimentaires.

AGARIC COULEUR DE FROMENT. *AGARICUS FRUMENTACEUS.*

Agaricus frumentaceus. Bull. t. 571. f. 1. DC. Fl. Fr. 504. Chev. Fl. Par. 1. 156.

Son chapeau est d'abord convexe, puis légèrement concave, arrondi, large de trois pouces, d'un blanc cendré, marqué de lignes rougeâtres ou d'une teinte vineuse ; ses feuillets sont inégaux, libres et grisâtres. Le pédicule est plein, charnu, cylindrique, un peu renflé à sa base, parsemé de stries d'un jaune ferrugineux.

Ce champignon croît dans les bois, vers la fin de l'été, réuni en groupes de deux à trois individus. Il exhale une odeur semblable à celle de la farine de froment, et on peut le placer parmi les espèces alimentaires.

AGARIC CREVASSÉ. *AGARICUS RIMOSUS.*

Agaricus rimosus. BULL. CHAMP. t. 388 et 399. PERS. SYN. 310. DC. Fl. Fr. 517. SOWERB. FUNG. t. 323.

Cet agaric a un chapeau peu charnu, large de deux à trois pouces, hérissé d'écailles ou lisse, comme satiné, d'un brun jaunâtre, marqué de fentes inégales, divergentes, d'abord de forme conique, puis mamelonné. Les feuillets sont inégaux, sinueux, libres, jaunâtres. Le pédicule est plein, cylindrique, d'un blanc sale, un peu écailleux et farineux, haut de deux à quatre pouces. Il croît en août et en septembre dans les bois et sur le bord des routes.

Le professeur Balbis rapporte qu'une famille entière a été empoisonnée à Turin par ce champignon ; mais est-ce bien la même espèce ?

AGARIC FAUX-MOUSSERON. *AGARICUS TORTILIS.*

Agaricus tortilis. BULL. t. 144. DC. Fl. Fr. 525. DESV. Fl. de l'Anjou. p. 11.

(Pl. 16, Fig. 7 et 8.)

Ce champignon ressemble un peu au vrai mousseron, dont il a presque le parfum. Son chapeau est d'abord hémi-

sphérique, puis conique ou un peu mamelonné, quelquefois aplati, large d'environ deux pouces, et d'un jaune fauve
ou d'un blanc roux. Les lames sont inégales, libres, plus
colorées sur les bords. Le pédicule est cylindrique, grêle,
fibreux, long d'un pouce et demi ; il se tord comme une
corde par la dessiccation. On le rencontre, en août et septembre, dans les pâturages et au bord des bois, dans les
sables, dans les landes, où il croît par petits groupes.

Suivant les localités, on le nomme *faux-mousseron,
mousseron pied-dur, mousseron d'automne, mousseron de
Dieppe* ou *d'Orléans*. Il est très-parfumé et d'un goût fort
agréable. On l'apprête comme tous les autres mousserons.

Il vient dans tous nos bois. Nous l'avons cueilli dans la
forêt de Dreux, à Rambouillet, à Saint-Germain, à Montmorency, à Chantilly, à Ermenonville, etc. Il abonde aux
environs de Versailles, à Chevreuse, à Châteaufort, dans
les prairies de Milon, de Saint-Lambert, de l'abbaye de
Port-Royal, etc. Il est très-parfumé et d'un goût fort
agréable.

PROMENADE DE VERSAILLES A L'ABBAYE DE PORT-ROYAL. —
LE PÈRE SYLVI. — LE MAIRE DE TOUSSUS.

Je dois d'abord prier messieurs les savants de me par-
donner si je m'écarte un peu de la route ordinaire. Les
savants vont droit au but, ils font bien ; moi je prends
quelquefois un détour, mais si le lecteur m'y suit volontiers, je fais peut-être tout aussi bien.

Voulez-vous visiter l'antique abbaye de Port-Royal,
partez par un beau jour d'automne, suivez la belle avenue
qui mène à la porte de Bois-Robert. Le garde vous laissera

passer tranquillement, car il est poli comme un concierge de bonne maison.

Tournez à gauche, vous voyez devant vous un fort joli bois qui vous offre quelques plantes d'automne et de beaux champignons ; mais laissez-les aux amateurs paresseux qui ne sauraient franchir une plus grande distance, vous n'en manquerez pas dans les taillis de Bouviers et de Guyancourt. Encore quelques pas, et vous descendez dans un petit vallon bien frais, bien riant, qui recèle la source d'une rivière fameuse. Cherchez ; vous ne trouvez rien ? Remontez la prairie. Voici trois fontaines dont l'une porte le nom de *Fontaine des Gobelins* ; c'est, je crois, celle du milieu. Son eau est, dit-on, la plus pure, la plus limpide ; les filles du hameau de Bouviers la choisissent pour se rafraîchir le teint, et pour faire cuire les légumes. Voyez ce que c'est qu'une belle renommée : les deux autres Nayades épanchent tristement leurs eaux, tout le monde les dédaigne, et pourtant elles sont tout aussi fraîches, tout aussi pures.

Ces trois fontaines coulent dans la prairie, bientôt leurs eaux se réunissent, et la Bièvre suit tranquillement la pente du vallon, passe à la Minière, arrose les prairies de Buc et de Jouy, fait tourner des moulins, alimente plusieurs fabriques, traverse de charmants villages.... Mais que devient-elle ensuite ? Hélas ! cette Nayade, si pure dans le petit vallon de Bouviers, ne sera bientôt plus qu'un ruisseau infect : elle va se mêler aux égoûts de Paris.

Gravissons ce petit coteau, nous trouverons Guyancourt dans la plaine. Voici de superbes vaches, au poil noir et luisant, qu'on ramène du pâturage. Comme leurs mamelles sont gonflées de lait ! Entrons dans la ferme. « La petite mère! pourrais-je avoir une tasse de lait tout chaud, tout fumant? — Vraiment oui, mon brave monsieur. — Me permettrez-vous de le voir traire? C'est un avant-goût qui me fait tant de plaisir. » Et à l'instant elle prend un vase de terre qu'elle rince et qu'elle essuie avec soin. Le nectar coule abondamment, puis on le passe à travers un linge bien blanc. Je m'abreuve de lait, et je remercie la petite paysanne, au teint un peu rembruni, à l'œil éveillé. « Portez-vous votre lait à Versailles? lui dis-je. — Oui, monsieur. Nous fournissons des pensionnats, des couvents et plusieurs cafés. — Est-il toujours aussi pur, aussi crèmeux? Et ne faites-vous pas comme à Paris, où il est d'abord écrémé, puis épaissi avec de la fécule et du caramel? Elle me répond d'abord par un mouvement de tête et par un sourire malin, puis elle me dit gravement : Ici nous ne trompons personne, nous le donnons comme la nature l'a fait.

Après cette petite station, je dirige mes pas vers la route de Chevreuse, je traverse rapidement le petit village de Voisins, et j'aperçois enfin du haut de la côte les ruines de l'ancienne abbaye de Port-Royal. Je descends à droite dans le vallon, je vois de belles pièces d'eau, des jardins, des bocages encore verdoyants, et quelques ruines qui me disent : C'est là qu'était l'abbaye. Mais j'oublie bientôt et les ruines et les bocages; tout s'efface devant l'image du père Sylvi. C'est le père des pauvres, le bienfaiteur de l'humanité, le protecteur de l'orphelin que je voudrais voir. J'interroge tous ceux que je rencontre, je demande où est la demeure du père Sylvi. Hélas! on me dit que ce généreux vieillard est absent pour quelques jours. « Mais savez-vous que M. Louis de Sylvi est janséniste? — Qui vous l'a dit? — La rumeur publique. — La rumeur publique et la calomnie marchent souvent ensemble. Tout ce que je sais, moi, c'est qu'il croit en Dieu, et qu'il fait beaucoup de bien aux hommes. »

Je m'approche avec respect de la modeste habitation de ce philanthrope. Je crois respirer comme un parfum de vertu qui s'exhale aux alentours. Il est riche, mais ce n'est pas pour lui, c'est pour l'indigent. Tous les hameaux voisins retentissent de ses louanges. Le bûcheron et le berger, le vieillard et la jeune fille, prient le ciel de prolonger ses jours. Il a fondé à Saint-Lambert et à Magny-les-Hameaux des écoles chrétiennes, où des frères et des sœurs apprennent aux enfants à aimer Dieu, à lire, à écrire et à travailler.

Et l'on connaît à peine son nom à la ville, et le monde ignore le bien qu'il a fait! Mais que lui importe le bruit du monde, c'est dans son cœur qu'il trouve sa récompense! Il n'aura ni statues, ni monuments; mais la bergère reconnaissante chantera long-temps ses bienfaits, et l'écho du rocher les redira au vallon. On parle de Marius assis sur les ruines de Carthage, et tous les écoliers savent par cœur l'histoire de cet homme de sang, de ce bourreau qui remplit Rome de carnage et de deuil. Oh! parlez-moi plutôt de cet homme vénérable assis sur les ruines de Port-Royal: l'un faisait répandre des larmes par sa cruauté; l'autre les essuie par ses vertus, par ses bienfaits.

Cueillons maintenant le mousseron d'automne; il se plaît dans ce vallon, il veut aussi nourrir l'habitant du hameau. Parcourons les bois de Labrosse, nous le trouverons sur la pelouse, au bord des petits sentiers, et jusqu'à la porte du petit presbytère de Saint-Lambert. M. le curé connaît-il ce champignon ? Il peut le cueillir sans crainte, le manger frais, ou le faire sécher pour l'hiver. Ses omelettes et ses petits ragoûts en seront agréablement parfumés. Qu'il se promène dans la prairie ou sur les coteaux voisins, il le rencontrera partout, depuis la fin d'août jusqu'à la fin de novembre.

Pour nous, notre provision est faite. Après avoir traversé la pleine de Magny, nous descendons dans le vallon de Châteaufort, nous gravissons la côte qui conduit au village, et nous allons déposer nos mousserons chez un excellent homme, M. Marolles, ancien maire de Toussus, qui nous fait un accueil plein de cordialité.

CROUSTADE AUX MOUSSERONS.

Les petits champignons sont épluchés, lavés, blanchis à l'eau bouillante, puis hachés avec une pincée de fines herbes, frits au beurre, et enfin cachés au fond d'une petite croustade ou tourte de campagne qu'on eût trouvée excellente même à la ville. Le vin n'a été récolté ni à Beaune, ni à Bordeaux, mais c'est du véritable Mâcon qui a vu passer cinq ou six vendanges. Puis vient le poulet rôti, le fromage à la crème, des fruits délicieux, enfin la tasse de café et le petit verre de ratafia.

M. Marolles avait été maire de la commune de Toussus pendant la première révolution. La conversation s'engage sur cette triste époque de notre histoire. Il me parle de sa correspondance avec le comité de salut public. Couthon lui écrivait : « Ne perds pas de vue les aristocrates de ta commune ; la république compte sur ton patriotisme. Il y a un homme que tu dois continuellement surveiller. — Tout va bien, répond notre courageux fermier, on n'osera rien entreprendre, je suis là. »

C'est avec un tact exquis et une force morale qu'on ne trouva pas toujours chez d'honnêtes fonctionnaires qu'il sauva la vie à plusieurs personnes suspectées d'incivisme, car alors *la loi des suspects* frappait indistinctement toutes les classes, planait sur les cabanes comme sur les châteaux. Et cet homme, qui a exercé les fonctions de maire sous la république, sous le directoire, sous l'empire et sous la restauration; qui s'est conduit pendant trente-deux ans avec autant de modération que de courage, a-t-il du moins obtenu quelque récompense? Est-il membre de la Légion-d'Honneur? Non. Il a été oublié. Mais il se rappelle le bien qu'il a fait, et ce souvenir, si doux au cœur, le dédommage.

Il vit toujours au milieu des champs, où il se repose de ses anciens travaux en cultivant lui-même son jardin. Il est droit, vigoureux, dispos, et il a quatre-vingts ans. Pour la première fois il a mangé des champignons cette année; il les craignait, il savait qu'il y en a de vénéneux; mais il a pris confiance en moi, et maintenant il ne trouve rien de si exquis qu'une petite tourte aux mousserons, il voudrait en manger tous les jours. Mais que dira-t-il quand je lui donnerai cet hiver le bouilli de la veille rissolé sur le plat et assaisonné de mousserons d'automne?

TRANCHES DE BŒUF AUX MOUSSERONS D'AUTOMNE.

On prend environ deux pincées de mousserons desséchés, on les fait tremper pendant deux heures dans du bouillon ou dans du lait tiède. On les égoutte, on les hache, et on les fait cuire avec du beurre, du bouillon, du poivre, du

sel, un peu d'ail et quelques petites lames de cornichons.
Vers la fin de la cuisson on ajoute le bœuf coupé par tranches, et on met ensuite sur le plat un couvercle de tôle
avec de la cendre rouge dessus. En quelques minutes votre
bouilli de la veille est rissolé et d'une belle couleur.

Voulez-vous un mets plus délicat? farcissez d'un hachis
de mousserons convenablement épicé un poulet jeune,
tendre, nourri de farine d'orge, de sarrazin ou de maïs,
et faites-le cuire à la broche. Voilà le rôti de l'homme du
monde qui va se distraire à la campagne du tumulte et des
ennuis de la ville.

Et le foie de veau piqué de gros lardons, cuit lentement
dans une daubière et parfumé de mousserons? Connaissez-
vous ce gros plat de ménage? Craindriez-vous d'y goûter?
Faites-en l'épreuve, il vous tardera de recommencer, surtout après une longue promenade au grand air.

Nous voudrions bien aussi vous parler d'un autre mets
plus vulgaire encore ; mais nous voilà déjà trop compromis
avec les friands de haut lieu, et nous n'osons pas même le
nommer. Et pourquoi pas? Eh bien! c'est un petit carré
de porc frais préalablement mariné dans de l'huile de Provence et du vinaigre aromatique, avec poivre et sel. Vous
le faites rôtir, vous l'arrosez de temps en temps avec votre
marinade, et vous le servez sur un coulis aux mousserons.
Quel ragoût nous offrez-vous-là? s'écriera peut-être quelque
nouveau Midas, trop heureux de manger autrefois une mauvaise côtelette de porc préparée par le charcutier voisin.
Mais il est devenu difficile, la fortune l'a jeté dans les
hautes places, il s'y est engraissé, et il ne veut plus que
des mets rares, délicats, des truffes, des bartavelles et des
faisans de Hongrie.

Nous avions aujourd'hui même à notre petite table deux aimables convives, M. de Germonville et M. Orange, qui ont mangé sans façon et avec un vrai plaisir de ce plat campagnard.

Quant aux vieux gastronomes, ils auraient tort de se plaindre, nous les avons déjà passablement bien traités, et ils ont dû trouver dans notre livre plus d'une recette capable de satisfaire leurs goûts. Mais qu'ils prennent garde aux indigestions, qu'ils deviennent un peu villageois, qu'ils s'attachent aux aliments simples et naturels. A la campagne, les mets recherchés, les assaisonnements de haut goût, ne sont pas nécessaires, on n'a besoin que de son appétit. Un bon régime, une vie régulière émoussent les passions, donnent de la force, du contentement et de la santé.

Le mousseron d'automne peut remplacer dans le nord le mousseron de la Provence et des Pyrénées; il est presque aussi parfumé, aussi délicat. On le fait sécher au soleil ou dans une étuve, et on le conserve dans un vase bien clos. On le mange également confit dans du sel et du vinaigre à la manière des cornichons. Cette année n'a pas été abondante en ceps, mais le petit mousseron d'automne foisonnait partout, et nous en avons fait une ample récolte dans les prés de la ferme de la Boulie et de Buc, dans les bois de Gonart, etc.

Mais les mousserons conviennent-ils à tous les tempéraments, à toutes les constitutions? Non certes, car si les hommes forts et bien portants les digèrent à merveille, ils échauffent, ils irritent les hommes nerveux, sujets à la goutte, à la gravelle, aux inflammations viscérales, surtout lorsque dans l'assaisonnement on n'a point ménagé les épices. Que le célibataire, que l'égoïste continue de se nourrir de champignons, qu'il les mange seul puisqu'il n'aime pas à les manger en bonne compagnie, qu'il y joigne des truffes et du piment; s'il meurt d'indigestion, personne ne prendra le deuil, et ses héritiers célèbreront gaîment ses funérailles. Mais que l'homme utile, bienfaisant, laborieux, que le père de famille les assaisonne simplement avec du beurre et de l'huile, quelques fines herbes et un peu de verjus ou de suc de citron. Son estomac digère-t-il lentement? qu'il y mette un peu de muscade, un peu de vin blanc et une petite pincée d'estragon nouvellement cueilli. Si vous êtes à la campagne, si vous avez un petit jardin, n'oubliez pas d'y planter de l'estragon. Une bordure d'estragon! Quel joli coup d'œil! Cette plante fraîche, salutaire donne de la gaieté à l'esprit s'il est triste ou languissant, aiguillonne l'estomac s'il est paresseux. (Voyez sa description dans notre *Nouveau Traité des plantes usuelles*, t. **2**, pag. 370.)

On nous demande maintenant quelle sorte de vin il faut boire avec tous ces plats de mousserons. Chaque pays a ses vins, ses goûts et ses habitudes. Buvez du médoc avec le Bordelais qui le regarde comme le premier, le plus salutaire de tous les vins; du pomard ou du chambertin avec M. de Cussy qui avait une sorte de prédilection pour les vins de Bourgogne; du vin de l'Ermitage ou de Collioure, si les vins alcooliques ne vous échauffent pas les entrailles; enfin buvez du vin de Mâcon ou du vin de Joigny avec le petit rentier : mais buvez de tous ces vins avec modération, c'est-à-dire en homme sage qui met au-dessus des jouissances matérielles le calme de l'esprit et la santé, le premier des biens. (Voyez l'histoire des vins chez les peuples anciens et modernes, avec l'appréciation de leurs qualités, dans notre *Phytographie médicale,* nouvelle édition, tom. 3, pag. 74-162.)

D'après l'observation de M. Dubois, le mousseron d'automne, très-commun aux environs d'Orléans, acquiert quelquefois une odeur désagréable en vieillissant. Ce naturaliste raconte que la famille d'un limonadier fut empoisonnée en mangeant, le soir, une fricassée de mousserons. Tous ceux qui avaient mangé de ce ragoût éprouvèrent un grand mal de tête, des anxiétés et des envies de vomir. On les guérit en leur faisant boire du vinaigre mêlé avec de l'eau. Un chien et un chat qui avaient léché les assiettes moururent le lendemain dans des convulsions horribles. M. Dubois ajoute que ceux qui avaient cueilli ces champignons avaient peut-être pris pour le faux mousseron une espèce vénéneuse qui lui ressemble, et qu'il appelle *amanita cespititia.* (Ce champignon n'est point une amanite, il n'a pas de volva.) Celui-ci croît également en automne sur les pelouses et au bord des bois. Il a le pédicule plus court ; son chapeau est aussi plus aplati, et ses bords, qui se relèvent en vieillissant, lui font prendre la forme d'un entonnoir.

Mais n'aurait-on pas plutôt mêlé par mégarde, avec ces mousserons, l'amanite blanche ou l'amanite citrine, espèces très-pernicieuses dont nous parlerons bientôt, et qui ne sont que trop souvent confondues avec les champignons de bonne qualité ? Nous avons la conviction intime que l'espèce de mousseron que nous venons de décrire n'a eu aucune part à cet empoisonnement. Certes, les bonnes espèces peuvent nuire lorsqu'elles se fanent de vétusté, mais elles ne font point mourir les animaux dans des convulsions horribles.

On pourrait également prendre pour le mousseron d'automne la variété blanche de l'agaric à dents de peigne (*agaricus pectinaceus*) qui lui ressemble un peu, mais qui a un goût très-âcre, ou quelques autres champignons blanchâtres, plus ou moins vénéneux, ou du moins suspects.

Vous avez donc *des suspects* comme au temps de notre révolution? nous disait un jour, dans une de nos promenades, un vieux chevalier de Saint-Louis. Écoutez Robespierre et Couthon : « Il n'a pas précisément conspiré contre la république; mais ses opinions, ses habitudes, sa naissance, son ton, son allure, le rendent au moins suspect, il faut le mettre en prison. » Au moindre revers des armées républicaines, ce malheureux était condamné à mort. O temps affreux! O jours d'exécrable mémoire! Puisse notre belle France ne vous revoir jamais!

Il est un grand nombre d'autres espèces appartenant à la section des gymnopes qui se recommandent par leurs qualités salubres, et qui sont usuelles en Italie; mais elles sont encore peu connues, et il n'est guère possible d'en donner ici une description exacte. Nous nous contenterons de mentionner comme les plus intéressantes le *prugnolo di maremma*, petit mousseron qui croît aux bords de la mer ; le *bigiolone*, mousseron tout gris qu'on vend au marché de Florence ; le *grumato alberino*, qui paraît être, selon M. Decandolle, la vraie pivoulade des Languedociens; le *fungo color d'Isabella*, champignon couleur de laque pâle, que Scopoli a décrit sous le nom d'*agaricus laccatus*, et qui croît au printemps dans les prés montueux et parmi la mousse ; le *fungo greco de Livourne ;* le *fungo geloso*, petit champignon blanc, visqueux, qu'on trouve en octobre auprès des ormes ; le *fungo appassionato*, désigné par Scopoli sous le nom d'*agaricus tristis* ; le *capellone bianco* à chapeau légèrement ombiliqué , qui croît dans les bois vers le mois de juin ; enfin quelques autres champignons qui exhalent une odeur de farine de froment, et qui, d'après Micheli, sont les plus estimés après l'oronge.

D'après cette énumération, sans doute fort incomplète, il est évident que le groupe des gymnopes est le plus riche en espèces salubres. Sur environ deux cents espèces dont il se compose, il n'en est pas une seule , dit M. Decandolle, qui ait été citée comme vénéneuse. Cette assertion nous paraît fondée, car on ne saurait mettre au rang des poisons quelques gymnopes qui ont seulement une saveur amère ou un peu âcre. Toutefois, le fait rapporté par M. Balbis, au sujet de l'*agaricus rimosus* , demande à être vérifié.

N'êtes-vous point fatigué, cher lecteur, de cette redondance culinaire qui vient de passer sous vos yeux? Certes, l'art de vivre ne saurait approuver tous ces coulis, tous ces ragoûts de mousserons. Il faut abandonner le faste , le luxe, les excès de la table aux hommes qui ne connaissent pas d'autre jouissance. Mais ils ont beau appeler à leur secours les artistes les plus habiles afin de varier leurs plaisirs, l'ennui les attend, l'ennui escorté de la mollesse et de toutes les impressions qui rendent si pesante la chaîne de la vie. Voyez ce voluptueux qui se traîne de son sopha dans la salle du festin; il renonce au potage, il effleure un anchois de ses lèvres , il dédaigne le beurre fin de Gournay, puis, jetant un regard de tristesse sur des filets de chevreuil mollement couchés sur un riche coulis, il gémit, il soupire. Toutes ses sensations sont émoussées, il a perdu l'odorat et le goût.

Quittons pour un instant tous ces mets délicats, cet air des fourneaux qui nous étouffe, qui fait tressaillir nos nerfs, et courons visiter quelque joli paysage. L'air est pour la santé le premier des biens, et pour la maladie le premier des remèdes. Qu'on me porte à l'ombre d'un chêne, s'écrie Jean-Jacques, je vous assure que j'en reviendrai.

CONSEILS A UN HYPOCHONDRIAQUE. — PROMENADE A CHEVREUSE.
PETIT REPAS DE CAMPAGNE.

Vous êtes jeune, la fortune vous a comblé de ses dons, mais l'ennui vous dévore, votre intelligence s'affaiblit, vous ne digérez plus, vous ne dormez plus, vous respirez avec peine, et la vie est pour vous un supplice. Vous voulez, dites-vous, quitter la ville, vous soupirez après la campagne, mais vos habitudes paresseuses vous retiennent sur votre ottomane, sur votre lit de repos parfumé d'essences. Pour dissiper cet état d'inertie et de mollesse vous appelez en vain à votre secours le thé, le café, l'alcool. Ces boissons vous réveillent un moment, puis vous jettent dans un stupeur léthargique.

Jeune Sybarite! c'est votre vie entière qu'il faut réformer. Réveillez-vous, le temps presse. Il faut quitter Paris, et ses banquets somptueux, et ses spectacles qui vous énervent, et ses réunions mondaines qui vous dépravent. Ce n'est ni dans les bains de la Seine, ni dans la piscine de Tivoli que vous trouverez un remède à vos maux. Allez respirer l'air des montagnes, nourrissez-vous de fruits, d'herbages, de mets simples, faites l'aumône au vieillard infirme, à l'orphelin, vous aurez des jours moins tristes, des nuits plus tranquilles, et, peu à peu, vous sentirez le prix de cette nouvelle vie.

Un voyage lointain vous effraie? Eh bien! venez à Versailles. Voulez-vous visiter avec moi la vallée de Chevreuse, cette fraîche vallée que l'Yvette arrose de son onde pure? Suivez-moi à travers la plaine de Villaroy où le vent fait plier les moissons, et remarquez en passant ce joli chemin bordé de pommiers; ces petits liserons qui, faute d'appui, rampent sur la terre, vous montrent leur corolle plissée avec grâce et d'un rose si doux. Ne cueillez point ce coquelicot au pavillon cramoisi, il exhale une odeur fétide; c'est le frère du fameux pavot d'Orient, de ce pavot qui enivre, donne la mort, et sauve quelquefois la vie.

Suivons ce petit sentier qui traverse les moissons. Admirez les beaux froments qui couvrent la campagne, mais ne dédaignez point ces seigles qui se hâtent de mûrir pour le pauvre. Bénissons la divine Providence qui a pris en pitié la misère du peuple, et qui, je l'espère, va nous donner une récolte magnifique. Voyez-vous Mérantet, et son petit château, et son parc brillant de verdure? O les beaux ormes! Qu'il est doux de se reposer sous leur vaste ombrage! Plus loin voilà de fraîches broussailles plantées sur la colline en face de Magny. Il faut les parcourir, nous nous reposerons après. Prenez garde! évitez cette pente rocailleuse, glissante. Vous ne tomberiez pas sans doute dans un abîme comme aux Pyrénées ou aux Alpes; cependant faites un petit détour, appuyez-vous sur ce beau frêne qui s'élance dans la nue, un chemin plus facile va nous mener dans un petit vallon bien riant.

Reposons-nous ici sous le feuillage des saules, au bord du ruisseau qui murmure, tout près de ces buissons que le chèvrefeuille et le rosier sauvage enlacent de leurs fraîches guirlandes. Eh quoi! la faim se réveille, votre estomac blasé se réconcilie avec vous! Cette nouvelle sensation, vous la devez à l'exercice, à la pureté de l'air. Voici un peu de chocolat fait par un artiste consciencieux; vous pourrez ensuite vous désaltérer dans l'onde du ruisseau.

Mais quels accents! quelle harmonie enchanteresse! Votre cœur pourrait-il ne pas être ému de ces accords à la fois si doux, si tendres et si vifs? C'est une mère au désespoir qui appelle ses petits enfants, qui pleure leur absence, qui les demande aux échos du vallon... Écoutez encore. Elle est heureuse et ravie de les avoir retrouvés, elle leur prodigue ses caresses, elle chante son bonheur et sa joie. Et quelle joie que celle d'une mère! Mais, hélas! sera-t-elle long-temps heureuse? Le pâtre a entendu sa voix, il a compris son allégresse; il est là qui cherche, qui convoite sa petite famille, et déjà il la dévore de l'œil. Le cruel! il va lui ravir le fruit de sa tendresse... Adieu, pauvres petits oiseaux! adieu, paisibles nuits! adieu, chants d'amour! Vous n'entendez plus que quelques faibles modulations, quelques soupirs qui vont se perdre dans la feuillée.

Allons, jeune homme! un peu de courage! Quittons ce petit vallon, Magny, Milon, Chevreuse, nous appellent. Vous trouverez là de belles plantes, des menthes parfumées, et vous pourrez y cueillir encore ce chèvrefeuille qui vous charme par son air d'abandon, par ses grâces naturelles, par ses festons si vermeils.

Nous gravissons lentement la côte qui mène à Magny. Voici sa petite église. Là sont des écoles chrétiennes où les enfants des hameaux voisins se réunissent à la voix des frères et des sœurs qui leur apprennent à lire, à écrire, à aimer Dieu. Oh! qu'ils bénissent la mémoire du généreux vieillard qui a fondé ces écoles, et dont tous les pas dans la carrière de la vie sont marqués par des bienfaits!

En quittant Magny, nous entrons dans un bois qui se prolonge sur le versant de la colline, et va se perdre à Milon-la-Chapelle. Encore un petit vallon gracieux , solitaire, où coule un ruisseau qui fait tourner plusieurs moulins, et dont la fraîcheur se répand dans les belles prairies qui s'étendent depuis Saint-Lambert jusqu'à Saint-Remy. Eh quoi! vous ne voyez pas cette chapelle entourée de petites maisons couvertes de chaume! vous n'entendez pas le son argentin de sa petite cloche, simple et douce mélodie qui fait battre le cœur des vrais fidèles! Hélas! la foi va s'affaiblissant de jour en jour. Les mauvaises passions, les doctrines anarchiques, l'égoïsme, la cupidité, le mensonge, ont pénétré dans toutes les classes, et nos journaux ne sont remplis que de meurtres , d'assassinats, d'empoisonnements', de suicides, de tentatives de révolte, digne cortége des révolutions politiques.

Éloignons ces tristes pensées. Courons à Chevreuse, et n'oublions pas en gravissant le coteau d'y cueillir quelques champignons. En voilà de délicieux qui couvrent la pelouse. C'est le petit mousseron des pacages , au chapeau blanc un peu teint de jaune; c'est la chanterelle aux formes attrayantes, on dirait de l'or semé à pleines mains sur le gazon. Enfin nous touchons aux ruines du château de Chevreuse , où quelques tours sont encore debout, où croissent le lierre et le sureau, triste parure du désert. Mais d'ici la vue plane sur une campagne charmante, sur des sites pittoresques dignes du peintre et du poète. La beauté du ciel, la pureté de l'air, la fraîcheur des bocages, tout, jusqu'à l'odeur qu'exhalent les foins qu'on a coupés dans le vallon, pénètre l'âme d'un sentiment que nous ne saurions exprimer.

Lecteur! nous vous avons bien fait attendre. Vous avez couru avec nous les bois, les coteaux, les vallons, et, pour tant de fatigue, tant de patience, nous n'avons à vous offrir qu'une omelette aux champignons. Mais enfin la voici. Vous faites blanchir vos champignons à l'eau bouillante, vous les pressez, vous les hachez avec quelques fines herbes, et vous les faites cuire à la poêle avec du beurre frais, du poivre et du sel. Vous y mêlez vos œufs bien battus, votre omelette est faite. Les vins délicats sont rares à Chevreuse, mais vous y trouvez du vin d'Orléans, du vin de Chablis, et l'Yvette vous donne une eau fraîche et limpide. Aimez-vous les fraises? Elles abondent dans les bois et dans les jardins. — Des champignons, des œufs, quelques fraises, de l'eau fraîche et du vin médiocre, y pensez-vous? C'est là le régime d'un anachorète. — Eh bien! notre jeune sybarite a trouvé ce petit repas délicieux. Faites comme lui. Si vous avez mené une vie trop mondaine, si votre âme, votre esprit, votre corps souffrent, hâtez-vous de corriger votre hygiène. Allez respirer un air pur et balsamique, courez les champs, agitez vos muscles, secouez vos vices; vivez simplement, fuyez les délices de la table, fuyez surtout ces hommes voluptueux qui ont le palais plus sensible que le cœur, ces gourmands incorrigibles dont toutes les fa-

cultés sont abruties, qui traînent dans la douleur une
vieillesse prématurée, et qui meurent comme ils ont
vécu.

§ IX. CORTINAIRE. *CORTINARIA.*

Pédicule central. Feuillets recouverts en naissant d'une
membrane incomplète, qui laisse sur le pédicule ou aux
bords du chapeau un collier soyeux, arachnoïde.

AGARIC VIOLET. *AGARICUS VIOLACEUS.*

Agaricus violaceus. Linn. Fl. Suec. p. 448. Bull. Champ.
t. 598. f. 2. Chev. Fl. Par. 1. p. 202. Mich. Gen. plant. t. 74.
f. 1.

(Pl. 17, Fig. 1.)

Ce beau champignon paraît avec un chapeau arrondi,
dont les bords sont liés au pédicule par une membrane
lâche, soyeuse, semblable à une toile d'araignée. Dans
son parfait développement, ce chapeau est large de trois
à quatre pouces, charnu, convexe, légèrement ondulé sur
les bords, d'un violet pourpre, velu et comme peluché à sa
surface, doublé de lames de la même couleur, épaisses,
larges, distantes entre elles, et couvertes à leur maturité
d'une poussière séminale de couleur ferrugineuse. Le pédicule est violet, épais, filandreux, tubéreux à sa base,
tomenteux dans sa jeunesse, et muni d'un anneau fugace
ou peu marqué.

On le trouve, en automne, dans les bois des environs
de Versailles, parmi les feuilles sèches. Je l'ai rencontré
assez souvent dans les bois de Gonart, de Ville-d'Avray,
de Meudon, de Verrières, etc.

Toute sa substance est d'un blanc teint de violet, d'un
goût de champignon assez agréable, mais d'une odeur un

peu forte. J'en ai fait usage, et je n'hésite point à l'inscrire parmi les espèces de bonne qualité. D'après Micheli, on le mange en Toscane sous le nom de *fungo redovo*. Une variété à chapeau d'un brun violet est également alimentaire en Piémont, c'est l'*agaricus violaceocinereus* de Persoon (*Agaricus violaceus*. SCHÆFF. t. 3.)

AGARIC TURBINÉ. *AGARICUS TURBINATUS.*

Agaricus turbinatus. BULL. CHAMP. t. 110. DC. Fl. Fr. 550. FRIES. SYST. MYCOL. 1. p. 255.

Cette espèce croît, en automne, dans les bois très-couverts ; elle a un pédicule plein, blanchâtre, assez court, écailleux, renflé à la base en forme de toupie, et pourvu d'un collier arachnoïde rougeâtre, très-fugace. Son chapeau est large de trois à quatre pouces, charnu, légèrement convexe, d'un jaune pâle, visqueux surtout par un temps humide. Les lames sont jaunes ou roussâtres, nombreuses, inégales, adhérentes au pédicule.

Quelques auteurs mettent ce champignon au nombre des espèces alimentaires ; mais il n'a rien d'agréable au goût ni à l'odorat.

AGARIC CHATAIN. *AGARICUS CASTANEUS.*

Agaricus castaneus. BULL. CHAMP. t. 268 et 327. f. 2. PERS. SYN. 298.

Son chapeau est large de deux pouces, comme satiné, d'un brun marron, quelquefois blanchâtre sur les bords, convexe et campanulé, ensuite plane et mamelonné au centre. Les lames sont inégales, libres, recouvertes en naissant d'un tissu filamenteux dont on voit quelques vestiges sur le pédicule ; celui-ci est assez mince, cylindrique, plein, ensuite fistuleux, d'un blanc nuancé de brun, haut de deux à trois pouces.

Ce champignon est assez commun dans les bois, en été et en automne. On le trouve par petits groupes, à terre, au pied des arbres. Il a un goût de bon champignon. On le mange en Italie sous le nom de *lumacone color di castagno, buono*.

AGARIC TACHÉ DE SANG. *AGARICUS HÆMATOCHELIS.*

Agaricus hæmatochelis. BULL. CHAMP. t. 596. DC. Fl. Fr. 535.

(Pl. 17, Fig. 2.)

Ce champignon a un pédicule allongé, plein, bulbeux, d'un blanc fauve, coupé vers le milieu de sa longueur par un liseré rouge circulaire. Son chapeau est convexe ou conique en naissant, ensuite aplati, large d'environ trois pouces dans son développement, d'un fauve rougeâtre, avec les bords légèrement sinués et roulés en dessous. Les feuillets sont inégaux, roux ou jaunâtres, d'abord couverts d'une espèce de membrane en réseau, dont on retrouve à peine quelques traces au bord du chapeau ou sur le pédicule.

Il croît, en été et en automne, dans les bois secs, parmi la mousse. On le trouve ordinairement solitaire, quelquefois au nombre de deux individus réunis par le pied. Il est peu sapide, mais il n'a rien qui annonce des qualités nuisibles.

AGARIC ÉCAILLEUX. *AGARICUS SQUAMOSUS.*

Agaricus squamosus. Bull. t. 266. DC. Fl. Fr. 542. — *Agaricus squarrosus.* Chev. Fl. Par. 1. p. 211. — *Agaricus floc-
cosus.* Schæff. t. 61.

Cet agaric est entièrement d'un fauve foncé. Son chapeau est d'abord hémisphérique, convexe, puis presque
plane, mais ordinairement mamelonné, tout hérissé d'é-
cailles frangées, réfléchies, large de quatre à cinq pouces.
Les feuillets sont nombreux, inégaux, presque droits,
d'une couleur ferrugineuse. Le pédicule est cylindrique,
fistuleux, également couvert d'écailles formant une espèce
d'anneau à son sommet.

Il vient, en automne, dans les bois. On le trouve ordinairement sur les vieilles souches pourries. D'après
M. Chevallier, il a le goût et la saveur de l'agaric comestible.

AGARIC A PETIT RÉSEAU. *AGARICUS CORTINELLUS.*

Agaricus cortinellus. DC. Fl. Fr. suppl. 541.

Son pédicule est blanc, creux, cylindrique, long d'un
pouce, muni à sa base de poils mous, blancs. Son chapeau
est d'abord ovoïde, puis convexe, d'un jaune paille ou d'un
jaune gris. Un voile arachnoïde couvre les feuillets dans
leur jeunesse, et reste pendant quelque temps adhérent aux
bords du chapeau sous la forme de franges blanches et
poilues. Les feuillets sont d'abord blancs, ensuite un peu
roussâtres ou d'un rouge vineux.

Ce champignon croît sur les vieux saules ou sur la terre
qui est à leur pied. On le mange à Montpellier confondu

avec plusieurs autres sous le nom de *pivoulade*. (Decandolle.)

§ X. LÉPIOTE. *LEPIOTA.*

Pédicule central. Feuillets recouverts en naissant d'une membrane qui se déchire avec le développement du chapeau pour former autour du pédicule un collier fixe ou mobile.

AGARIC ÉLEVÉ. *AGARICUS PROCERUS.*

Agaricus colubrinus. BULL. t. 22 et 23. FRIES. SYST. MYCOL. 1. 20. DESV. Fl. de l'Anjou. p. 12. BALB. Fl. de Lyon. 2. 248. LARBER. FUNG. 2. 213. t. 10. f. 1.

(Pl. 17, Fig. 3 et 4.)

Ce beau champignon se fait remarquer par sa haute taille, qui dépasse parfois douze ou quinze pouces lorsque le sol favorise son développement. Son chapeau, d'abord de forme ovoïde, s'évase ensuite peu à peu en forme de parasol; mais il est toujours plus ou moins mamelonné au centre, d'un roux panaché de brun, recouvert d'écailles imbriquées, formées par l'épiderme qui se soulève. Les feuillets se terminent à une certaine distance du pédicule; ils sont blanchâtres, libres, inégaux et très-rétrécis à leur base. Le pédicule est panaché de blanc et de brun, cylindrique, fistuleux, renflé à la base en forme de tubercule, muni au sommet d'un collier mobile et persistant.

On le trouve fréquemment, en été et en automne, dans les bois couverts et dans les terres sablonneuses. On lui donne dans nos départements une infinité de noms vulgaires, comme ceux de *grisette*, de *couleuvrée*, *coulemelle*, *coulmotte*, *parasol*, *potiron à bague*, *penchinade*, *capelan*, *bruguet,* etc. On le mange en Italie sous le nom de *bubbola maggiore,* et on a soin de le distinguer d'une autre espèce plus petite, de couleur ferrugineuse, mouchetée de brun, à pédicule renflé, qu'on appelle, à cause de sa qualité malfaisante, *bubbolina cativa.*

Les Romains ont connu ce champignon. Pline, qui l'avait observé avec soin, compare son chapeau à celui que portaient à Rome les prêtres flamines. Il signale également la hauteur de sa tige : *Mox candidi, velut apice flaminis, insignibus pediculis.* (Lib. 12, cap. 23.)

Ce champignon a peu de chair, mais il est très-savoureux, d'une odeur douce et fine. Son usage est très-répandu en France, en Allemagne, en Angleterre et même en Espagne, où il porte le nom de *cogomelos.* Il n'est pas moins estimé à Florence et dans le Milanais. M. le général Gougeon, officier très-distingué, homme érudit, lettré et friand, l'a observé aux environs d'Udine et dans le Frioul septentrional, où il croît en abondance. Comme il est très-léger et très-délicat, il faut, dit-il, le faire sauter dans de l'huile fine, après l'avoir assaisonné d'une pointe d'ail, de poivre et de sel. En quelques instants il est cuit.

On le mange aussi en fricassée de poulet, cuit sur le gril ou dans la tourtière, avec du beurre, des fines herbes, du poivre, du sel et de la chapelure de pain. Il est si abondant dans certains cantons, que plus d'un ménage champêtre en fait presque sa nourriture pendant plusieurs semaines. On ne mange point la tige, elle est d'une texture coriace.

Les amateurs de champignons connaissent à peine l'agaric élevé, aux environs de Paris et de Versailles. Il est pourtant assez commun dans les bois de Boulogne, de

Saint-Cloud, de Meudon, de Jouy, de Bièvre, etc. Dans le Haut-Languedoc, on va le cueillir dans les bruyères, d'où lui vient le nom de *bruguet*, de *brugairol*. On le mange cuit sur le gril et assaisonné d'huile d'olive. Il croît également dans les Pyrénées-Orientales, à Perpignan, à Céret, à Arles, etc. On le nomme *cugumellos*, et on le prépare comme les mousserons. Il est peu de champignons aussi légers, aussi délicats, aussi faciles à digérer.

Que le bon curé et la dame du château signalent aux pauvres gens cet excellent champignon, dont l'apprêt ne demande qu'un peu d'huile ou de graisse, et un grain de sel. On peut d'ailleurs le mêler avec la chanterelle, avec le mousseron d'automne, le cep, etc. Les personnes aisées ajoutent à ce mélange un peu de jus de citron qui le rend plus salubre et lui donne un meilleur goût.

Vous n'avez point de citrons, pas même de vinaigre Eh bien! cueillez en même temps que vos champignons une petite herbe qui rampe sur la terre, l'oseille sauvage (*oxalis acetosella*), à laquelle on a donné le joli nom d'*alleluia*. Oui, louez le Seigneur qui l'a semée pour les malheureux.

M. l'abbé Laine, vicaire de Saint-Louis, qui a bien voulu faire avec nous, l'été dernier, une excursion dans la vallée de Chevreuse, a cueilli plusieurs de ces champignons que nous avons mangés cuits sur le gril, et simplement assaisonnés de beurre, de poivre et de sel. Ce ragoût villageois n'a point déplu à ce digne ecclésiastique, homme excellent et d'une haute raison, qui a écouté avec tant de bienveillance la lecture de quelques pages de notre nouveau travail. « Cher docteur, m'a-t-il dit, vous écrivez pour l'homme riche, c'est bien ; mais vous n'oubliez point la classe pauvre, c'est encore mieux, et je vous en félicite. — Oui, monsieur l'abbé, j'aime les pauvres, l'artisan, l'ouvrier des campagnes qui vit avec tant de peine, et qui succombe fort souvent sous le faix qui l'écrase. »

Vers la fin de septembre de la même année (1840), je parcourais le beau plateau de Tels, commune du canton de Valence (Tarn), d'où la vue s'étend sur un vaste horizon. Tout près du petit presbytère modestement assis sur le même plateau, un beau champignon se dessinant en parasol sous un groupe de châtaigniers vient frapper mes regards, et semble m'inviter par sa bonne mine à le cueillir. C'était le *bruguet*, ainsi qu'on l'appelle dans les montagnes du Tarn et de l'Aveyron. Je fais quelques pas, et j'en vois une foule de la même espèce, le sol en était couvert. M. de Martrin, curé de la paroisse de Tels, a été curieux de connaître mon premier travail sur les champignons. Je sais qu'il a étudié ces plantes, moins pour lui-même que pour les malheureux des hameaux voisins. Eh bien ! qu'il se promène lorsque les feuilles commenceront à jaunir, sur le versant de la colline, en face des ruines féodales de Padiès, ou bien dans les pâturages de la Salle, il aura bientôt de quoi garnir son gril, et son petit jardin lui fournira une partie de l'assaisonnement. Que ne puis-je m'asseoir à côté de lui dans son petit réfectoire, ou règne la sagesse, où les besoins de la vie sont agréablement satisfaits ! heureux de pouvoir jouir de sa conversation spirituelle, douce, attachante! En l'écoutant, je me suis dit plus d'une fois : Oh ! c'est bien là le bon pasteur chanté par le poète :

Le pauvre le bénit, et le riche l'estime.

Oui, j'aime à le dire ici. C'est dans la classe des ecclésiastiques éclairés, tolérants, bienveillants, charitables, qu'on trouve cette douce philosophie qui nous console, nous charme, nous ranime et nous porte aux bonnes actions.

VALLON DE CHOISEL (SEINE-ET-OISE).

C'est ici dans le même vallon, à la même place, sous ces arbres touffus, que ma chère Valentine crayonnait, il y a deux jours, le charmant paysage de Choisel. C'est là qu'elle cueillait avec moi, et ces jolis champignons imitant le parasol des Chinois, et la pulmonaire aux petites coupes d'azur, et l'épilobe dressant au bord du ruisseau ses épis de carmin ; aimable enfant dont les caresses sont si douces, si naïves! Elle est ma joie dans mes courses, ma consolation dans mes peines, mon refuge dans mes vieux jours.

Quel calme! quelle solitude! ô la charmante retraite! Là des pommiers chargés de fruits, des peupliers dont la tête se perd dans la nue; ici des bouleaux agitant leur élégant feuillage; au bord des prairies, des saules dont la pâle verdure attriste un peu le regard; à droite, sur le revers de la colline, le sombre et magnifique parc de Dampierre; à gauche, sur le plateau qui domine le vallon, le château de Breteuil, avec ses jardins, ses beaux platanes et ses pins gigantesques.

Mais d'où vient cette odeur suave qui charme mes sens ? c'est la clématite qui abandonne aux brises son parfum et sa blonde chevelure; c'est le chèvrefeuille qui embaume les buissons. Charmantes fleurs, herbes fraîches de la prairie, vous faites toujours mes délices. En vous aimant, j'adore la Providence qui vous a semées sur nos pas. Oui, une voix secrète me crie : Dieu est partout... — Il est dans l'air que je respire, dans les parfums dont je m'enivre. Il est dans les grandes scènes de la nature, dans le mugissement de la tempête, comme dans la mélodie des oiseaux ou dans le doux frémissement du feuillage ; dans les flots courroucés de la mer comme dans l'onde paisible du ruisseau. Il est dans l'ineffable harmonie qui règne entre la terre et les cieux.... Il est au fond de mon cœur, qu'il réchauffe de sa douce flamme, qu'il ouvre au sentiment de la pitié ; il est dans mon esprit, dont il écarte une philosophie hautaine et mensongère.

Voici devant moi, à l'ouest, la petite église de Choisel, surmontée de son petit clocher. Et le presbytère, où est-il ? Je le cherche en vain, il échappe à ma vue. Eh bien ! mon imagination le place tout près d'un groupe de tilleuls. C'est là, sous leur frais ombrage, que le bon curé va se reposer le soir des fatigues de la journée. Il a visité plusieurs malades, il a consolé des vieillards infirmes, il pense au bien qu'il fera le lendemain.

Et cette petite maison blanche assise en face de l'église sur un tertre brillant de verdure, n'est-ce pas l'asile de la vertu, de la bienfaisance, la demeure des sœurs de la Charité ? Oui, c'est là que viennent s'instruire les enfants du hameau.... Hélas ! cette école chrétienne n'est plus ! Les sœurs l'ont abandonnée depuis qu'elles ont perdu leur protecteur, leur ami, M. le comte de Breteuil. Et ces pauvres enfants, que deviendront-ils ? Le pasteur est là, il est aussi l'ami des pauvres... Ma chère Valentine, tu liras sans doute un jour ces lignes ; qu'elles t'apprennent à les aimer, à soulager leur misère, à favoriser leur instruction ! Oh ! ce sera pour toi une tâche bien facile. Dieu

t'a donné un cœur sensible, compatissant, et j'ai vu de
douces larmes briller dans tes yeux quand tu faisais l'aumône à l'orphelin.

> D'une âme généreuse, ô volupté suprême !
> Un mortel bienfaisant approche de Dieu même.
>   RACINE, *la Religion*.

AGARIC EN BOUCLIER. *AGARICUS CLYPEOLARIUS.*

Agaricus clypeolarius. BULL. t. 405 et 506. f. 2. DC. Fl. Fr.
557. DESV. Fl. de l'Anjou. p. 12. — *Agaricus colubrinus.*
PERS. SYN. 258.

Cette espèce a quelque ressemblance avec la précédente, mais elle est infiniment plus petite dans ses dimensions. Le pédicule est long de trois ou quatre pouces, cylindrique, cotonneux, roussâtre, rarement tubéreux à la base;
il porte quelques fragments d'une membrane légère qui
couvrait les feuillets à leur naissance. Le chapeau est campanulé ou de forme ovoïde, blanchâtre, parsemé de taches
d'un rouge bistré, large de deux ou trois pouces, quelquefois crénelé ou lobé en ses bords. Ses lames sont blanches,
libres et inégales.

On trouve cet agaric, en été et en automne, dans les endroits sombres et humides des bois. Il est d'une consistance
molle, d'une odeur peu agréable; il passe pour vénéneux.
On lui a donné le nom de *coulemelle d'eau.* On pourrait
confondre l'agaric élevé avec celui-ci ; mais il faut remarquer que le premier a un collier mobile très-marqué, un
parfum et une saveur de bon champignon, tandis que le
second n'a rien d'agréable, et conserve à peine quelques
vestiges d'un collier fugace.

Au reste, les botanistes ne sont nullement d'accord sur

les qualités de ce champignon : les uns disent qu'il est excellent, d'autres prétendent qu'il est très-vénéneux. Nous en avons mangé deux fois une petite quantité, et la digestion s'en est faite sans aucun trouble.

AGARIC DES TRONCS. *AGARICUS CAUDICINUS.*

Agaricus caudicinus. PERS. SYN. 271. TRATTIN. FUNG. AUSTR. t. 7. — *Agaricus mutabilis.* SCHÆFF. FUNG. t. 9.

On distingue cette espèce à son chapeau de forme convexe, mamelonné, glabre, large d'environ trois pouces, d'un brun fauve, doublé de feuillets nombreux, un peu décurrents, de couleur ferrugineuse ; à son pédicule d'un jaune brun, fistuleux, hérissé d'écailles, et muni d'un petit anneau fugace. Elle croît par groupes, en automne, sur les troncs d'arbres ou sur les vieilles souches.

On mange ce champignon en Allemagne, surtout en Bavière et en Autriche; mais il faut observer que l'espèce suivante lui ressemble, et passe généralement pour vénéneuse.

AGARIC ANNULAIRE. *AGARICUS ANNULARIUS.*

Agaricus annularius. BULL. t. 577. DC. Fl. Fr. 548. — *Agaricus polymyces.* PERS. SYN. 269. — *Agaricus melleus.* Fl. Dan. t. 1015. CHEV. Fl. Par. 1. p. 150. — *Agaricus congregatus.* BOLT. FUNG. t. 140. — *Agaricus stipitis.* SOWERB. FUNG. t. 101.

L'agaric annulaire croît par groupes, formés quelquefois de vingt à trente individus réunis par le pied. On le rencontre, en automne, dans les forêts à terre ou tout auprès des vieux troncs.

Son chapeau, d'abord convexe, se déprime en vieillissant. Il est large de deux à trois pouces, d'une couleur orangée ou fauve, taché vers le centre de très-petites écailles noirâtres. Les feuillets sont inégaux, d'un blanc jaunâtre, un peu décurrents. Le pédicule est long de quatre à cinq pouces, fibreux, cylindrique, glabre, quelquefois pelucheux, muni d'un anneau entier et redressé.

Il est peu de champignons aussi communs dans nos bois. On le rencontre aussi sur les grandes routes au pied des ormes. J'ai quelquefois compté jusqu'à soixante individus réunis en touffe. Quelques botanistes le regardent comme une variété de l'espèce précédente; mais il doit en être séparé et former une espèce particulière. Il en diffère par les écailles poilues du chapeau, par son collier très-distinct, redressé en forme de godet, et surtout par ses propriétés vénéneuses. Il a une odeur fade, désagréable, une saveur styptique, inhérente au gosier. Administré aux animaux, il a causé l'inflammation du canal alimentaire, et la mort.

AGARIC DU SUREAU. *AGARICUS SAMBUCINUS.*

Agaricus sambucinus. Cord. Champ. p. 199. — *Agaricus albo-rufus*. Pers. Champ. p. 191.

Ce champignon, que le docteur Thore nous a fait connaître, porte un chapeau toujours mamelonné, lisse, d'un blanc roux, large de trois pouces. Les feuillets sont très-décurrents, d'abord blanchâtres, roux dans leur vieillesse. Le pédicule est grêle, lisse, blanc, cylindrique, un peu courbé à sa base.

On le trouve aux environs de Dax, au printemps et en automne, par groupes très-nombreux au pied des sureaux. On l'appelle vulgairement *sahuquère, aloumères*. Il a une

saveur douce, une odeur fort agréable, et il est très-recherché par quelques amateurs de champignons.

AGARIC ATTÉNUÉ. *AGARICUS ATTENUATUS.*

Agaricus attenuatus. DC. Fl. Fr. suppl. 347.

Son pédicule est aminci à la base, et s'évase insensible-
ment jusqu'au sommet; il est long de deux à quatre pouces,
quelquefois central, quelquefois excentrique, épais de deux
lignes à sa base, de six à neuf au sommet, plus ou moins
courbé, blanchâtre, plein, muni d'un collier rabattu. Les
feuillets sont d'un brun fauve, inégaux, adhérents au pédicule, décurrents du grand côté quand le pédicule est excentrique, rentrant de toutes parts quand il est central. Le
chapeau est convexe, charnu, sec, d'un blanc sale ou roussâtre.

Il croît en octobre sur les vieux troncs de saule. Suivant
M. Decandolle, qui a le premier décrit exactement ce cham-
pignon, c'est un de ceux qu'on mange aux environs de
Montpellier, sous le nom de *piroulade.*

Micheli (*Gen. plant.*) indique une foule d'autres espèces
qui paraissent appartenir à la même section, et qui sont
presque toutes usuelles en Toscane; mais elles sont encore
peu connues des naturalistes. Au reste, l'Italie est la terre
c'assique des champignons comestibles, et le nombre de
ceux qu'on apporte au marché de Florence est prodigieux.

§ XI. AMANITE. *AMANITA.*

Pédicule central, plus ou moins renflé à la base. Volva
entier ou incomplet recouvrant le champignon à sa naissance, et dont il reste ordinairement quelques débris sur
le chapeau ou à la base du pédicule.

* PÉDICULE MUNI D'UN COLLIER.

AGARIC FAUSSE-ORONGE. *AGARICUS MUSCARIUS.*

Agaricus muscarius. LINN. Fl. Succ. 1235. DC. Fl. Fr. 561. — *Agaricus pseudo-aurantiacus.* BULL. CHAMP. t. 122. — *Amanita muscaria.* PERS. SYN. 253.

α. Pileo verrucis flavescentibus ornato.

β. Pileo verrucis denudato.

(Pl. 18, Fig. 1 et 2. Pl. 19, Fig. 1, 2 et 3. Pl. 20, Fig. 1.)

Ce champignon est de la plus grande beauté. Son chapeau à moitié épanoui ressemble à une espèce de dôme teint d'un rouge vif et agréablement moucheté de pellicules blanches. Peu à peu ce chapeau s'évase et prend une forme horizontale ; il est large d'environ cinq ou six pouces, et quelquefois davantage, d'une nuance plus foncée au centre, plus ou moins couvert de verrues blanchâtres, formées par les débris du volva ; ses bords sont d'un rouge orangé et quelquefois légèrement striés. Les lames sont d'un blanc de neige, nombreuses, larges, inégales, d'abord revêtues d'une membrane de la même couleur, qui se rabat ensuite sur le pédicule en forme de collier ou d'anneau. Le pédicule est blanchâtre, plein, épais, cylindrique, un peu écailleux, bulbeux à sa base, haut de cinq ou six pouces.

La surface du chapeau est luisante, un peu visqueuse ; sa chair est épaisse, blanche à l'intérieur, jaunâtre près de la peau, d'un goût fade, d'une odeur suspecte. La bulbe du pédicule exhale particulièrement une odeur forte et nauséabonde.

La variété α a des verrues d'une couleur dorée ou citrine, ainsi que l'anneau dont les bords sont finement dentés. Son pédicule est épais, bulbeux et d'un blanc teint de jaune. Elle n'est point commune ; je l'ai observée dans les taillis de Porchéfontaine. On la trouve dans les bois des départements méridionaux et dans la forêt de Loches (Indre-et-Loire).

La variété β a le chapeau uni, dépourvu de **verrues**. Elle est moins rouge ; ses teintes sont plus douces, surtout vers les bords où le jaune domine. Elle est rare aux environs de Paris ; on la rencontre néanmoins dans les lieux **un peu** découverts du bois de Meudon. M. Dubois l'indique dans la forêt d'Orléans, et Van Sterbeeck, dans les bois de la Belgique. Comme elle n'est point tachée par les débris du volva, on pourrait la prendre pour la **véritable** oronge ; mais on ne s'y trompera point, si l'on fait **attention** que les feuillets de celle-ci sont constamment jaunes, tandis qu'ils sont blancs dans la fausse-oronge **et ses** variétés.

Les Romains connaissaient la fausse-oronge. La description qu'en fait Pline, en parlant des champignons pernicieux, est aussi exacte que pittoresque : *Velut guttas in vertice albas ex tunicá suá gerunt. Volvam enim terra ob hoc priùs gignit, ipsum posteà in volvá, ceu in ovo est luteum. Nec tunica minor gratia in cibo infantis boleti. Rumpitur hæc primò nascente : mox increscente, in pediculi corpus absumitur.*

La fausse-oronge croît abondamment dans tous les bois de l'Europe, vers la fin de l'été et pendant une partie de l'automne. Elle est commune dans les endroits sombres et un peu humides de Verrières, de Meudon, de Vincennes, de Montmorency, etc., où elle naît tantôt solitaire, et tantôt par groupes plus ou moins nombreux. J'ai observé ce

champignon , en 1823, dans les bois de Sainte-Geneviève,
non loin des bords de l'Orge. Plus de soixante individus ,
épars sous un massif de différents arbres, produisaient par
leurs vives couleurs l'effet le plus pittoresque. On eût dit
que la terre était couverte d'un tapis de pourpre , dont
l'éclat était encore relevé par la sombre verdure des autres
plantes.

PROPRIÉTÉS DÉLÉTÈRES.

La nature du climat ne modifie en aucune manière les
qualités malfaisantes de ce champignon ; il est vénéneux
dans tous les pays. On le redoute en Italie, où on l'appelle
ovolaccio, *ovolo malefico*, etc. Dans le nord , il n'est pas
moins nuisible, et, malgré l'assertion contraire de quelques naturalistes ou voyageurs, les Russes ne sauraient en
faire usage impunément, témoin l'accident funeste arrivé
à la veuve du czar Alexis, laquelle perdit la vie pour avoir
mangé de semblables champignons. Loësel rapporte (*Flora
prussica*) que six Lithuaniens furent également empoisonnés par la fausse-oronge.

Les effets qu'elle produit sur les habitants du Kamt-
schatka n'attestent pas moins ses principes virulents, puisqu'une certaine dose suffit pour provoquer un état d'ivresse
et même un délire furieux. Suivant Krascheminikow (*Na-
tural History of Kamtschtka*), certains magnats préparent
avec ce champignon une liqueur excitante, qui les jette dans
un état d'ivresse accompagné de délire et d'une joie insolite.
Gmelin et Pallas ont aussi constaté sa propriété enivrante.

Le professeur Vauquelin a obtenu de la fausse-oronge,
par l'analyse chimique, plusieurs sels et une substance
grasse dans laquelle réside son action vénéneuse. On a fait

des expériences sur les animaux, et notamment sur les chiens et les chats, pour connaître ses effets délétères. En général ces animaux succombent au bout de dix ou douze heures, s'ils ne sont pas secourus. Bulliard remarque que les chiens éprouvent des douleurs plus vives que les chats. Le docteur Paulet avait empoisonné un chien de moyenne taille avec trois de ces champignons. Le poison avait déjà provoqué, au bout de dix ou douze heures, des spasmes, des tremblements, beaucoup de faiblesse, et, quelques heures plus tard, un état de stupeur. L'animal fut sauvé à l'aide de trois grains de tartre émétique et d'un peu d'huile d'olive qui lui firent rejeter les champignons.

Les expériences que j'ai tentées moi-même sur des chiens ont produit des effets à peu près semblables. Un de ces animaux a vomi une pâtée empoisonnée que je lui avais fait prendre, après avoir éprouvé une sorte de vertige avec des mouvements convulsifs, et il s'est promptement rétabli. Un autre, qui n'avait point rejeté le poison, est tombé dans un état de stupeur et de faiblesse, qui s'est terminé par la mort. Les vaisseaux du cerveau étaient gorgés de sang et les tuniques de l'estomac légèrement enflammées.

Le docteur Pouget a donné en ma présence à un chien d'assez forte taille plusieurs de ces champignons. Cet animal n'en a été que médiocrement affecté; mais il avait déjà résisté à quelques autres épreuves de cette nature. Ce n'est pas la première fois que nous avons trouvé des animaux dont l'organisation s'est montrée réfractaire à l'activité des poisons, à moins qu'on ne leur en donnât des doses considérables.

La fausse-oronge produit les mêmes effets sur l'homme, ainsi que le prouvent les observations suivantes.

PREMIÈRE OBSERVATION.

M. Imbert, ancien officier de cavalerie, avait cueilli dans le bois de Meudon, pendant l'automne de 1813, des champignons mouchetés qu'il avait pris pour des oronges. En rentrant chez lui, il se fit préparer un plat assez copieux de ces champignons, qu'il mangea en grande partie. Peu de temps après, il éprouva des nausées, des étourdissements et une si forte propension au sommeil, qu'il fut obligé de se jeter sur son lit.

Son domestique, qui l'avait quitté peu d'instants après son dîner pour aller faire quelques commissions, le trouva à son retour sans connaissance, et fit appeler du secours. M. ****, chirurgien, se contenta de lui appliquer un vésicatoire à la nuque. Ayant appris, à mon arrivée, qu'il avait mangé des champignons des bois, je demandai s'il en restait encore, et aussitôt on me fit voir une fausseoronge d'une grande dimension qu'on avait conservée pour le lendemain. Le malade avait le pouls extrêmement faible, le visage pâle, la respiration courte et la région de l'estomac très-distendue. Dans l'espace d'une heure, et à différentes reprises, je lui fis avaler avec une difficulté extrême quatre grains d'émétique dissous dans trois onces d'eau. Les dernières cuillerées provoquèrent enfin le vomissement, avec l'expulsion des champignons vénéneux presque entiers. Mais le malade retomba bientôt après dans un état comateux. On eut recours à une potion stimulante fortement éthérée, et on donna un lavement préparé avec une dissolution de six grains de tartrate antimonié de potasse et de six gros de sulfate de soude. On appliqua des sinapismes, on frictionna les membres inférieurs avec un liniment volatil camphré.

Le lendemain matin, à sept heures, même état d'insensibilité et d'affaissement. Deux larges vésicatoires furent appliqués à la partie intérieure des cuisses. On donna quelques cuillerées d'une potion composée de deux onces d'eau de menthe, d'autant d'acétate d'ammoniaque et d'une once et demie de sirop de limon. Vers midi, le malade avalait plus facilement, la stupeur était moins profonde. On continua la potion, et, à huit heures du soir, il avait repris l'usage des sens. Il s'établit dès lors une diarrhée que j'eus soin d'entretenir avec quelques lavements, et des boissons délayantes où l'on ajoutait un peu d'oxymel. Le malade éprouva néanmoins pendant quelques jours une sorte d'incohérence dans les idées qui se dissipa par un régime restaurant.

Il n'est pas douteux que l'acétate d'ammoniaque ne se soit montré très-efficace dans cet empoisonnement. Je suis persuadé que c'est un des moyens les plus énergiques et les plus salutaires dans les accidents produits par les poisons végétaux avec prostration des forces, surtout lorsque la matière vénéneuse a été éliminée du canal digestif. Les éléments qui constituent ce remède sont très-propres à ranimer l'action vitale et à combattre les principes délétères des poisons narcotiques.

DEUXIÈME OBSERVATION.

Madame la princesse de Conti fut empoisonnée à Fontainebleau avec la fausse-oronge. Deux heures après le dîner, elle éprouva des envies de vomir, accompagnées de défaillances et d'anxiétés; enfin, elle tomba dans un état de stupeur et d'anéantissement qui fit craindre pour sa vie. Vingt-sept grains de tartre émétique, administrés dans la journée, n'avaient encore produit aucun effet, lorsque le suc de raifort, et surtout un lavement préparé avec une forte décoction de tabac, procurèrent l'évacuation entière des champignons. La princesse rendit beaucoup de sang par les selles ; sa convalescence fut longue. Le lait contribua beaucoup à son rétablissement.

Le docteur Paulet, à qui nous avons emprunté cette observation, a recueilli quelques autres faits sur l'action délétère de la fausse-oronge. Les symptômes s'y montrent pourtant avec moins d'intensité. Les vomitifs, l'eau tiède, les boissons miellées, etc., ont suffi pour faire rejeter le poison.

TROISIÈME OBSERVATION.

Vicat, dans son *Traité des plantes vénéneuses de la Suisse*, parle de deux familles qui furent empoisonnées par le même champignon, et guéries également par l'émétique et l'eau miellée. Mais l'un de ces malades, âgé de soixante ans, fut comme frappé d'apoplexie. Depuis plusieurs heures, il était plongé dans un profond assoupissement. Après les premiers vomissements, il devint furieux, tout son corps était en convulsion. Lorsque le conduit alimentaire fut débarrassé des substances vénéneuses, deux vésicatoires contribuèrent à dissiper le délire qui avait duré environ vingt-quatre heures.

QUATRIÈME OBSERVATION.

Une famille d'Orléans s'empoisonna en mangeant des fausses-oronges. On guérit les personnes malades en les faisant vomir promptement. M. Dubois fait observer que les morceaux de champignon rejetés par l'effet du vomitif avaient singulièrement augmenté de volume ; mais il nous laisse ignorer les autres phénomènes qui avaient accompagné cet empoisonnement. (Dubois, *Flore d'Orléans*, pag. 163.)

CINQUIÈME OBSERVATION.

M. Dufour, médecin de Montargis, avait cueilli dans la forêt des oronges, des ceps et des coulemelles. Leur préparation consista à les dépouiller de leur peau et de leur pédicule, à les couper par tranches, et à les faire cuire dans leur jus, avec du beurre et des fines herbes sous le four de campagne. Ce plat fut mangé à dîner par ce médecin, sa femme, ses trois enfants et une domestique. Quelques heures après, celle-ci, qui avait mangé le plus de ces champignons, se plaignit d'étourdissements, de vertiges et d'un léger soulèvement d'estomac. La face était rouge et enflammée, l'œil saillant et vif, le pouls plein.

La fille aînée de M. Dufour, âgée de douze ans, éprouva les mêmes accidents sans nausées. Une petite fille de dix-huit mois, qui n'avait mangé que du pain trempé de jus, s'endormit si profondément sur la table, qu'on ne put l'éveiller. On la mit au lit, où elle resta seize heures dans un sommeil si tranquille et si doux, qu'on ne crut pas devoir la troubler par des médicaments. Enfin elle s'éveilla en demandant du pain, sans avoir éprouvé d'autre mal qu'un sommeil intense et inaccoutumé. Le fils, âgé de onze ans, qui était sorti, éprouva un peu plus tard des étourdissements et une sorte d'ivresse.

M. Dufour et sa femme ne furent nullement incommodés. Cependant tout le monde prit de l'émétique en lavage. Au vomitif, le docteur fit succéder une potion anti-spasmodique fortement éthérée, et le soir même la guérison fut complète.

Huit petits canards, qui avaient mangé les épluchures des champignons, moururent quelques heures après. Un gros canard eut des étourdissements ; il ne pouvait se tenir sur ses pattes, et il trébuchait comme s'il eût été ivre. On l'avait oublié pendant quelques heures, on le trouva mourant. On lui donna deux cuillerées de vin de Malaga avec du sucre et six gouttes d'éther ; on l'enveloppa de fumier chaud, et le lendemain on le vit barboter dans la cour.

Le docteur Dufour observe qu'il n'y avait que deux oronges dans sa récolte, qu'il divisa en trois parts, et qu'elles entrèrent dans son lot. Deux personnes qui l'avaient accompagné mangèrent impunément leur portion. (*Gazette de santé*, 21 août 1812, n° 16.)

D'après les symptômes qui ont accompagné cet empoisonnement, il est très-probable qu'il a été causé par l'amanite mouchetée qu'on aura prise pour l'oronge. En effet, les fortes pluies peuvent enlever les débris du volva qui couvrent la fausse-oronge, et la faire ressembler en quelque sorte à l'espèce salubre ; il y a d'ailleurs une variété qui n'a point de verrues sur le chapeau. Il est donc essentiel d'examiner attentivement les autres caractères qui les distinguent. Le plus saillant et le moins équivoque est la couleur des lames qui est différente dans ces deux champignons. L'oronge a des lames couleur d'or ; celles de l'agaric moucheté et de ses variétés sont constamment blanches.

SIXIÈME OBSERVATION.

M. le docteur Vadrot a consigné dans sa dissertation inaugurale un empoisonnement produit, en Russie, par le même champignon, sur plusieurs soldats de l'armée française, qui succombèrent après avoir éprouvé des déchirements d'entrailles, une soif ardente, des suffocations, des sueurs froides, etc. La tunique interne du canal digestif était enflammée sur plusieurs points, et offrait des taches gangréneuses plus ou moins étendues.

SEPTIÈME OBSERVATION.

M. Haüer, libraire de Saint-Pétersbourg, a été témoin, il y a quelques années, d'un empoisonnement produit par la fausse-oronge. Un jeune Kalmouk mangea dans une campagne, aux environs de Saint-Pétersbourg, la moitié seulement d'un de ces champignons qu'il venait de cueillir dans les bois. Deux heures après, il eut des nausées, des étourdissements suivis de délire et d'une faiblesse extrême. Enfin, il s'évanouit. On lui donna abondamment de l'eau chaude, puis du thé. Il rejeta le champignon, et peu à peu les symptômes se calmèrent. M. Haüer nous a communiqué ce fait tout nouvellement.

HUITIÈME OBSERVATION.

Enfin, la fausse-oronge a empoisonné plusieurs personnes de Versailles dans les premiers jours d'octobre de l'année dernière (1840).

M. George, officier comptable à l'hôpital militaire de Versailles, avait cueilli de ces champignons dans les bois de Gonart. Madame George les prépara elle-même avec

de l'huile d'olive, du poivre et du sel, après les avoir lavés
à plusieurs eaux et pressés dans un linge. Ce plat de
champignons fut mangé à déjeuner par M. et madame
George, par leur jeune demoiselle, et par M. Laurent,
employé à l'hôpital militaire. La mère et la fille éprouvèrent, avant de quitter la table, un malaise général, des
nausées, de l'oppression, des étourdissements, puis une
sorte de défaillance. Quelques tasses de thé qu'on donna
à madame George provoquèrent plusieurs vomissements,
et l'expulsion d'une partie de la matière vénéneuse. La
jeune personne eut des vomissements spontanés. Cependant elles éprouvaient encore des vertiges, de la faiblesse,
de l'anxiété, et ces symptômes ne se dissipèrent qu'après
l'usage d'une potion émétisée qui expulsa entièrement les
champignons à moitié digérés.

M. George n'était encore que faiblement atteint. Il
crut que le changement d'air pourrait lui faire du bien ;
il sortit et fut prendre dans un café un petit verre d'eau-
de-vie, dans l'espoir que cette liqueur excitante lui ferait
digérer les champignons. Mais, peu de temps après, il
se trouva dans un tel état de faiblesse, qu'un de ses amis
fut obligé de lui donner le bras, de le soutenir et de le
reconduire à la maison. En arrivant, ses forces se raniment, sa tête s'exalte, et, livré à une joie insolite, il dit
à madame George : « Tu es empoisonnée, ma femme ! Eh
bien ! je le suis aussi. Tant mieux ! Mourons ensemble,
nous ne nous quitterons pas. » Passant ensuite de cette
espèce de gaieté folle à une sorte d'enthousiasme pour
Napoléon, il crie plusieurs fois : Vive l'empereur ! Et
puis, voyant quelques champignons qu'on avait conservés,
il devient furieux, il les jette à terre et les écrase sous ses

pieds. On lui donne de l'eau émétisée qui produit plusieurs vomissements. Enfin, des lavements huileux dans lesquels on a fait dissoudre plusieurs grains d'émétique provoquent d'abondantes évacuations, et les symptômes se calment peu à peu.

M. Laurent avait peu mangé de champignons. Il éprouva néanmoins quelques étourdissements, de la faiblesse, des nausées et des coliques. Il se guérit en prenant du thé, puis de l'eau émétisée.

M. George avait cueilli ces champignons, parce que M. Pernot, ancien maire de Vaugirard, lui avait dit qu'ils étaient de bonne qualité, et qu'il en faisait usage lui-même depuis long-temps. Mais M. Pernot, avant de les faire cuire, les passe à l'eau bouillante, et les fait macérer ensuite dans du vinaigre. Nul doute que le vinaigre ne s'empare des principes vénéneux de la fausse-oronge, ou qu'il n'affaiblisse du moins leur énergie; c'est un moyen qu'on emploie en Russie, mais qui ne nous rassure pas entièrement; et notre mycophile pourrait bien quelque jour être victime de son imprudence.

Madame George, excellente mère de famille, a écouté avec attention nos avertissements, et nous a bien promis de renoncer à ces mauvais champignons. Elle connaît parfaitement ceux qui viennent dans les pâturages, voilà ceux qu'elle peut manger sans risque.

Qu'on nous dise tant qu'on voudra que le maire de Vaugirard mange la fausse-oronge; que des gardes-du-corps s'en régalaient jadis dans la forêt de Saint-Germain, tout cela ne saurait détruire les faits que nous avons mis sous les yeux du lecteur. Nous lui conseillons de ne point s'en rapporter à des expériences, à des moyens de précaution qui pourraient compromettre sa santé et même sa vie. Il verra encore, quelques pages plus bas, que le cardinal Caprara faillit périr à Fontainebleau pour avoir mangé un de ces champignons qu'il avait pris pour l'oronge si estimée en Italie.

Malgré les effets délétères de la fausse-oronge, on a cherché à l'introduire dans la matière médicale, et quelques médecins allemands ont cru trouver dans son action un nouveau remède contre l'épilepsie. (Gruner, *Dissertatio de virtutibus agarici muscarii*.) On emploie ce champignon, préalablement desséché, sous la forme pulvérulente, à la dose d'un gros. On en saupoudre aussi les ulcères atoniques rebelles, et cette application a été quelquefois suivie d'heureux effets. Les champignons vénéneux, et particulièrement la fausse-oronge, peuvent bien, à raison de leurs propriétés excitantes, offrir de nouveaux moyens thérapeutiques; mais les faits qu'on a recueillis jusqu'ici ne sont pas assez nombreux pour qu'on puisse déterminer d'une manière précise l'emploi de ces plantes délétères. Celui qui voudra se livrer à ce genre d'essais devra agir avec une extrême réserve.

AGARIC FULIGINEUX. *AGARICUS FULIGINOSUS*. N.

(Pl. 20, Fig. 2.)

Cette espèce d'amanite, dont je ne trouve nulle part la description, s'élève à la hauteur de trois à quatre pouces sur un pédicule droit, blanc, épais, d'une grosseur à peu près égale partout, excepté à la base, qui est renflée en forme de bulbe. Le collier est également blanc, très-long, rabattu et presque collé sur le pédicule. Le chapeau es^t

arrondi, convexe, régulier, de trois à quatre pouces de diamètre, un peu visqueux, luisant, d'une couleur presque noire ou fuligineuse, avec un reflet roussâtre, parsemé de verrues blanches, globuleuses, semblables à des gouttes de lait. Les feuillets sont d'un blanc pur, serrés et d'une longueur inégale.

La substance du chapeau est épaisse, ferme, blanche intérieurement, d'une couleur paille sous la peau; elle a peu d'odeur : mais son goût, d'abord fade, douceâtre, puis un peu âcre, n'annonce point un champignon salubre, sans compter que celui-ci appartient à un groupe qui renferme un assez grand nombre d'espèces malfaisantes.

L'agaric fuligineux est assez rare. Je l'ai rencontré une ou deux fois dans mes excursions à Meudon, et une autre fois dans les taillis de Sainte-Geneviève. Il paraît se plaire dans les lieux frais et herbeux.

AGARIC DARTREUX. *AGARICUS HERPETICUS.* N.

Agaricus pantherinus. DC. Fl. Fr. suppl. 559?

(Pl. 20, Fig. 3.)

Ce champignon a un pédicule blanc, haut d'environ trois pouces, un peu aminci au sommet, plus épais et renflé en forme de bulbe à sa base, muni d'un anneau de la même couleur et dont les bords sont denticulés. Le chapeau est d'abord de forme hémisphérique, ensuite presque plane, large de deux à trois pouces, couleur de feuille morte ou d'un roux plus ou moins prononcé, strié sur les bords, taché de petites écailles ou pellicules blanches, nombreuses, agglomérées sur toute sa surface, et qui lui donnent un aspect dartreux. Les feuillets sont multipliés, entremêlés de quelques feuillets plus courts et d'une couleur blanchâtre.

On trouve cette espèce d'amanite, en automne, au bord des bois. Je l'ai observée à Ville-d'Avray, non loin de l'étang. Sa chair est blanche, assez ferme ; mais elle n'a rien d'agréable au goût ni à l'odorat. On doit s'en défier.

AGARIC RUDE. *AGARICUS ASPER.*

Agaricus asper. DC. Fl. Fr. 559. — *Amanita aspera*. PERS. SYN. 256. — *Agaricus verrucosus*. BULL. CHAMP. t. 516.

On rencontre cette espèce ordinairement solitaire dans les endroits humides des bois, en été et en automne. Elle a un chapeau large d'environ trois pouces, épais, charnu, d'abord hémisphérique, ensuite un peu concave, d'un brun rougeâtre, couvert de plaques irrégulières, proéminentes, un peu farineuses, et doublé de feuillets nombreux, inégaux, d'un blanc de neige. Le pédicule est long de deux ou trois pouces, un peu renflé à sa base, d'un bistre rougeâtre, et muni d'un anneau de la même couleur que les feuillets.

Ce champignon a une chair blanche intérieurement, d'un rouge vineux à sa superficie, et d'un goût salé, styptique. Il est vénéneux.

AGARIC ROUGEATRE. *AGARICUS RUBESCENS.*

Agaricus rubescens. CORD. CHAMP. p. 209.

Cette espèce, plus grande que la précédente dans toutes ses parties, a néanmoins avec elle quelques traits de ressemblance. Elle a un pédicule bulbeux à sa base, presque cylindrique dans le reste de son étendue, haut de quatre à cinq pouces, d'un rouge pourpre, plus foncé à la partie inférieure, où l'on aperçoit à peine quelques vestiges du volva. Ce pédicule est couvert dans sa longueur de petites peluchures, et pourvu d'un anneau large, épais et coloré. Le chapeau, d'abord convexe, s'évase ensuite, et acquiert environ quatre pouces d'étendue ; il est d'un rouge tirant sur le fauve ou d'un rouge pourpre, d'une nuance plus foncée vers le centre, taché de quelques écailles ordinairement aplaties. Les feuillets sont nombreux, larges, inégaux et d'un blanc de neige. La chair du chapeau est cassante, blanche intérieurement, rougeâtre à sa superficie.

On rencontre ce champignon dans les parties peu ombragées des bois, en été et en automne ; il est ordinairement solitaire. Suivant M. Cordier, on en fait une grande consommation en Lorraine, et particulièrement dans le département de la Meuse, sous le nom vulgaire de *golmelle* ou *golmotte vraie*. Il est essentiel de ne pas le confondre avec l'espèce précédente, qui est un poison.

AGARIC SOLITAIRE. *AGARICUS SOLITARIUS.*

Agaricus solitarius. Bull. t. 10 et 595. DC. Fl. Fr. 560.

C'est une grande et belle espèce qu'on trouve presque toujours solitaire dans les bois couverts, en été et en automne.

Elle a un chapeau ordinairement très-ample, presque plane, avec un léger enfoncement au milieu, d'un bistre pâle, blanchâtre sur les bords, taché d'écailles proéminentes, épaisses, de la même couleur. Les feuillets sont blancs, très-larges et inégaux en longueur. Le pédicule est droit, plein, épais, tuberculeux ou écailleux à la base, haut de six à huit pouces, pourvu d'un collier blanc, large, rabattu et comme plissé.

Ce champignon a une chair blanche, ferme, d'un goût exquis selon Bulliard. On le mange cuit sur le gril avec du beurre frais et du sel.

AGARIC BLANC FAUVE. *AGARICUS FULVO-ALBICANS.* N.

(Pl. 21, Fig. 1.)

C'est encore une belle et rare amanite dont aucun ouvrage n'offre la description exacte. Elle a quelques traits de ressemblance avec la précédente ; mais elle en diffère sous plusieurs rapports.

Son chapeau est orbiculaire, convexe, large de quatre à six pouces, d'un blanc fauve sur les bords, qui sont légèrement striés, d'une teinte plus foncée vers le centre, parsemé d'écailles plus ou moins larges, aplaties et roussâtres. Les feuillets sont larges, inégaux, blancs, recouverts en naissant d'une membrane de couleur rosée qui se déchire à mesure que le chapeau s'évase, et forme ensuite autour du pédicule un anneau large, légèrement denté sur les bords. Le pédicule est long de quatre à six pouces, d'un blanc rougeâtre, épais, écailleux et renflé à sa base, plus mince et marqué de petites lignes purpurines à son sommet.

Elle croît, en août et septembre, dans les lieux ombragés des bois. Je l'ai observée dans les bois de Porché-fontaine, de Jouy, de Chevreuse, et dans la forêt de Marcoussis. Sa chair est blanche, ferme, cassante, d'un goût et d'une odeur qui n'ont rien de désagréable. Toutefois,

comme elle est voisine de quelques espèces très-pernicieuses, nous n'oserions pas en conseiller l'usage.

AGARIC CENDRÉ. *AGARICUS CINEREUS.* N.

(Pl. 21, Fig. 2 et 3.)

Les ouvrages les plus récents ne font pas non plus mention de cette jolie espèce qui s'élève à la hauteur de trois
ou quatre pouces sur une tige d'un blanc de neige, cylindrique, médiocrement épaisse, presque égale dans toute
sa longueur, excepté à sa base, où elle se termine par une
sorte de bulbe. Son chapeau est large d'environ trois
pouces, arrondi, convexe, d'un blanc grisâtre ou cendré
sur les bords, qui sont finement striés, d'une couleur
brune et comme fuligineuse vers le centre, moucheté çà
et là de pellicules blanches, les unes arrondies, les autres
anguleuses. Les lames sont d'un blanc pur, très-nom-
breuses, inégales en longueur, et revêtues en naissant
d'une membrane légère, blanche, transparente, qui se
détache peu à peu à mesure que le chapeau s'évase
pour retomber en forme de collerette vers le milieu de la
tige.

C'est dans les terres légères, un peu sablonneuses,
qu'on rencontre ce champignon, dont le port est très-élé-
gant. Il se plaît surtout dans les lieux qui ne sont pas
très-couverts, sur les pelouses un peu arides, sur la lisière
des bois. Je l'ai trouvé dans les bois de Montmorency et
dans la forêt de Saint-Germain. Il abonde dans les bois de
Verneuil, dans la forêt de Loches (Indre-et-Loire). Sa
chair, blanche, un peu friable, a un goût de moisi qui me
fait suspecter ses qualités alimentaires.

AGARIC ORONGE. *AGARICUS AURANTIACUS.*

Agaricus aurantiacus. BULL. t. 120. DC. Fl. Fr. 562. — *Amanita aurantiaca.* PERS. SYN. 232. — *Agaricus cæsareus.* ALL. Fl. Pedem. 339. — *Agaricus speciosus.* TOURN. Fl. de Toulouse, p. 286. — *Fungus orbicularis aureus.* MICH. GEN. plant. p. 186. t. 77. f. 1.

(Pl. 22, Fig. 1—4.)

Ce beau champignon, si renommé par son goût exquis, par son parfum délicat *, est d'une forme ovoïde et entièrement enveloppé d'une membrane blanche en sortant de terre ; mais bientôt son chapeau déchire le voile qui le couvre, et continue de grandir jusqu'à ce qu'il ait acquis quatre ou cinq pouces de diamètre. Ce chapeau est alors presque plane, orbiculaire, d'un jaune orangé, d'une teinte plus vive vers le centre, très-rarement taché par les débris du volva : sa surface est douce, unie partout,

---

* L'oronge n'a pas une odeur bien prononcée, bien expansive, nous disait notre ami M. Dubosc ; mais, lorsqu'on la flaire avec le recueillement d'un vrai mycophile, les nerfs olfactifs en sont délicieusement émus. Voilà l'impression que je reçois des oronges du Midi. Mais je doute que vos oronges de Fontainebleau soient pourvues de cet arome enchanteur.

Il en est de même des mousserons de la France méridionale. Le mousseron printanier surtout (*agaricus albellus*) exhale une odeur qui se répand au loin, et lorsque vous arrivez dans les prés, dans les friches où il végète, votre odorat en est embaumé. Vous ne l'avez pas vu encore, cherchez bien, vous allez le cueillir. Des mycophiles, des naturalistes confondent mal à propos ce mousseron des Pyrénées, du Languedoc et de la Provence avec quelques autres champignons qui exhalent une odeur de farine fraîchement moulue, et qui portent aussi, suivant les localités, le nom de *mousserons*. Vous pouvez manger ceux-ci sans crainte, ils sont agréables au goût, mais ne les comparez point aux mousserons de Saint-Sauveur, de Barèges, de Bagnères de Bigorre et de Perpignan (voyez la section des gymnopes).

On peut en dire autant de la boule de neige, variété du champignon de couche (*agaricus edulis*). Elle exhale dans les hautes prairies une odeur musquée, un parfum agréable, pénétrant, que n'a point le champignon ordinaire.

excepté sur les bords, qui sont sensiblement rayés et quelquefois incisés. Les feuillets sont larges, épais, inégaux, sinués et d'un jaune d'or. Le pédicule, à peu près de la même couleur, est plein, bulbeux, haut de quatre à six pouces, entouré à sa partie supérieure d'un anneau jaune, large et rabattu.

On le trouve, vers la fin de l'été, dans les bois peu couverts, principalement dans les bois plantés de châtaigniers. Il abonde dans l'Europe australe, en Italie et en France. Je ne l'ai jamais observé aux environs de Paris, pas même dans la forêt de Fontainebleau, où Paulet dit l'avoir rencontré. Mais il est très-commun aux environs de Bordeaux et de Toulouse, dans les départements de la Charente, de la Dordogne, de la Haute-Vienne, de la Corrèze, de Lot-et-Garonne, du Tarn, de l'Aveyron, du Cantal, de l'Hérault, du Gard, du Rhône, de l'Ardèche, de l'Ariége, des Basses-Pyrénées, etc. On l'appelle, suivant les cantons, *oronge, oronge vraie, irandja, dorade, jazeran, jaune d'œuf, mujolo, campairol,* etc.; en Piémont, *bole reale;* à Florence, *uovolo ordinario.* Sa pulpe est teinte de jaune sous la peau, blanche intérieurement, et non de la couleur d'un abricot bien mûr, comme le dit Paulet. Nous avons observé maintes fois l'espèce qui croît dans le Midi ; elle est bien un peu jaune à la partie qui est en contact avec l'épiderme, mais sa substance intérieure est blanche. A l'appui de notre assertion, nous pouvons citer le témoignage de plusieurs de nos souscripteurs de la Dordogne et de la Haute-Vienne, de même qu'un tableau représentant huit oronges de tout âge, avec leurs couleurs naturelles, qu'a bien voulu nous envoyer le docteur Dieulafoy, l'un des plus savants médecins de Toulouse.

Nous possédons également un très-bel échantillon que M. Bordes a peint l'année dernière dans les bois des environs de Tours. Il a les mêmes nuances que l'oronge du Midi.

On regarde l'agaric oronge comme le plus fin, le plus délicat des champignons. Il était connu chez les Romains sous le nom de *boletus*. Les Grecs l'appelaient *bolites* et le préféraient aux autres champignons. Leur *amanite* était le cep que Galien place au second rang. Apicius, le plus fameux gastronome de l'antiquité, ou, comme l'appelle Pline, *nepotum omnium altissimus gurges*, a tracé avec détail le mode de sa préparation. Horace, Sénèque, Juvénal, Pline, Martial, Suétone en font mention sous le nom de *boletus*, Cicéron sous celui d'*elvella*, comme on le voit dans différents passages de leurs écrits. Juvénal en parle comme d'un mets recherché que les riches faisaient placer devant eux, tandis qu'on servait de mauvais champignons aux parasites qu'ils voulaient bien admettre à leur table.

> *Vilibus ancipites fungi ponentur amicis,*
> *Boletus domino.*
>
> (Sat. v.)

Mais c'est surtout Néron qui a rendu ce champignon célèbre; il l'appelait *cibus deorum*, mets des dieux. L'empereur Claude avait été empoisonné avec un plat d'oronges qu'il aimait passionnément; on avait fait son apothéose, et Néron avait pris les rênes de l'empire. Au reste, il paraît que Locuste et Agrippine avaient présidé à la préparation de ces oronges, où on avait introduit du poison, suivant le témoignage de Suétone : *Boleti medicati.* L'histoire accuse aussi le médecin Xénophon d'avoir hâté la mort de Claude en enfonçant dans sa gorge une plume enduite d'un poison plus violent.

Cette espèce a beaucoup de ressemblance, pour le port et pour la couleur du chapeau, avec la fausse-oronge (*agaricus muscarius*), dont nous avons donné, il n'y a qu'un instant, la description. Il faut bien se garder de confondre ces deux espèces si différentes par leurs qualités. Voici les principaux caractères qui les distinguent. L'une, la véritable oronge, a un volva ou une espèce de bourse qui la recouvre entièrement dans sa jeunesse ; l'autre a un volva incomplet. La première porte un chapeau d'un jaune orangé, uni, sans verrues. Le chapeau de la seconde est de couleur écarlate, plus ou moins moucheté de petites peaux blanches, écailleuses. L'oronge a un doux parfum, des lames couleur d'or, un pédicule jaunâtre. La fausse-oronge exhale une odeur désagréable, et non pas une odeur de champignon, comme le dit Paulet ; ses lames sont blanches ainsi que le pédicule. Une de ses variétés a pourtant le chapeau dépourvu de verrues, et une autre le pédicule légèrement teint de jaune ; mais leurs feuillets sont blancs, et cette nuance ne varie jamais.

Examinez avec soin ces deux espèces de champignon si vous voulez éviter quelque funeste méprise. Le cardinal Caprara, grand amateur d'oronges, faillit s'empoisonner à Fontainebleau avec la fausse-oronge que son cuisinier avait cueillie dans la forêt.

RÉCOLTE ET PRÉPARATION DES ORONGES. — PETIT REPAS

DANS LES BOIS DE MONTPELLIER.

Ne cherchez point l'oronge aux environs de Paris, vous la trouveriez même à grand'peine dans la forêt de Fontainebleau , aux environs d'Étampes et autres cantons où quelques naturalistes l'ont pourtant signalée. Mais si, par un beau jour de septembre , vous parcourez les coteaux de nos provinces du midi , vous la rencontrerez à chaque pas , à l'ombre des châtaigniers , et telle que je l'ai vue , avec sa coupole satinée , unie comme une glace , et toute resplendissante d'or et de pourpre. Vous admirerez aussi la douceur balsamique de l'air qu'on respire dans cette heureuse contrée , et la beauté du ciel , et cet horizon si pur, si vaporeux, et ces vallons dont les ombrages sont si frais , et ces pelouses embaumées du parfum de mille arbrisseaux divers. Courses champêtres, délicieux souvenirs de mes jeunes années , vous me charmez encore à l'automne de ma vie! Et vous qui les embellissiez par votre présence , Xavier Pouzin, Mathet, Durand, Sainte-Colombe, camarades si aimables, si spirituels, si bons, où êtes-vous? Ah! c'est en vain que je vous appelle.... Au signal donné , nous partions avec l'aurore, le plaisir et l'espérance accompagnaient nos pas ; l'écho répétait ces refrains si gais, inspirés par la muse d'Occitanie, et, en quelques heures, nous avions déposé à notre halte le fruit abondant de nos recherches. Nous n'avions pas, comme les sénateurs romains, des couteaux à manche d'ambre pour éplucher nos champignons ; mais nous étions plus dispos que ces graves personnages, de plus belle humeur, et certainement de meilleur appétit.

Une table de sapin bien blanche, bien polie, dressée sous la voûte verdoyante d'un bouquet de chênes, recevait bientôt nos belles oronges cuites sur le gril, simplement arrosées d'huile, et saupoudrées de poivre et de sel. Le pain était savoureux, le vin bien limpide, et, au milieu de quelques fruits succulents, dans un asile presque désert, où nous n'avions nul regret du passé, nulle inquiétude pour l'avenir, le café fumait sur l'autel de l'amitié.

ORONGES A LA BORDELAISE.

A Bordeaux, à Limoges, à Toulouse, on fait ordinairement mariner dans l'huile d'olive les oronges, après les avoir pelées. On hache la partie la plus saine des tiges avec des fines herbes, de l'ail et de la mie de pain. On saupoudre cette espèce de hachis de poivre et de sel, et on en garnit la partie intérieure ou concave des oronges; ensuite on les fait cuire avec de l'huile fine sur un plat ou dans une casserole dont le couvercle est couvert de braise.

Cette préparation se rapproche de celle qu'on emploie dans le département des Landes. Voici comme on les apprête à Mont-de-Marsan:

Vous choisissez des oronges jeunes. Après avoir arraché le pédicule, passez-les un instant sur le gril. Hachez menu les pédicules, combinez-y du jambon, une petite quantité de persil, de sel et de poivre; garnissez de ce hachis, qu'on peut relever avec un atome de muscade, le creux des oronges; enduisez celles-ci avec un blanc d'œuf fouetté qui, en se concrétant, maintient le tout. Faites cuire dans une casserole, avec de la graisse d'oie; soyez attentif à saisir le moment opportun de la cuisson; retirez et mangez chaud.

C'est un mets des dieux, nous dit M. le docteur Léon Dufour, dans une notice très-bien faite sur les *Champignons comestibles* du département des Landes. Nous le croyons sur parole, car il est à la fois médecin distingué et mycophile délicat. Ces deux qualités s'allient fort bien ensemble.

Lorsque les oronges n'ont pas la concavité propre à contenir le hachis, vous les préparez avec celui-ci, et vous supprimez le blanc d'œuf. M. Léon Dufour vous dit que ce ragoût au gratin est presque aussi distingué que le précédent.

Quelques amateurs des environs de Pau préparent ce ragoût avec de l'huile d'Aix et du beurre des Pyrénées. Cette combinaison nous paraît la plus heureuse, et c'est celle que nous employons le plus souvent nous-même pour toute espèce de champignons. En Italie, on les fait frire dans l'huile, et on y ajoute une sauce piquante avec un peu d'ail.

ORONGES A LA D'AIGREFEUILLE.

Des mycophiles dont le palais est plus délicat, plus exigeant, veulent qu'on place dans la cavité de l'oronge des filets de perdreau et de caille, ou bien un ortolan désossé. On dispose alors les oronges dans une casserole, sur des bardes de lard, avec du beurre fin, du jus de citron, du gros poivre, du sel et du persil finement haché. On a soin de les arroser par intervalles avec deux ou trois cuillerées de consommé et un peu de vin blanc. La cuisson étant terminée, on sert ce ragoût bien chaud avec une sauce espagnole.

C'était le mode de préparation employé par d'Aigrefeuille lorsqu'il habitait Montpellier; mais il n'avait point d'oronges fraîches à Paris, et les grands repas du Carrousel n'avaient pu les lui faire oublier. Hélas! disait-il, la Providence ne les a semées que sous le ciel du Languedoc

et de la Provence. O beau ciel du Midi ! O terre promise !
C'est là que le gibier est excellent, que les oronges, les
truffes et les mousserons abondent... Et ses yeux se rem-
plissaient de larmes.

Du temps de l'Écluse, on n'était pas si difficile, du
moins en Hongrie. Suivant cet auteur, on les fait bouillir
dans l'eau, puis on les coupe par tranches, et on les assaisonne avec de la crème, du persil des montagnes et du
poivre; ou bien on les fait cuire dans la poêle avec du
beurre et des œufs. Les Romains avaient aussi leur mode
de préparation. Apicius (*De fungorum apparatu*) les ap-
prêtait avec du vin cuit et de la coriandre fraîche, ou bien
avec du jus de viande et une liaison composée de miel, de
bouillon, d'huile et des jaunes d'œufs.

HATELETS D'ORONGES.

Après avoir épluché et lavé les oronges, vous les coupez
par tranches, et vous les passez à la casserole avec du
beurre, une petite pincée de fines herbes, du sel, du poivre, de la muscade, une pointe d'ail, et un demi-verre de
vin blanc. Vous les retirez, vous les laissez refroidir, puis
vous les embrochez, vous les faites griller, vous les panez,
vous les arrosez avec leur sauce, et lorsqu'elles sont d'une
belle couleur vous les servez avec le reste de cette même
sauce.

En Italie, en Grèce, en Espagne, en Portugal, où ces
champignons abondent, on en prépare une infinité de mets
et de ragoûts. On les fait frire de diverses manières; on en
fait des potages, etc.

ORONGES A LA MILANAISE.

Vous épluchez et lavez vos oronges. Vous les coupez par fragments, et vous les passez à la casserole avec du beurre, de l'huile, des fines herbes et de l'ail.

Lorsque les oronges sont cuites, vous ajoutez une suffisante quantité de consommé. Vous laissez mijoter sur un feu doux, et vous versez le tout sur des tranches de pain. C'est ce qu'on appelle à Milan *ovoli in zuppetta*, oronges en potage.

ORONGES A L'ITALIENNE.

Vous faites cuire les oronges avec du beurre et un peu de sel. Lorsqu'elles sont cuites, vous les servez avec une sauce composée d'amandes douces, d'ail, de gros poivre, d'huile et de jus de citron. Cette espèce de moutarde blanche avait assaisonné les oronges d'un prélat célèbre sous le règne de Napoléon.

Le cardinal Caprara aimait les oronges en homme friand. On lui en expédiait de Gênes dans de petits barils d'huile; mais elles avaient perdu une partie de leur parfum. On lui apprend qu'il y en a de fraîches dans les bois de Fontainebleau. Son éminence dépêche bien vite vers la forêt son cuisinier, qui trouve de fort beaux champignons sous un groupe de pins. Il les prépare avec une sauce à l'italienne, et il les sert au cardinal.

A l'aspect de ce ragoût, son éminence se croit à Rome, et son œil brille de béatitude. Mais, ô douleur! c'était la fausse-oronge. Ses funestes effets ne se firent pas longtemps attendre. L'art vint au secours du cardinal, et lui sauva la vie.

OLLA PODRIDA.

Avez-vous franchi les Pyrénées? Connaissez-vous ce plat fameux qui fait l'ornement des meilleures tables, et la joie des convives les plus délicats, l'*olla podrida* des Espagnols, où l'on entasse des viandes, des légumes, des racines de toute espèce, des oronges, des mousserons, etc.? En désirez-vous la recette? Voici d'abord celle des gourmands.

On prend de beaux choux, des carottes et des navets bien sucrés, des ognons, des laitues, des culs d'artichauts, des haricots verts et blancs, des garbanços ou pois chiches, des fèves, des concombres, des oronges et des mousserons. On les fait blanchir, on les égoutte, et on les jette dans une braisière avec un bon morceau de beurre, du petit lard, du jambon, du saucisson, du filet de bœuf, du veau, du mouton, un poulet, deux perdreaux, deux ou trois cailles et autant de grives. On fait cuire le tout lentement avec du bouillon, et on y ajoute deux ou trois piments, du gérofle, de la muscade, et une bouteille de vin de Madère ou de Xérès. L'*olla podrida* est faite. On la dégraisse et on la sert.

L'*olla podrida* ainsi composée n'est guère servie que dans les grandes maisons. Les amateurs regardent ce mets comme le *nec plus ultrà* de la friandise. Mais que devient notre pauvre oronge? Elle est perdue au milieu des carottes, des navets, des artichauts, des ognons, etc. Il faut qu'un gourmand soit doué d'un rare talent d'analyse pour distinguer le goût primitif de tant d'ingrédients. Ce plat, disait le docteur Bonnafos, est un chaos culinaire vraiment digne du Chevalier de la Manche. Je conviens, avec ce gastronome des Pyrénées, qu'il y a profusion d'ingrédients , et qu'il serait plus délicat s'il était plus simple.

Nous voudrions bien savoir ce qu'en pense M. Amador. Nous avons vu de près ce jeune et savant professeur, si digne de prendre place à côté de nos grands maîtres de Montpellier. Son œil est aussi friand que son langage, et ses belles manières attestent la finesse de son goût. Oh! qu'il a bien fait de quitter un pays où toutes les bonnes traditions se perdent, où l'on se bat, où l'on s'égorge, je ne sais pour quelle constitution, où les terres sont en friche , et où tout le monde mourra bientôt de faim !

Au reste, nous ne blâmons pas l'usage de l'*olla podrida*. Chaque pays a ses aliments, ses goûts, ses habitudes. Mais nous préférons les mets simples , parce qu'on les digère beaucoup mieux. Par exemple, l'oronge servie sous des filets de bartavelles plaira certainement davantage aux gastronomes éclairés, délicats. J'en appelle à M. Prunelle, célèbre professeur que la Faculté de Montpellier regrette vivement ; et même à M. Fuster, professeur agrégé de la même école, que nous verrons sans doute bientôt professeur titulaire, si l'on rend justice à son zèle , à ses talents et à la pureté de ses doctrines. Ce jeune médecin nous dira, dans un livre qu'il élabore depuis plusieurs années , l'influence de l'air et du régime diététique sur les maladies du midi et du nord de la France. On y retrouvera les principes hippocratiques oubliés ou dédaignés dans les écrits de certains médecins à qui l'antiquité n'a sans doute rien à apprendre.

Mais revenons à l'*olla podrida* telle que nous l'aimons. En Catalogne, nous y mettions seulement du veau ou du mouton, des perdreaux , du petit lard, des saucisses, des

choux rouges, des carottes, des navets et des champignons.
Nous abandonnions volontiers les garbanços aux Espagnols, et le piment enragé aux Caraïbes. Tous les médecins français aimaient singulièrement cette espèce de macédoine ainsi modifiée.

OLLA PODRIDA DES PETITS MÉNAGES.

Que le petit rentier n'oublie point les champignons dans
son *olla podrida*. Si les oronges manquent, il les rempla-
cera par les ceps, les mousserons, les chanterelles ou l'a-
garic de couche. Le bœuf, le veau, le mouton, cuits de
la veille, lui tiendront lieu de cailles, de grives ou de perdreaux ; et, s'il a un petit jardin, il prendra les légumes
et les racines qu'il y aura semés..... Écoutez! L'orage
gronde sur sa tête. Peut-il se flatter de conserver long-
temps son jardinet, et de manger de l'*olla podrida?* Hélas!
des ennemis de toutes les couleurs le menacent, et il sera
trop heureux s'il lui reste pour vivre un peu de pain bis.
Mais les renégats, les apostats, les transfuges, enfin tous
les amis du peuple (et ce bon peuple croit à leur amitié!)
feront bonne chère et mangeront l'*olla podrida* dans toute
sa splendeur.

Les Espagnols, les Portugais, les Languedociens, les
Provençaux, etc., parfument leurs omelettes avec l'oronge.
Les Grecs modernes suivent les traditions de leurs ancê-
tres. Ils mangent ce champignon dans une sorte de pâté
ou croustade avec des bec-figues et autres oiseaux délicats. On peut préparer avec les oronges une friandise d'un
goût très-agréable; la voici :

ORONGES FRITES.

Vous coupez vos oronges par tranches, que vous faites bouillir dans du lait avec un peu de zeste de citron, puis vous les faites frire avec du beurre, de l'huile ou du sain-doux ; vous les tournez et vous les saupoudrez de sucre à la manière des crêpes.

Lorsqu'on n'a point d'oronges, on les remplace par le champignon de couche, la boule de neige, le cep ou la chanterelle.

« J'aime cette friandise, me dit mon ami Dubosc. Comme elle vous délecte! comme elle termine agréablement le dîner, cette douce station dans le voyage de la vie! Mais que de mauvais voyageurs! Combien de gens qui n'ont ni goût, ni raison, ni intelligence, qui ne savent ni respirer, ni se reposer! Je les évite avec soin ces hommes incorrigibles qui ne connaissent, qui n'aiment que les extravagances de la cuisine et les fatigues de la table. Venez me voir à Marseille, cher docteur, vous me le promettez depuis si long-temps! Vous ne trouverez chez moi ni luxe, ni magnificence; mais je réunirai ce jour-là d'aimables convives, de sages voyageurs, et après la dorade parfumée de mousserons, on nous servira des oronges frites. »

En Italie, et particulièrement à Gênes, on conserve les oronges dans l'huile. Ainsi marinées, elles acquièrent un goût légèrement acide. D'autres les font sécher en les coupant par tranches, et en les éparpillant sur une table ou sur une claie, dans un lieu bien sec, ou bien en les exposant à la chaleur du four aussitôt qu'on en a retiré le pain.

Voilà encore un très-bon aliment que la nature prévoyante a semé dans les provinces méridionales pour le pauvre habitant des campagnes. Il faut lui apprendre à l'utiliser dans la belle saison, et à le dessécher convenablement pour s'en servir dans un temps plus rigoureux. Il en composera des potages ou des purées, auxquelles il pourra mêler du pain, des œufs, etc.

L'oronge était à peine connue à Paris il n'y a pas encore bien long-temps. Paulet l'avait cueillie dans la forêt de Fontainebleau, et quelques naturalistes l'avaient également trouvée dans les bois de Meudon. Mais ce champignon s'était pour ainsi dire dérobé aux regards des amateurs. Dans nos courses aux environs de Paris et de Versailles, nous ne l'avons jamais rencontré, si ce n'est dans un petit taillis tout près de Cernay-la-Ville. Un beau champignon s'élevait au milieu des broussailles, et nous montrait son dôme tout rayonnant d'or et de pourpre. Nous le cueillons, c'était une oronge. Voilà la première fois que nous l'avons vue dans ce pays, et, certes, nous étions bien plus satisfait de la cueillir que de la manger.

M. de Louvain et M. Mora l'ont observée une ou deux fois dans les bois de Versailles. Mais des mycophiles plus heureux, MM. Lefebvre, Braillard, Vitry, etc., ont cueilli, en 1837, beaucoup d'oronges dans les bois de Ville-d'Avray et de Butard. L'année suivante, elle est devenue plus rare, et M. Lefebvre en a trouvé seulement cinq ou six que nous avons mangées en famille, dans sa petite salle à manger, tout près de son officine. MM. les docteurs Braillard et Moreau étaient de la partie. Le premier se comportait en vrai mycophile, il savourait tranquillement les oronges; mais M. Moreau, amateur un peu méticuleux, au regard fin, à la parole épigrammatique, faisait des façons, perdait son temps en petites railleries.... « Eh quoi! vous avez peur? lui dit M. Lefebvre. Vous craignez le sort de l'empereur Claude? Soyez tranquille, vous ne serez point mis au rang des dieux. D'ailleurs, si vous êtes empoisonné, l'officine est là, nous avons de l'émétique, et deux médecins ici présents vous porteront secours. » Cette plaisanterie ranime notre jeune confrère, qui s'écrie aussitôt : « Encore un peu de champignons! Je les trouve vraiment délicieux! »

D'autres amateurs de Versailles ont en vain cherché l'oronge cette année, ils ne l'ont rencontrée nulle part, et les ceps qui foisonnaient partout autrefois ont même été assez rares. M. *** part de Versailles de grand matin, il visite tous les bois des environs, il cherche, il flaire, il court, il ne trouve que la fausse-oronge, et quelques épluchures de ceps qu'on avait cueillis la veille. Il revient le sac vide, et, après cette course fatigante, il exhale ainsi ses plaintes :

« Jadis on se bornait à explorer les bois de Gonart ou de Satory; on descendait quelquefois jusqu'à Buc ou à Bièvre, aujourd'hui on va jusqu'à Chevreuse, Dampierre, Cernay-la-Ville, et même jusqu'à Rambouillet. Vous leur avez vanté les oronges dans un livre que vous auriez mieux fait de ne point publier; ils ont fouillé dans les broussailles, dans les bruyères, remué les feuilles sèches des taillis et des bocages, enfin ils en ont découvert quelques-unes à Ville-d'Avray, et depuis ce moment ils ne rêvent qu'oronges. Que ne sont-ils assez riches pour aller chercher celles de la Gironde ou des Pyrénées! Puisse la fortune leur sourire ! Qu'ils partent, ou bientôt tous les germes des champignons seront détruits, et il n'y en aura plus dans nos bois. — Calmez votre courroux, mon cher mycophile, l'indigestion vous viendra en aide. Ils mangeront tant de champignons que bientôt ils n'en pourront plus manger. — Dieu vous entende. »

Bien des gens s'étonnent qu'il y ait autant d'amateurs de champignons, mais ils ne savent pas qu'à part le plaisir de les manger on a des jouissances plus douces encore. On court, on les cherche, on les trouve, on les cueille, c'est une conquête, surtout lorsqu'ils sont rares. Et puis les mouvements qu'on fait dans les bois, la pureté de l'air qu'on respire sur les coteaux, les sites, les charmants paysages qui s'offrent à vos regards, le simple murmure d'un ruisseau ou d'une fontaine, l'attrait d'une belle journée, tout cela donne du calme et de la vigueur à l'esprit. On revient plus tranquille, mieux portant, on mange les champignons qu'on a cueillis, on les trouve délicieux ; un bon cuisinier les a assaisonnés, c'est l'exercice. La digestion est faite, point de rêves pénibles. On reprend ses travaux ordinaires, et si on a quelques instants de loisir, on retournera dans les bois ; voilà encore un plaisir, et c'est l'espérance qui le donne. Oui, pour que l'homme vive, il faut qu'il espère ; heureux lorsqu'il ne demande et n'attend que des plaisirs simples et naturels !....

Quel contraste avec tous ces nouveaux ambitieux dont un vautour ronge les entrailles, avec ces hommes qui de si bas sont montés si haut, et qui voudraient monter encore ou ne jamais redescendre ! Oh ! qu'ils s'agitent dans leurs salons politiques, qu'ils s'abreuvent de fiel, qu'ils se répandent en invectives contre leurs rivaux de pouvoir et de fortune, pourvu que dans cette lutte d'égoïsme notre belle France soit heureuse et tranquille!

L'oronge était fort estimée des Grecs. Les Athéniens la mangeaient frite dans l'huile ou assaisonnée d'une sauce à l'ail. On la mêlait aussi avec le poisson, les coquillages, les grives, les bec-figues, les rouge-gorges, les cailles, et on en faisait des pâtés délicieux. Mais Galien, qui n'approuve l'usage d'aucun champignon, bien qu'il mette l'oronge (*bolites*) au premier rang des espèces comestibles, dit que l'usage de celle-ci a provoqué des symptômes alarmants, tels que l'oppression, la difficulté de respirer, des faiblesses et une sueur froide. Il ajoute pourtant que ces oronges n'étaient pas assez cuites, et que le gourmand à qui cet accident arriva en avait beaucoup mangé. On voit que Galien n'aimait point les champignons, pas même les oronges. Qu'un homme robuste, qu'un glouton remplisse son estomac de viandes à moitié cuites, il pourra périr d'indigestion.

PASSION DE L'EMPEREUR CLAUDE POUR LES ORONGES. — SON EMPOISONNEMENT.

Par ses formes brillantes, par son parfum, par son goût délicat, l'oronge faisait à Rome l'ornement des meilleures tables. On ne nous dit pas si l'empereur Auguste aimait ce champignon. Il était d'ailleurs assez indifférent pour les plaisirs de la table, il vivait simplement. Mais Tibère, gourmand et dissolu, surtout vers la fin de son règne, avait une sorte de passion pour les oronges, et il donna une gratification de deux cent mille sesterces à un de ses

parasites qui avait fait des vers où l'oronge , le bec-figue ,
l'huître et la grive se disputaient la prééminence culinaire.

Au reste , les amateurs les plus intrépides de ces champignons doivent pâlir devant l'empereur Claude, qui en
mangeait jusqu'à l'indigestion. Agrippine le sait, elle va
le régaler à sa manière. Un crime de plus ou de moins est
si peu de chose pour la conscience des scélérats! « Savez-
vous, lui dit-elle, qu'on vient d'apporter de magnifiques
oronges? — Qu'on me les apprête à l'instant! » s'écrie
Claude.

Tout aussitôt les ordres sont donnés. Vite, des oronges
pour l'empereur! Ce cri , plusieurs fois répété, retentit
dans les cuisines impériales. Le chef est là qui commande
comme un général d'armée. Chacun est à son poste. On
connaît l'impatience de Claude, son estomac n'aime pas
à attendre; le moindre retard serait cruellement puni.
Pendant qu'on prépare le fameux ragoût, Agrippine voit
l'empoisonneuse Locuste , et lui demande un *assaisonnement* pour les oronges de l'empereur. Locuste comprend à
merveille ses intentions , et lui donne à l'instant une certaine poudre qu'un esclave fidèle mêlera adroitement dans
le ragoût.

L'empereur se met à table , il voit les oronges , il les
admire, il les flaire, il les dévore de l'œil. Le voilà bien
assis, la tête inclinée, la bouche béante. En un instant,
les oronges sont englouties dans son immense estomac.

Agrippine et son digne fils attendent avec anxiété
l'effet des oronges. On vient leur dire que Claude se
trouve mal; ils arrivent le cœur plein de joie et d'espérance , mais la tristesse et l'étonnement se peignent

dans leurs yeux. L'empereur se débat contre le poison. Son organisation vigoureuse résiste, il faut un poison nouveau pour l'anéantir. Le crime a tout prévu. Le médecin Xénophon est là qui enfonce dans la gorge de Claude une plume empoisonnée sous le prétexte de débarrasser son estomac. Enfin, l'empereur expire. Néron prononce son oraison funèbre, on fait son apothéose, et il est mis au rang des dieux.

Le fils d'Agrippine prend les rênes de l'empire. D'abord, plein d'hypocrisie et d'astuce, il se montre clément ; mais, bientôt fatigué de se contraindre, il se précipite dans tous les vices, dans tous les crimes. Enfin, il épouvantera le genre humain par sa cruauté, par sa scélératesse, par sa gourmandise, son ivrognerie et ses débauches. On prononce devant lui ce proverbe grec : *Que tout périsse après ma mort!* — *Non*, réplique-t-il, *que tout périsse de mon vivant!...* Mais le ciel, fatigué de tant de forfaits, en fera justice, et le tigre mourra dans un bouge en s'écriant : Quelle fin pour un si grand artiste! *Qualis artifex pereo!*

D'après Juvénal, les gourmands de Rome composaient des ragoûts avec les oronges et les bec-figues, et les bonnes recettes de cuisine se conservaient dans les familles. « Tel père, tel fils, dit ce grand satirique. Un père est-il joueur! Son fils encore enfant manie déjà les dés et le cornet. N'espérez pas que cet autre soit plus sobre que le gourmand à barbe blanche dont il a appris l'art d'assaisonner les bec-figues, la truffe et l'oronge nageant dans la même saumure. A peine la septième année de cet enfant sera-t-elle écoulée, n'eût-il pas encore recouvré toutes ses dents, missiez-vous à ses côtés cent précepteurs austères, il n'en soupirera pas moins après une table splendide, et ne voudra jamais dégénérer de la cuisine paternelle. »

> *Si damnosa senem juvat alea, ludit et heres*
> *Bullatus, parroque eadem movet arma fritillo.*
> *Nec melius de se cuiqam sperare propinquo*
> *Concedet juvenis, qui radere tubera terræ,*
> *Boletum condire, et eodem jure natantes*
> *Mergere ficedulas didicit, nebulone parente*
> *Et cassá monstrante gulá. Cùm septimus annus*
> *Transierit puero, nondùm omni dente renato,*
> *Barbatos licet admoveas mille inde magistros,*
> *Hinc totidem, cupiet lauto cœnare paratu*
> *Semper, et a magná non degenerare culiná* .*
>
> Sat. 14.

Martial, poëte pauvre, mais plus friand que Juvénal, aime les oronges en vrai parasite, et il est heureux lorsqu'il peut en manger dans quelque bonne maison. Il est facile, dit-il, d'envoyer de l'argent, de l'or, une toge, etc.; mais il est difficile d'envoyer des oronges.

> *Argentum atque aurum, lenamque togamque*
> *Mittere : boletos mittere difficile est.*
>
> Epigr. 48, lib. 13.

Dans une autre épigramme, il reproche à Cécilianus de

> Un père est-il joueur? son fils, tout jeune encore,
> Dans son petit cornet jette le dé sonore.
> Celui qui, sous les yeux d'un maître aux cheveux blancs,
> Instruit à préparer des ragoûts succulents,
> Sait joindre au champignon la truffe et le bec-figue,
> Un jour renchérira sur ce maître prodigue.
> Donnez-lui cent mentors : avant qu'il ait sept ans,
> Avant que sa gencive ait recouvré ses dents,
> Il prétendra, fidèle à sa noble origine,
> Ne point dégénérer d'une illustre cuisine.
>
> *Traduction de M. Raoul.*

manger seul les oronges, et de tromper ainsi l'attente des convives.

Dic mihi quis furor est, turbâ spectante vocatâ,
Solus boletos, Ceciliane, voras.
Epigr. 20, lib 1.

Ainsi que Juvénal, Sénèque dédaigne les oronges. Il accable d'invectives les gourmands de Rome, qui, dans leurs repas prolongés jusqu'au jour, mangeaient ces champignons tout brûlants, et buvaient ensuite de l'eau glacée pour se rafraîchir les entrailles. Il fait pourtant l'aveu qu'il a été lui-même un peu gourmand. « Quand le philosophe Attalus déclamait contre la volupté, je brûlais, dit-il, de mettre des bornes à ma gourmandise et à ma délicatesse. C'est à lui que je dois le vœu que j'ai fait de renoncer pour ma vie aux huîtres et aux champignons. Ce sont des stimulants qui excitent à manger ceux qui sont déjà rassasiés. » Comme on le voit, Sénèque n'avait pas toujours été sobre, il le devint par philosophie, et aussi, je crois, par nécessité, car il était d'une complexion fort délicate.

Mais avec quel soin le gourmand Apicius décrit (*de fungorum apparatu*) la manière de préparer les oronges! Il faut absolument du vin ou de l'huile dans l'assaisonnement, si vous voulez donner du relief à votre ragoût. Sénèque, toujours prêt lorsqu'il s'agit de flétrir l'intempérance et la débauche, lance des traits sanglants sur ce fameux glouton, qui, dans une ville d'où les philosophes avaient reçu l'ordre de sortir, comme des corrupteurs de la jeunesse, donna des leçons de gourmandise, infecta son siècle de sa doctrine, et fit une fin digne de sa vie. Après avoir consumé dans sa cuisine un million de sesterces,

absorbé des revenus immenses, noyé de dettes, il s'avisa,
pour la première fois, de compter : il calcula qu'il ne lui
resterait plus que dix millions de sesterces ; et, ne voyant
pas de différence entre mourir de faim et vivre avec une
pareille somme, il s'empoisonna.

« Tel est le sort des hommes, dit Sénèque, lorsqu'ils
ne règlent pas les richesses sur la raison qui a des bornes
fixes, mais sur des habitudes dépravées dont les caprices
sont immenses et infinis. Rien ne suffit à la cupidité, peu
de chose suffit à la nature. » *Hæc accidunt divitias non
ad rationem revocantibus, cujus certi sunt fines, sed ad
vitiorum consuetudinem, cujus immensum et incomprehen-
sibile arbitrium est. Cupiditati nihil satis est; naturæ satis
est etiam parum.* (Consolatio ad Helviam, cap. XI.)

AGARIC ORONGE BLANCHE. *AGARICUS OVOIDEUS.*

Agaricus ovoïdeus DC. Fl. Fr. suppl. 562. Chev. Fl. Par. 1.
p. 123. — *Agaricus ovoïdeus albus.* Bull. t. 564. — *Cocolla
bianca.* Mich. Gen. plant. p. 185.

Cette espèce a le port de l'agaric oronge ; mais elle en
diffère par la blancheur de toutes ses parties. Entièrement
recouverte à sa naissance d'un volva mince, elle se montre, lorsqu'il se déchire, avec un chapeau d'abord de forme
arrondie, semi-orbiculaire, ensuite presque plane et légèrement strié sur les bords. Ses lames sont étroites, épaisses, courbées en faucille et un peu frangées. Son pédicule
est long de trois à quatre pouces, cylindrique, à peine
renflé à sa base, quelquefois court, ventru, muni d'une
large collerette.

On la rencontre dans les bois, vers la fin de l'été, souvent solitaire, quelquefois rapprochée par groupes. Elle est

assez commune dans le midi de la France, où elle porte le nom d'*oronge blanche*, de *coucoumelle blanche*, *coucoumelle fine*, etc. Bulliard dit l'avoir observée dans la forêt de Fontainebleau et dans les bois de Malesherbes. En Italie, elle croît au bord des champs en octobre et novembre. On l'appelle en Toscane *coccola bianca*, *buona*. Sa chair est épaisse, blanche, d'un goût fin, délicat. On l'apprête comme l'oronge.

Lorsqu'on cueille ce champignon, il faut bien se garder de le confondre avec l'amanite printanière ou notre agaric vénéneux. Celui-ci a bien à peu près la même couleur que l'oronge blanche; mais il est plus élancé, plus grêle, et son odeur est désagréable, virulente.

L'AUTOMNE.

Voici l'automne; adieu les oronges. Il n'y en a déjà plus sous les châtaigniers du Languedoc et de la Provence La corneille, cette sibylle des bois, fait entendre son cri sinistre sur la cime de l'ormeau, et nous annonce le prochain retour de l'hiver. On ne voit plus dans la campagne ces jolies plantes qui en faisaient le charme, et la vipérine aux lèvres d'un bleu si vif, et l'origan à la taille svelte, et le serpolet avec ses touffes rampantes et parfumées, et l'arrête-bœuf avec ses étendards roses; je les cherche en vain dans le vallon; les prairies, les fontaines, les ruisseaux, les bocages, tout prend le deuil au départ de ces charmantes fleurs.

Mais j'aperçois la scabieuse qui penche sa tête mélancolique. Encore quelques jours, et sa destinée est accomplie. Et cette petite marguerite oubliée sur la pelouse! Ah! ce n'est plus cette jeune pâquerette au disque d'or. Comme elle est languissante, triste, décolorée. Elle va bientôt mourir. Ainsi s'éteint la jeune vierge qu'une fièvre lente consume...

Quel silence! On n'entend que le murmure de la forêt et la chute du gland qui se détache des branches de chêne. Voyez ces nuages qui voilent l'azur des cieux, et ces feuilles jaunies qui jonchent la terre, et ces bruyères flétries, et ces bouleaux dépouillés.... N'est-ce pas l'image des illusions humaines? Oui, l'homme veut faire du bruit dans le monde; comme il s'agite! comme il marche fièrement! A-t-il quelques succès, il veut qu'on le flatte, qu'on l'encense, qu'on l'admire; il se croit immortel. Eh bien! c'est comme la feuille d'automne que le vent emporte, le souffle de la mort le renverse et le réduit en poussière.

Mais l'automne est la saison de l'homme sage; il aime ce charme un peu sombre du soir de l'année; il laisse couler tranquillement les heures entre le travail et le repos, et il attend le dernier terme sans faiblesse, sans inquiétude; il a appris à mourir.

« Eh quoi! vous désertez notre drapeau, me dit un disciple d'Aristippe, un friand renommé. Enseignez-nous plutôt l'art de vivre dans le monde. Quelle société avez-vous à la campagne, où toutes les bonnes maisons deviennent désertes au mois de novembre? Vous avez le pauvre curé, le maître d'école et deux ou trois propriétaires, esprits forts de village, qui se croient très-érudits parce qu'ils ont lu quelques nouveaux romans, feuilleté Voltaire ou Rousseau. Parlez-moi des plaisirs de l'hiver, des jouissances de la ville, des bals, des réunions, surtout de ces grands dîners où les truffes, le poisson, le gibier, les oiseaux du Phase, charment l'odorat et le goût. J'ai lu quelque part, je crois que c'est dans vos écrits, que pour bien digérer il faut avoir l'esprit calme; eh bien ! je mets à profit vos conseils. Les jours de grand gala, je ne lis aucun journal, je ne traite d'aucune affaire. Je mange avec discernement, j'évite surtout ces discussions orageuses qui engendrent la colère, enflamment la bile, paralysent l'estomac ; et si je me trouve à table à côté d'un vieux pair de France, je lui dis doucement à l'oreille : Écoutez cet histrion politique ; *lui seul a sauvé l'État ;* voyez ses yeux étincelants, ses lèvres convulsives ; il mourra peut-être d'indigestion cette nuit s'il mange les truffes qu'on vient de lui servir.

» Convenez, cher docteur, qu'on peut être sage dans le monde comme dans la retraite , lorsqu'on sait épurer ses goûts , lorsque la modération préside à nos plaisirs. Je hais la solitude, où la tristesse et l'ennui viennent empoisonner nos derniers jours. Oui, il y a plus de philosophie à vivre au milieu du bruit du monde qu'à s'enterrer dans la solitude. Vous aimez la campagne, les belles plantes, les concerts des oiseaux ; attendez du moins le retour de l'hirondelle ; vous aurez alors des morilles, des asperges et des petits pois. »

AGARIC BULBEUX. *AGARICUS BULBOSUS.*

Agaricus bulbosus. BULL. t. 577. DC. Fl. Fr. 564. — DESV. Fl. de l'Anjou. p. 13. — *Agaricus phalloïdes.* CHEV. Fl. Par. 1. p. 125.

α. Pileo olivaceo viridi. *Amanita viridis.* PERS. SYN. 251.

(Pl. 23, Fig. 1 et 2.)

Ce champignon, sans contredit le plus pernicieux de la section des amanites, porte un chapeau convexe, charnu, large de deux à quatre pouces, de couleur variée, mais en

général d'un jaune verdâtre, quelquefois d'un vert olive ou
strié de brun et de vert, surtout vers le milieu , rarement
taché par les débris du volva, doublé de lames blanchâtres,
larges, assez nombreuses et inégales. Le pédicule est blanc,
épais, cylindrique , haut de trois à quatre pouces , renflé
en forme de bulbe à sa base, muni au sommet d'un anneau
large , ordinairement rabattu et de la couleur des feuillets.

On trouve fréquemment cette plante, en été et en automne, dans les bois des environs de Paris. Elle est plus
ou moins forte suivant le sol où elle croît ; très-développée
dans les lieux humides, dans les vallées sombres, beaucoup
plus petite dans les terrains secs et sablonneux. Elle a un
goût douceâtre, une odeur nauséeuse et virulente qui se
manifeste surtout à sa bulbe. Ses propriétés vénéneuses
résident dans une matière grasse, molle, jaune, âcre.

AGARIC CITRIN. *AGARICUS CITRINUS.*

Agaricus citrinus. Chev. Fl. Par. 1. p. 125. — *Amanita citrina.*
Pers. Champ. t. 2. f. 1.

(Pl. 23, Fig. 3 et 4)

C'est encore une espèce très-délétère qu'on rencontre à
chaque pas dans nos bois , vers la fin d'août et pendant
une partie de l'automne. Elle est enveloppée en sortant de
terre d'un volva dont il reste des fragments sur le chapeau,
sous la forme de plaques irrégulières plus ou moins larges,
et d'un blanc grisâtre. Ce chapeau est convexe , un peu
aplati, large de deux à trois pouces , légèrement strié sur
les bords, d'un jaune citron ou serin, quelquefois d'un
jaune très-pâle, doublé de lames blanches , inégales et un
peu arquées. Le pédicule est cylindrique, élancé, ordinai-

rement blanc, bulbeux, pourvu d'un anneau un peu teint de jaune, et dont les bords sont finement dentés.

Ce champignon est également plus ou moins développé suivant la nature du sol et son exposition. Il est grêle, très-petit parmi la mousse, dans les lieux secs et sablonneux; il est plus élevé, il a des dimensions plus fortes dans les bruyères, dans les terrains humides. Sa chair est blanche, d'une odeur vireuse, analogue à celle qu'exhalent les substances moisies. La plus petite dose excite le dévoiement chez les animaux. Un chat, à qui j'en ai donné environ un gros, a eu des spasmes et le dévoiement; un autre, qui en avait pris une plus forte dose, a péri dans les convulsions.

AGARIC VÉNÉNEUX. *AGARICUS VENENATUS.* N.

Agaricus vernus. DC. Fl. Fr. 563. — *Agaricus bulbosus vernus.* BULL. CHAMP. t. 103. — *Amanita bulbosa alba.* PERS. CHAMP. t 2. f. 2.

(Pl. 23, Fig. 5.)

Cette espèce, improprement appelée *agaric printanier*, se montre rarement au printemps, à moins qu'une température humide et très-chaude ne hâte son développement; mais elle est assez commune en août et surtout en septembre dans tous les bois des environs de Versailles. Je la retrouve tous les ans, à peu près à la même époque, dans les taillis de Porchéfontaine, dans les bois de Meudon, de Buc, de Gonart, de Ville-d'Avray, etc. Je l'ai rencontrée cette année, 1838, vers la fin d'octobre, dans le petit vallon de Bouviers. Le nom que j'ai cru devoir lui imposer est d'autant plus convenable, qu'elle a des traits de ressemblance avec l'agaric comestible des pacages, et que cette malheureuse ressemblance a donné lieu à de nombreux empoisonnements.

Elle est blanche dans toutes ses parties, enveloppée à sa naissance d'un volva de la même couleur. Son chapeau est légèrement convexe, large de deux à quatre pouces, d'un blanc mat, souvent taché par quelques fragments du volva, et quelquefois un tant soit peu teint de jaune vers le centre. Les lames, toujours blanches, sont recouvertes en naissant d'une membrane légère qui se détache ensuite et reste adhérente autour du pédicule, où elle forme un collier mince, assez large. Le pédicule est plein, cylindrique, bulbeux à sa base, haut de trois à six pouces.

Les dimensions de cet agaric sont très-variables suivant les lieux où il croît; il est ordinairement d'une jolie forme et d'une couleur propre à séduire ceux qui connaissent peu les champignons. On l'a souvent pris pour le champignon de couche ou des prairies, et surtout pour la variété connue sous le nom de *boule de neige*, laquelle croît également dans les bois. Voici les caractères essentiels qui distinguent ces deux espèces différentes. Le champignon des prairies n'a point de volva, tandis que cette membrane laisse toujours quelques traces sur le chapeau ou à la base du pédicule de l'agaric vénéneux. Le premier a la surface sèche; on peut le peler aisément; il a d'ailleurs une saveur agréable et une odeur aromatique qui ressemble un peu à celle du cerfeuil. Le second a la surface un peu humide; la peau adhère fortement à la chair et ne peut s'enlever. Il exhale une odeur désagréable, vireuse, et sa saveur, d'abord peu sensible, devient ensuite très-âcre*. Les feuillets du

---

* Cette espèce, suivant Paulet, a l'odeur du champignon ordinaire. Nous pouvons affirmer que c'est une erreur. Tous les individus que nous avons observés,

champignon comestible sont d'un blanc rosé ou d'un violet tendre ; ceux de l'espèce vénéneuse sont constamment blancs. Ce dernier caractère est si évident, si palpable , qu'il est impossible avec un peu d'attention de confondre ces deux espèces.

Les trois espèces que nous venons de décrire, et que plusieurs botanistes regardent comme des variétés de l'agaric bulbeux de Bulliard, sont très-remarquables par leurs qualités nuisibles ; elles contiennent, ainsi que la fausse-oronge, une matière grasse très-délétère.

EXPÉRIENCES SUR LES ANIMAUX. — FAITS D'EMPOISONNEMENT.

Le docteur Paulet fit avaler à un chien vigoureux une pâtée où il avait introduit l'agaric bulbeux verdâtre à la dose de trois gros. Ce ne fut que dix heures après que l'animal éprouva les premiers effets du poison. Il fit des efforts pour vomir ; ses jambes faiblirent ; il se coucha, s'assoupit , et mourut bientôt après dans des mouvements convulsifs. L'estomac et le duodénum offraient quelques rougeurs livides. Tout le canal intestinal était enduit d'une mucosité épaisse et jaunâtre. L'œsophage , les viscères du bas-ventre et de la poitrine étaient dans l'état naturel.

L'agaric citrin , administré de la même manière , a produit les mêmes résultats. Son suc, délayé à la dose d'une demi-once dans un peu d'eau, a agi avec plus de violence. L'animal a vomi presque sur-le-champ avec de grands efforts et des mouvements convulsifs. Après avoir éprouvé une sorte de choléra , il est tombé dans un abat-

soit dans les bois, soit dans les bruyères, répandaient une odeur virulente, presque nauséeuse. Nous invitons nos lecteurs à vérifier ce caractère, qui est très-important.

tement extrême, et il a péri vingt-quatre heures après l'introduction de la substance vénéneuse.

L'eau distillée de ces mêmes champignons n'a produit aucun accident ; mais une petite dose du résidu de la distillation a suffi pour empoisonner deux chiens. Leur extrait aqueux a également donné la mort. L'eau dans laquelle on a fait macérer plusieurs champignons s'est chargée d'une partie des principes délétères ; elle a produit des évacuations sanguinolentes, mais l'animal n'a point succombé. L'alcool, l'éther, le vinaigre, le vin, l'eau salée, ont surtout la propriété de dissoudre la matière vénéneuse. Ces divers liquides acquièrent ainsi une action délétère très-intense, et font périr les animaux en moins de vingt-quatre heures.

Les faits consignés dans l'ouvrage de Paulet et dans quelques recueils scientifiques prouvent que l'influence de ces champignons sur l'homme n'est pas moins funeste.

PREMIÈRE OBSERVATION.

M. Guibert, sa femme, sa fille, deux garçons étrangers et un domestique, mangèrent à dîner une certaine quantité d'amanite citrine. Vers trois heures après minuit, madame Guibert fut réveillée par un rêve effrayant. Elle éprouva des nausées, des vomissements et un assoupissement continuel. On lui donna l'émétique, qui lui fit rendre des portions de champignons, et la soulagea beaucoup ; mais elle fut environ trois semaines à se rétablir. M. Guibert fut pris d'un choléra-morbus avec des crampes très-douloureuses. Les évacuations le sauvèrent. Aucun de ces individus n'eut de la fièvre. Tous, excepté M. Guibert, furent frappés de stupeur. La fille et un des garçons qui avaient refusé de prendre l'émétique moururent. Un chat, qui avait léché les assiettes, était sur le point de périr lorsqu'on le fit tuer.

DEUXIÈME OBSERVATION.

M. Benoît, sa femme et leur enfant mangèrent à six heures du soir de l'amanite printanière (notre agaric vénéneux) cueillie au bois de Boulogne. Le lendemain, ils éprouvèrent des nausées, des anxiétés, des défaillances fréquentes. On donna au père et à l'enfant du lait, de la thériaque et une forte dose d'émétique qui les fit vomir abondamment. On n'osa point l'administrer à la mère, parce qu'elle avait une perte de sang et des faiblesses continuelles. L'enfant venait de mourir lorsque le docteur Paulet arriva. Le père était dans un état permanent d'anxiété et de stupeur; il avait le ventre tendu, les extrémités froides, le pouls petit et intermittent. Tout son corps était d'une couleur livide. Il expira quelques instants après. La mère avait déjà beaucoup vomi naturellement. Elle était d'une pâleur cadavéreuse, et dans un état continuel de faiblesse et d'anxiété. On lui donna un purgatif ordinaire; deux ou trois heures après, elle avait évacué des champignons entiers, et d'autres qui étaient comme dissous et noyés dans un mucus jaunâtre. Elle prit du lait d'amandes avec de l'eau de fleur d'orange et quelques gouttes d'éther; cette émulsion la calma beaucoup. Le lendemain elle fut purgée encore avec succès. La perte utérine qui s'était arrêtée revint. La malade éprouvait parfois de l'oppression et de la faiblesse. On lui prescrivit un régime restaurant, des potions antispasmodiques et le lait. Toutefois elle eut beaucoup de peine à se rétablir; elle fut long-temps d'une

23

pâleur extrême, et six mois après elle souffrait encore de la tête et de l'estomac.

TROISIÈME OBSERVATION.

Cinq personnes mangèrent vers le soir des mêmes champignons simplement préparés avec du beurre, du poivre et du sel. Le lendemain matin elles éprouvèrent un malaise général, des nausées, des douleurs d'estomac, des anxiétés et des vomissements. Vers midi, on leur donna du lait, de la thériaque et des vomitifs sans aucun succès. Elles furent dans le même état pendant quatre jours.

Trois de ces individus périrent après avoir éprouvé des douleurs aiguës dans tout le canal digestif, mais sans convulsions et sans perdre connaissance. Leur corps était couvert de taches livides; les dents et les gencives étaient noires, la bouche ulcérée, l'anus phlogosé. Un chien et un chat, qui avaient mangé les restes de ce ragoût, périrent le lendemain. (*Gazette de Santé,* 1777, n° 34.)

On reconnaîtra sans peine l'insuffisance ou plutôt l'absurdité de ce traitement. Lorsqu'on administra la thériaque et l'émétique, il existait déjà une inflammation gastrique violente qui dut s'accroître par ces remèdes. Trois de ces malheureux éprouvent des douleurs atroces pendant quatre jours, et l'on néglige les évacuations sanguines, base essentielle de la méthode antiphlogistique! Paulet pense que les vomissements n'ayant point produit l'effet désiré, les purgatifs auraient pu être du plus grand secours dans cette circonstance. Nous ne partageons point cette opinion; l'indication la plus urgente était de calmer la phlogose gastro-intestinale par les saignées, les boissons gommeuses, anodines, les topiques émollients, etc. Les évacuants, si utiles au début de l'empoisonnement, c'est-à-dire lorsque les organes gastriques n'éprouvent encore qu'une irritation médiocre, sont à coup sûr contre-indiqués par les anxiétés, les vomissements, la vivacité et la permanence de la douleur.

En pareil cas, c'est un nouveau poison qu'on introduit dans le canal alimentaire.

QUATRIÈME OBSERVATION.

Quatre individus s'empoisonnèrent en mangeant de l'amanite bulbeuse. Parmi les principaux phénomènes, on observa une affection comateuse accompagnée de la dilatation des pupilles, de mouvements convulsifs, de la faiblesse du pouls, etc. On chercha à combattre les effets du poison par des tisanes émulsives, par des potions huileuses, par du lait coupé avec de l'eau, etc. Tous les remèdes furent vains. Deux de ces malades moururent en peu de temps d'une inflammation gangréneuse des intestins.

Le professeur Folinea sauva les deux autres en leur donnant de petites doses de camphre avec une infusion de camomille et de serpentaire de Virginie, après leur avoir fait prendre des bains, du laitage et des émulsions. (Delle Chiaje, *Enchiridio di tossicologia*.)

AGARIC BLANC. *AGARICUS CANDIDUS.*

Amanita candida. BRIGANTI. FUNG. HIST. ICON.

Cette espèce, qu'il ne faut point confondre avec notre agaric vénéneux, a été décrite et figurée par M. Briganti dans son *Histoire des Champignons du royaume de Naples.*

Elle porte un chapeau hémisphérique, d'un blanc brillant, taché par les débris du volva. Ses lames sont blanchâtres, un peu courbées en fer de faux ; son pédicule est ferme, tubéreux à sa base, plus mince à sa partie supérieure et de la couleur des feuillets.

Cet agaric a la forme et la couleur d'un œuf en naissant ; il grandit ensuite, et il s'évase à peu près comme l'orange. On le trouve dans le royaume de Naples. Il est vénéneux, d'après le témoignage de M. le professeur Briganti.

Un villageois, attiré par la belle couleur de ce champignon, en avait fait une abondante récolte qui lui avait servi de principal repas. Il en avait apprêté une partie à l'huile, et l'autre avec de la polenta.

Peu de temps après ce repas, il éprouva une violente cardialgie, et fit de vains efforts pour vomir. Il eut des vertiges, des évanouissements, et il pouvait à peine respirer. Ces symptômes redoutables faisaient craindre une mort prochaine. L'art vint heureusement à son secours. Il vomit le poison, et il fut sauvé. (Delle Chiaje, *Enchir. di tossicol.*)

** PÉDICULE NU OU SANS ANNEAU.

AGARIC VERGETÉ. *AGARICUS VIRGATUS.*

Amanita virgata. Pers. Syn. 243. — *Agaricus volvaceus.* Bull. t. 262. DC. Fl. Fr. 567.

Cette espèce a un volva épais, très-grand, d'un gris noirâtre, qui se rompt au sommet en plusieurs segments. Le pédicule est plein, cylindrique, blanchâtre, haut de deux pouces, surmonté d'un chapeau d'abord convexe, puis aplati, charnu, assez grand, d'un gris cendré, rayé de lignes noires, divergentes. Les lames sont peu nom-

breuses, libres, inégales, d'abord couleur de chair, ensuite
d'un rouge de brique et pulvérulentes.

On la rencontre, en juillet et août, dans les serres sur
le tan, où elle croît par groupes. Bulliard l'a trouvée dans
les bruyères de Versailles. Elle a une saveur âcre, et elle
contient, suivant M. Braconnot, de la gélatine, de l'albumine, divers sels, une huile brune, fluide, et un principe
délétère volatil. On la regarde comme un poison.

AGARIC A PETIT VOLVA. *AGARICUS PUSILLUS.*

Agaricus pusillus. DC. Fl. Fr. — *Amanita pusilla.* Pers.
Syn. 249. — *Agaricus volvaceus minor.* Bull. Champ.
t. 350.

Ce petit champignon, d'une forme très-élégante, sort
d'un volva grisâtre qui se déchire en trois ou quatre la-
nières. Il a un pédicule court, blanc, transparent, cylindrique, plein ou fistuleux, un chapeau hémisphérique,
mamelonné, blanchâtre, traversé par des lignes noirâtres,
rayonnantes, et recouvert d'une fine peluchure; des lames
larges, épaisses, inégales, assez distantes du pédicule et
d'une couleur rosée.

On le trouve, en automne, rapproché par groupes, dans
les bois et dans les jardins. Son affinité avec l'agaric vergeté
doit le faire exclure du nombre des espèces usuelles.

AGARIC A TÊTE LISSE. *AGARICUS LEIOCEPHALUS.*

Agaricus leiocephalus. DC. Fl. Fr. suppl. 564.

Cette belle espèce, d'un blanc pur dans toutes ses parties, est enveloppée en naissant dans un volva très-ample.
Elle porte un chapeau d'abord convexe, puis plane, ar-

rondi, large de six à huit pouces , et dont la superficie est sèche, lisse, comme satinée. Les feuillets sont nombreux, inégaux, non adhérents au pédicule, qui est lui-même épais à sa base, court, charnu, sans anneau.

On la vend au marché de Montpellier. Elle ressemble à l'oronge blanche ; mais elle n'a point de collier. Sa chair est épaisse, ferme, blanche, d'une odeur et d'un goût agréables. On l'apprête comme les oronges.

AGARIC ENGAINÉ. *AGARICUS VAGINATUS.*

Agaricus vaginatus. BULL. t. 312 et 98. DC. Fl. Fr. 563. BALB. Fl. de Lyon. 2. 246.

α. *Agaricus plumbeus.* SCHÆFF. t. 55 et 86. — *Amanita livida.* PERS. SYN. 247.

β. *Agaricus fulvus.* SCHÆFF. t. 95. — *Agaricus trilobus.* BOLT. t. 58. f. 2.

Ce champignon, de couleur et de grandeur variées, sort d'un volva cylindrique, allongé en forme de gaîne, qui le couvre entièrement à sa naissance, et qui persiste à la base du pédicule. Son chapeau est d'abord arrondi, presque campanulé, puis plane, large de deux à quatre pouces, d'une couleur grisâtre ou d'un jaune fauve, quelquefois livide à un âge avancé, ordinairement recouvert des débris du volva, constamment strié sur les bords. Les feuillets sont blancs, inégaux, rayonnants, rétrécis à leur base. Le pédicule est fistuleux, atténué ou un peu conique, blanc, dépourvu de collier.

Il se montre en été dans les bois, et surtout dans les bois de pins. Les deux variétés sont alimentaires dans le midi de la France, l'une sous le nom de *grisette* ou *coucoumelle grise ;* l'autre sous les noms de *coucoumelle jaune, coucou-*

melle orangée, ou simplement *iranja*, nom qu'elle partage avec l'oronge. D'après M. Decandolle, la coucoumelle grise est une des espèces les plus délicates. On peut la manger avec une entière sécurité.

AGARIC INCARNAT. *AGARICUS INCARNATUS.*

Agaricus incarnatus. Pers. Champ. p. 183. — *Agaricus bombycinus*. — Schæff. Fung. t. 98. — *Fungus magnus, esculentus*. Mich. Gen. plant. t. 76.

Cet agaric s'échappe d'un volva un peu visqueux, blanc ou jaunâtre. Son chapeau est très-charnu, blanc, velu et comme soyeux, large de quatre à six pouces, doublé de lames d'abord blanches, puis d'une couleur rosée. Le pédicule est épais, blanc, cylindrique, haut de quatre à cinq pouces.

On trouve ce champignon au pied des arbres, en Allemagne, en Suède et en Italie. D'après le témoignage de Micheli, il est alimentaire en Toscane.

AGARIC GRIS DE SOURIS. *AGARICUS MURINUS.* N.

Cette espèce se fait remarquer par la grâce et l'élégance de son port. Son chapeau, de forme conique en sortant du volva, s'évase peu à peu, devient plane, ensuite légèrement concave; mais le centre est toujours un peu mamelonné Sa surface est unie, satinée, d'un gris de souris ou d'un gris argenté, d'une teinte plus foncée au milieu, un peu striée sur les bords, et quelquefois tachée de quelques plaques ou pellicules blanches, irrégulières. Les feuillets sont très-minces, presque égaux, entremêlés de quelques demi-feuillets, et d'un blanc mat. Le pédicule est de la même couleur, sans anneau, haut d'environ trois pouces, fistuleux, aminci au sommet, bulbeux à la base, où se montrent quelques fragments du volva.

On trouve ce champignon, en juillet et août, dans les lieux ombragés. Je l'ai observé dans les bois de Versailles et dans les allées du parc de la cour Roland. Il est peu charnu, d'une saveur fade, d'une odeur un peu nauséeuse. On doit s'en défier. Il a quelque affinité avec l'espèce suivante, qui est très-vénéneuse.

AGARIC CONIQUE. *AGARICUS CONICUS.*

Agaricus conicus. PICCO. Mém. soc. méd. 3. *icon.*

Recouvert d'un volva mince et très-blanc en sortant de terre, ce champignon offre dans son développement un chapeau de forme toujours conique, d'une couleur gris de souris, satiné, garni en dessous de lames inégales en longueur, blanches ou d'un jaune pâle. Le pédicule est plein, blanchâtre, un peu courbé, long de quatre à cinq pouces, dépourvu d'anneau, renflé à sa base, où l'on remarque quelques débris du volva.

On trouve cette espèce en automne, au bord des chemins, particulièrement en Piémont. Elle a quelques traits de ressemblance avec notre *agaricus murinus ;* mais elle en diffère par la forme constamment conique du chapeau. Nous ne l'avons jamais rencontrée dans nos bois.

Le docteur Picco, médecin de Turin, a observé et parfaitement décrit ses effets délétères. Cette belle observation a été traduite de l'italien par le docteur Tournon, de Toulouse. Elle a également paru dans les *Mémoires de la Société royale de médecine.* Nous nous bornerons à en donner ici la partie la plus substantielle.

Une famille entière fut empoisonnée avec un plat de ces

champignons. Sur six individus, il en mourut quatre, après avoir éprouvé les plus horribles angoisses. On observa des douleurs gastriques plus ou moins aiguës, des vomissements de matières verdâtres, sanguinolentes, un spasme violent de tout le canal alimentaire, la rétraction des membres inférieurs, des suffocations, un état permanent d'anxiété, etc. Le délire et une espèce de léthargie vinrent mettre un terme à tant de souffrances.

Les quatre malades qui succombèrent n'avaient été soumis à aucun traitement. Deux seulement avaient pris de la thériaque de Venise, remède incendiaire, dont on a tant abusé anciennement dans les phlegmasies viscérales. Le docteur Picco parvint à sauver les deux autres par des vomitifs, des potions éthérées et des saignées générales. Mais leur convalescence fut longue et pénible. Une année après, ils n'étaient pas encore parfaitement rétablis.

AGARIC MALFAISANT. *AGARICUS MALEFICUS.* N.

Cet agaric, dont nous avons donné la description en 1821, dans la *Phytographie médicale*, d'après une note que nous avait adressée le docteur Tournon, est connu aux environs de Bordeaux sous le nom de *gendarme.*

Il croît dans les bois sombres et épais, et il exhale une odeur fétide. Son pédicule est mince, élancé, un peu plus épais à la base, uni, blanc, spongieux, haut de quatre à cinq pouces. Son chapeau, légèrement convexe, est blanc intérieurement, recouvert d'une peau luisante, d'un jaune tirant sur le blond. Les feuillets sont nombreux, serrés; ils ont deux à trois lignes de largeur vers le milieu, et deviennent plus étroits à mesure qu'ils se terminent vers le pédicule ou aux bords du chapeau.

Ce champignon est renfermé, comme l'orange, dans un volva qui se déchire en tous sens, à mesure que le chapeau se développe et grandit. Quand on l'écrase, le changement de sa couleur n'est pas d'abord sensible; mais il devient ensuite noirâtre, et il donne un suc visqueux, gluant, qui noircit le couteau et ne fait pas changer de couleur le papier bleu. Il est insipide, et n'imprime aucune âcreté sur la langue. Les limaces le mangent, ce qui combat l'opinion vulgaire que les champignons dévorés par les insectes ne sont pas dangereux.

Les botanistes n'ont point décrit cette espèce, qui a quelque ressemblance avec l'amanite citrine; mais elle en diffère essentiellement par l'absence de l'anneau, sinon par ses principes délétères. Elle est commune dans les bois de la Gironde et du midi de la France, rare dans les bois des environs de Paris.

PREMIÈRE OBSERVATION.

Deux jeunes demoiselles de Mérignac, village peu éloigné de Bordeaux, mangèrent, le 10 août, à souper, une omelette dans laquelle on avait introduit plusieurs de ces champignons. Vers minuit, elles éprouvèrent du malaise; le lendemain matin, elles furent plus incommodées, et vomirent avec de grands maux d'estomac. Un chirurgien leur fit prendre de l'huile, de la thériaque et du lait. Tout cela n'arrêta point l'action du poison. Les vomissements eurent encore lieu le soir avec des évacuations intestinales. Le docteur Campagne, de Bordeaux, fut appelé le second jour. Il trouva les jeunes malades tourmentées par des nausées et des douleurs très-vives de tout le canal alimentaire; le pouls était dur, lent, concentré, les extrémités froides, avec prostration des forces et assoupissement.

On leur administra du vin émétique dans de l'eau tiède, qui leur fit rejeter des matières noirâtres, visqueuses, filantes, faisant impression sur tout ce qu'elles touchaient. Le pouls fut presque toujours le même pendant l'action de l'émétique, malgré les cordiaux fréquemment réitérés. Il devint plus régulier le soir. On donna de la thériaque à l'heure du sommeil. Pendant la nuit et le lendemain, les symptômes diminuèrent considérablement. Mais, deux jours après le vomitif, les premiers phénomènes se manifestèrent de nouveau. On présuma qu'il y avait encore quelques restes de champignons dans les intestins, et on prescrivit avec succès une potion purgative. Enfin, les cordiaux amenèrent un entier rétablissement.

Deux domestiques, qui avaient mangé de ces champignons, éprouvèrent les mêmes accidents. L'un, âgé d'environ trente ans et d'une forte complexion, après avoir eu une espèce de choléra-morbus pendant la nuit, entreprit le lendemain un voyage de neuf ou dix lieues. Le dévoiement continua pendant tout le temps du voyage, et il contribua avec les secousses du cheval à prévenir l'assoupissement. L'autre, qui n'était âgé que de dix ou douze ans, mourut le quatrième jour. Le poison avait fait de grands progrès, malgré la promptitude des secours. Il avait mangé beaucoup de champignons, et il avait bu une grande quantité d'eau pour apaiser la soif qui le tourmentait. L'émétique lui avait fait rejeter deux vers lombricoïdes morts, avec des champignons entiers extrêmement gonflés et des matières noires. Il était plongé dans un état d'assoupissement, et tout son corps était froid. Les cordiaux ne furent point négligés, mais tout fut inutile.

Un petit chien qui avait mangé quelques restes fut assez long-temps tourmenté par l'effet de ce poison.

DEUXIÈME OBSERVATION.

Ce funeste accident n'empêcha point que la sœur des deux jeunes demoiselles ne s'empoisonnât une année après en mangeant des mêmes champignons préparés sur le gril. Le docteur Campagne ne fut averti que le troisième jour. Les mêmes symptômes se développèrent, mais avec plus de violence. Le pouls était dur, très-petit, très-lent ; un froid glacial couvrait les extrémités. La malade, plongée dans un profond assoupissement, ne parlait qu'avec beaucoup d'embarras. L'estomac et le bas-ventre étaient si douloureux qu'ils ne pouvaient supporter la plus légère pression. La faiblesse et l'accablement étaient extrêmes. On avait d'abord donné de l'huile, du lait, de la thériaque, et ensuite l'émétique qui n'avait produit que peu d'effet. Le docteur Campagne administra une potion cordiale volatile et du bouillon. Le pouls se ranima, les autres symptômes s'amendèrent, et le lendemain la malade se trouva beaucoup mieux. Le jour suivant elle prit un doux purgatif ; elle continua pendant quelques jours l'usage de la potion volatile, et la guérison fut complète.

Ces deux observations, constatant les effets délétères d'une espèce de champignon peu connue des naturalistes, nous ont été communiquées par M. le docteur Tournon.

Après avoir parcouru la tribu des agaricées, il est aisé de voir combien elle est riche en champignons alimentaires. Les pratelles, les lépiotes, et surtout les gymnopes, ne renferment guère que des espèces salubres ; quelques-unes seulement ont une saveur un peu amère , et sont d'un usage équivoque. Mais la section des lactaires , et particulièrement celle des amanites, nous offrent un assez grand nombre d'espèces d'une nature pernicieuse. C'est dans ce dernier groupe surtout qu'on trouve les poisons les plus redoutables à côté de quelques autres champignons d'un goût exquis et d'un usage universellement répandu. Ce n'est que par l'étude, l'examen et la comparaison des caractères essentiels qui les distinguent qu'on pourra éviter de funestes méprises. Il est certain que la plupart des empoisonnements sont occasionnés et par la fausse oronge qu'on confond avec l'oronge vraie , et par quelqu'une des variétés de l'agaric bulbeux , surtout par la variété à chapeau blanc qu'on prend pour l'agaric comestible des bois ou des pacages. Nous recommandons aux amateurs , qui ne sont point botanistes , de lire attentivement les articles où nous avons tracé l'histoire de ces différentes espèces , et de comparer avec soin les figures qui les représentent *.

---

* En général , on peut reprocher aux médecins de négliger un peu trop l'histoire naturelle des poisons végétaux , et surtout celle des champignons. Ce reproche doit particulièrement être adressé à ceux qui pratiquent dans les campagnes , puisque c'est là que les cas d'empoisonnement ont le plus souvent lieu. De là ces renseignements incomplets qu'on transmet à l'administration , et qui se reproduisent ensuite dans les journaux sans aucun profit pour la science et pour la santé publique. On y parle bien de temps à autre d'accidents produits par les champignons ; mais on ne peut nous dire quelles sont les espèces qui les ont occasionnés. La même incertitude règne parfois dans les thèses inaugurales et dans les recueils scientifiques. Ainsi, on rapporte dans une thèse soutenue à l'École de médecine de Paris, en 1819, un accident produit par des champignons, parmi lesquels se trouvaient surtout des oronges et des morilles. Trente-huit marins furent assez gravement malades après avoir mangé de ces champignons en septembre 1823 ; plusieurs d'entre eux tombèrent même dans un état d'imbécillité et de somnolence insurmontable. On aura sans doute cueilli en même temps que les oronges quelque espèce délétère qui aura provoqué cet accident ; mais comment a-t-on pu dire qu'il s'y trouvait des morilles, qui ne viennent qu'en avril , tandis que l'empoisonnement avait lieu en septembre !

Nous nous permettrons aussi de recommander aux médecins d'examiner attentivement les symptômes qui se développent après l'usage des champignons. Ainsi que bien d'autres aliments, les champignons comestibles peuvent produire, dans certains cas, une sorte de malaise, des nausées, des irritations viscérales ; cependant il ne faudrait pas que le médecin appelé pour y remédier se hâtât de crier au poison avant d'avoir pris des renseignements sur la nature des champignons, sur la manière de vivre du malade, sur son tempérament, etc.

M. ***, d'une complexion nerveuse, irritable, d'un caractère léger, inconstant, satisfait le matin surtout après son déjeuner, mécontent, morose un peu plus tard, livré aux petites joies, aux petits chagrins du monde élégant, aimant le jeu, le spectacle, les courses au bois de Boulogne, friand, sensuel, voluptueux, enfin Parisien consommé, prenait tous les matins une ou deux tasses de thé péko, sorte de prélude d'un repas fin, délicat, qu'il faisait à onze heures. Un Bordelais lui avait donné le goût des champignons, et il lui envoyait tous les ans une petite caisse d'oronges, de ceps et de mousserons desséchés. Notre sybarite voulait que tous ses ragoûts en fussent empreints. Vers la fin de l'hiver, il avait passé au jeu une nuit entière. Il rentre chez lui sans argent, fatigué, chagrin, la tête vertigineuse. Le thé qu'on lui sert lui paraît mauvais, il le prend avec dégoût. Vers midi, il mange des filets de sole aux champignons, boit deux petits verres

---

Il n'est que trop vrai que dans l'histoire des plantes comme dans celle des voyages on sème de temps en temps, même sans le vouloir, quelques grains d'erreur.

Nous écrivions ces lignes en 1832. Depuis cette époque, beaucoup de médecins se sont occupés sérieusement de l'étude des champignons. Nous citerons ici M. Lefrançois de Versailles, M. Léon Dufour de Mont-de-Marsan, et M. Bermond d'Albi.

de vin de Bordeaux et un peu de café. Bientôt son estomac
se soulève, il vomit à plusieurs reprises ; il veut parler,
il balbutie, il a perdu la raison. Un des médecins du roi
est consulté. On lui montre les champignons envoyés de
Bordeaux, il veut qu'on les jette, c'est du poison. D'après
cette idée passablement absurde, il fait prendre au malade
des boissons acidulées et de fortes doses d'éther. Le mal
empire.

On voulut connaître mon avis sur cette espèce d'empoisonnement. J'arrive, je demande à voir les champignons, je les examine, je les flaire, je les goûte, je re-
connais l'oronge et le cep ou bolet comestible, et je déclare
qu'ils n'ont pas fait plus de mal que la sole, que le vin de
Bordeaux, que le café. Je fais boire au malade un thé
abondant. La quatrième tasse provoque des vomissements
bilieux, et le malade est plus tranquille. Puis je demande
à sa famille quelques détails sur ses habitudes, sur sa vie
sociale, sur son caractère, etc. Je dis alors au père du
malade, aimable et intéressant vieillard : « Monsieur,
votre fils ne recevra aucun dommage de l'accident qui
vient de lui arriver ; c'est tout bonnement une indigestion.
Mais sa manière de vivre lui sera funeste s'il ne se hâte
de la corriger. C'est vous, monsieur, qui devez le ramener
à une conduite plus rationnelle, plus sage. Il écoutera sans
doute vos leçons, il suivra vos préceptes, surtout vos bons
exemples. »

Voilà un singulier empoisonnement ! Si, après la visite
du médecin du château, le malade fût mort, et certes on
peut mourir d'une indigestion provoquée même par les
aliments les plus sains, les plus légers, cet accident eût
été regardé comme un empoisonnement produit par de

mauvais champignons. Quant aux goûts déréglés du malade, personne n'y eût songé. On parle bien dans le monde des poisons végétaux, des poisons minéraux, mais on se tait sur les autres espèces de poisons, tels que la volupté, la gourmandise, la débauche, l'insomnie, le chagrin, la tristesse, l'ennui, les inquiétudes, la crainte, la colère, l'ambition, etc. Les poisons moraux et les poisons physiques se suivent, se mêlent, s'allient ensemble, et il résulte de cette funeste alliance le plus cruel des empoisonnements. L'âme se déprave, l'esprit s'éteint et le corps se dissout.

Revenons à la famille des agaricées. Les champignons délétères de cette tribu exercent ordinairement une action complexe sur l'économie animale. Ils attaquent le système nerveux, et ils produisent en même temps sur tout le canal alimentaire une inflammation plus ou moins violente. Lorsque leurs principes âcres dominent et se concentrent sur les entrailles, cette agression est marquée par des vomissements, des angoisses, la cardialgie, des douleurs déchirantes, des évacuations excessives; tels sont les effets de quelques agarics lactescents et de quelques russules. Quelques autres agissent à la manière des poisons narcotiques. Alors la stupeur, l'assoupissement, une sorte d'ivresse, le délire, les spasmes variés expriment l'altération profonde du cerveau et de l'appareil nerveux. Dans l'empoisonnement produit par les amanites, on voit parfois ces divers phénomènes alterner, se mêler, se confondre; il survient des hémorrhagies, une soif ardente, la tuméfaction de l'abdomen, le hoquet, des syncopes, une sueur de glace, et la mort.

Les observations que nous avons recueillies prouvent d'une manière incontestable que le vomissement, excité

CLATHRE GRILLÉ. *CLATHRUS CANCELLATUS.*

Clathrus cancellatus. Linn. Spec. 1648. DC. Fl. Fr. 577.
Tourn. Fl. de Toulouse, p. 290.—*Clathrus volvaceus.* Bull.
t. 441. — *Clathrus ruber.* Mich. Gen. plant. t. 93.

Cette plante singulière se montre, en sortant de son
volva, sous la forme d'un grillage ovoïde, composé de
rameaux charnus, d'un beau rouge, quelquefois d'une
couleur orangée, jaune ou blanchâtre. Ce grillage ne tient
à la terre que par une petite racine, et porte à sa base les
fragments d'un volva blanc, ordinairement lisse, qui recouvrait la plante à sa naissance. Les semences sont mêlées à une substance très-fétide, qui, à une certaine époque, tombe en déliquescence et les entraîne.

On trouve cette espèce de champignon en Italie et dans
le midi de la France. Il exhale une odeur si infecte, qu'un
naturaliste, ayant voulu le dessécher, fut obligé de se
lever la nuit pour le jeter et purifier sa chambre. On rapporte un fait qui doit le faire ranger parmi les espèces
délétères.

Une jeune personne, ayant mangé un morceau de ce
champignon, éprouva deux heures après une tension douloureuse au bas-ventre avec des convulsions violentes.
Elle perdit l'usage de la parole, et tomba dans un assoupissement qui se prolongea au-delà de quarante-huit heures. On parvint à dissiper ces accidents en lui donnant un
vomitif qui lui fit rendre un fragment de champignon avec
deux vers et des matières muqueuses teintes de sang. On
employa encore avec succès le lait, l'huile d'amandes
douces, l'eau de poulet et les fomentations émollientes

sur le bas-ventre. L'usage du lait, continué pendant plusieurs mois, la rétablit parfaitement.

TROISIÈME ORDRE.

GASTÉROMYCES. *GASTEROMYCI.*

Champignons arrondis ou ovoïdes, quelquefois irréguliers. Sporules souvent entrelacées de filaments, renfermées dans un réceptacle commun ou péridium, entièrement clos avant la maturité de la plante.

PREMIÈRE TRIBU.

LYCOPERDONÉES. *LYCOPERDONEÆ.*

Espèces charnues dans leur jeune âge, d'une substance compacte, solide, ensuite spongieuse, molle, pulvérulente, entremêlée de filaments peu nombreux. Péridium sessile ou pédiculé, simple ou double, membraneux ou coriace.

LYCOPERDON. *LYCOPERDON.*

Péridium ordinairement turbiné, charnu, ferme, homogène, puis spongieux, rempli d'une poussière très-fine, fauve ou verdâtre, formée par les sporules. Il s'ouvre irrégulièrement au sommet pour donner passage à la poussière séminale qui s'échappe en fumée.

dès les premiers moments, peut dissiper les symptômes
les plus graves. Il faut donc le favoriser par des boissons
délayantes, le chatouillement de la gorge, les potions
émétisées. On provoque ensuite les évacuations intestinales par des lavements laxatifs, par une solution de
manne, par quelques cuillerées d'huile de ricin, etc. Mais,
à une certaine époque, il n'est plus permis d'avoir recours aux évacuants énergiques, aux vomitifs ; c'est lorsqu'une violente irritation, des douleurs aiguës annoncent
l'état inflammatoire des viscères. Les topiques émollients,
les embrocations sédatives, les bains tièdes, les boissons
adoucissantes, l'application des sangsues sur les parties
de l'abdomen les plus sensibles, les saignées générales,
si l'état des forces le permet ; voilà les moyens les plus
convenables, les seuls qui puissent encore sauver le malade. Nous ne faisons qu'ébaucher ici le traitement, et
nous omettons à dessein quelques autres moyens d'une
utilité secondaire ; nous y reviendrons bientôt dans notre
méthode générale.

DEUXIÈME ORDRE.

PHŒNOMYCES. *PHŒNOMYCI.*

Champignons à graines nues ou disposées sur un réceptacle ouvert, pulvérulentes, liquides ou solides.

PREMIÈRE TRIBU.

PHALLOÏDÉES. *PHALLOIDEÆ.*

Espèces renfermées dans un volva. Chapeau enduit à sa
maturité d'un liquide visqueux où nagent les sporules.

24

PHALLUS. *PHALLUS.*

Chapeau perforé à son sommet, marqué de crevasses polygones, d'où sort une liqueur visqueuse dans laquelle les semences sont mélangées. Pédicule enveloppé d'un volva à sa base.

PHALLUS IMPUDIQUE. *PHALLUS IMPUDICUS.*

Phallus impudicus. Linn. Spec. 1648. Bull. Champ. t. 182. DC. Fl. Fr. 575. Schæff. t. 196. Bolt. 2. t. 92. Desv. Fl. de l'Anjou. p. 15.

Il est enveloppé à sa naissance d'un volva mou, ovoïde, d'où sort un pédicule cylindrique, fistuleux, blanchâtre, long de quatre ou cinq pouces, et percé d'une infinité de petits trous. Ce pédicule, un peu plus mince au sommet, soutient une espèce de chapeau ou tête conique, libre par la base, et creusé à sa surface de cellules polygones remplies d'une liqueur glaireuse, verdâtre, extrêmement fétide.

Ce champignon croît, vers la fin de l'été, dans les bois. On le trouve surtout dans les terres calcaires, dans les sables; l'odeur infecte et comme cadavéreuse qu'il répand au loin annonce sa présence, et le fait aisément découvrir. Il passe généralement pour vénéneux.

CLATHRE. *CLATHRUS.*

Réceptacle entouré d'un volva dans sa jeunesse, arrondi, creux intérieurement, formé de rameaux charnus, anastomosés comme un grillage, répandant de tous côtés un liquide visqueux dans lequel les sporules sont disséminées.

SCLÉRODERME VERRUQUEUX. *SCLERODERMA VERRUCOSUM.*

Scleroderma verrucosum. PERS. SYN. 154. CHEV. Fl. Par. 1. 558. — *Lycoperdon verrucosum.* BULL. CHAMP. t. 24. DC. Fl. Fr. 715.

On distingue aisément cette espèce à la forme arrondie de son péridium ; à sa racine composée d'appendices nombreux réunis en larges touffes, et dont le collet est profondément sillonné ou plissé ; à sa surface jaunâtre ou fauve, quelquefois lisse, mais plus souvent toute couverte de verrues aplaties. Sa chair, d'abord blanche, prend une teinte bleuâtre, et devient ensuite d'un brun foncé. Le péridium est épais, ferme et persistant ; il offre çà et là de petites perforations d'où s'échappe par jets une poussière noirâtre, très-fine et inflammable.

Ce scléroderme est commun, en automne, dans les bois, dans les prés et dans les terrains sablonneux. D'après Vaillant, il est mortel pris intérieurement. Sa poussière irrite vivement les yeux et les narines.

SCLÉRODERME DES CERFS. *SCLERODERMA CERVINUM.*

Scleroderma cervinum. PERS. SYN. 156. — *Scleroderma fulvum.* CHEV. Fl. Par. 1. p. 561. t. 10. f. 6. — *Lycoperdon cervinum.* LINN. SYST. veget. ed. 15. p. 1019. — *Lycoperdon tuberosum.* MICH. GEN. plant. t. 99. f. 4.

Ce champignon, entièrement dépourvu de racines, vient sous terre, et ressemble en quelque sorte à une truffe. Il est d'une forme arrondie ou oblongue, à peu près de la grosseur d'une noix. L'enveloppe corticale est dure, coriace, granuleuse, d'un jaune fauve ; elle renferme une chair, d'abord compacte et d'un blanc rougeâtre, ensuite pulvérulente, d'un brun noir, et mêlée de filaments floconneux.

On le trouve, en automne et en hiver, enfoui dans les terrains sablonneux, principalement dans les forêts de sapins, en France, en Italie, en Suisse et en Allemagne, où on lui donne le nom de *truffe du cerf*. Il exhale une odeur très-forte, comme spermatique. Bien que les bêtes fauves et surtout les cerfs recherchent avec avidité ce champignon, l'homme ne saurait en faire usage avec sécurité ; son odeur presque virulente n'annonce point des qualités salubres. Au reste, on lui attribuait, il n'y a pas encore bien long-temps, une vertu aphrodisiaque, et quelques charlatans en composaient en Allemagne une teinture qu'ils vendaient au poids de l'or à quelques jeunes efféminés ou à quelques vieillards maniaques.

Tous ces détails mycologiques un peu monotones, tous ces faits d'empoisonnement racontés sur un ton lamentable vous fatiguent la tête, vous attristent ; voici un portrait de fantaisie qui vous déridera peut-être un peu le front.

LE BARON TUDESQUE. SA MONOMANIE.

Quel est cet homme aux manières grotesques, à la parole brutale, qui vit de choucroûte et de pâtés de foies gras ? On l'appelle le baron Tudesque. C'est un puissant industriel, un riche financier, d'autres disent un homme d'État devenu monomane. On assure que, depuis 1830, il est tombé dans une singulière aberration d'esprit. Il croit voir dans tous les rentiers autant de loups-garous qui dévorent les revenus de l'État. Dans ses accès de monomanie, il les invective, il les menace, il voudrait les anéantir. « Ce sont les rentiers, s'écrie-t-il, qui ruinent nos finan-

LYCOPERDON GIGANTESQUE. *LYCOPERDON GIGANTEUM.*

Lycoperdon giganteum. Batsch. Fung. t. 165. Pers. Syn. 140.
DC. Fl. Fr. 712. — *Lycoperdon bovista.* Bull. Champ.
t. 447.

Cette espèce est très-volumineuse, d'une forme arrondie, presque sphérique, blanche dans sa jeunesse, puis
d'une couleur cendrée ou roussâtre, couverte d'écailles
éparses, fendillée en aréoles vers sa partie supérieure. Sa
chair, d'abord blanche, ensuite d'un jaune verdâtre ou
d'un gris brun, se convertit en une masse de poussière de
couleur bistrée qui n'occupe à peu près que la moitié du
péridium ; le reste est une substance spongieuse avec laquelle on peut faire une espèce d'amadou. On l'appelle,
en France, *grande vesse de loup,* et, en Italie, *peto di lupo
grande.*

On rencontre ce lycoperdon, en automne, dans les friches, dans les pâturages, surtout dans le voisinage des
anciennes forêts. Il égale dans ses dimensions moyennes
la grosseur de la tête d'un homme. Une racine très-grêle
fixe au sol cette masse considérable, qui devient quelquefois le jouet des vents et roule sur la terre comme une
boule.

Lorsque cette espèce est jeune, sa chair, d'une couleur
blanche, a un goût de champignon ordinaire. On la mange,
dit-on, en Italie ainsi que l'espèce suivante. On les coupe
par fragments ; on les passe à l'eau bouillante, puis on
les fait frire avec de l'huile, en y ajoutant l'assaisonnement
ordinaire. (Plenck, *Bromatologia,* p. 88.)

Il est possible que ces plantes ne soient point nuisibles
dans leur premier développement ; mais elles sont, à coup

sûr, d'un usage pernicieux lorsque leur substance devient grisâtre et commence à se ramollir. Dans tous les cas, c'est un aliment dont il faut se défier.

LYCOPERDON CISELÉ. *LYCOPERDON CÆLATUM.*

Lycoperdon cælatum. Bull. t. 430. DC. Fl. Fr. 713. — *Lycoperdon bovista.* Pers. Syn. 141, — *Lycoperdon gemmatum.* Schæff. Fung. t. 189.

Ce lycoperdon, un peu moins volumineux que le précédent, tient fortement au sol par une large touffe de fibres radicales. Il est sessile, rétréci à sa base, arrondi au sommet, blanchâtre ou un peu roux, ordinairement ciselé par des tubercules élargis à leur base, ou crevassé par de petits carreaux polygones. Sa chair, d'abord blanche, ensuite cendrée ou un peu jaunâtre, se convertit en une masse pulvérulente qui s'échappe par le sommet du péridium.

Il croît, en été et en automne, dans les bois peu couverts et sur les pelouses. On le rencontre fréquemment par un temps pluvieux. Préparé convenablement, il peut servir aux mêmes usages que l'amadou ordinaire.

SCLÉRODERME. *SCLERODERMA.*

Péridium coriace, lisse ou raboteux extérieurement, charnu, spongieux, pulvérulent à l'intérieur. Graines agglomérées, de couleur pourpre ou brune, entrelacées de filaments peu nombreux.

ques, d'une couleur noire à sa maturité ; d'une substance ferme, veinée et comme marbrée intérieurement. Ses principales variétés sont la truffe noire, qui est noire en dehors et un peu moins foncée intérieurement, avec des lignes roussâtres disposées en réseau ; la truffe grise, d'une couleur d'abord blanchâtre, puis d'un brun cendré ; la truffe violette, dont la couleur est d'un noir violet, et la truffe à odeur d'ail.

On trouve ces différentes espèces ou variétés dans plusieurs de nos départements. La variété grise croît sur la chaîne calcaire qui, du département de l'Aube, traverse celui de la Haute-Marne et s'étend jusque dans la Côte-d'Or. Ses qualités précieuses doivent la faire rechercher, car elle se rapproche beaucoup de la truffe blanche à odeur d'ail du Piémont. Mais la plus célèbre de toutes est celle qui porte le nom de *truffe noire*. Elle abonde dans les terres des environs de Périgueux, d'Angoulême, de Souillac, de Brives-la-Gaillarde, etc. On la trouve également dans les départements du Gard, de la Drôme, de l'Isère, de Vaucluse, de l'Hérault, du Tarn ; dans plusieurs cantons des montagnes du Jura, de l'Ardèche, de la Lozère, etc. Il y a peu de forêts en France qui n'en renferment plus ou moins. On en a trouvé dans le Calvados, au village de Colleville, près de Caen, et dans le département de l'Orne, non loin d'Alençon. Elle vient par groupes épars, sous la terre, à trois ou quatre pouces de profondeur, et quelquefois davantage, dans les bois plantés de chênes et de châtaigniers ; elle se plaît surtout dans les terrains légers, sablonneux, mêlés de parties ferrugineuses, dans les lieux dégagés de broussailles épaisses, bien aérés, ombragés par de grands arbres qui affaiblissent l'action trop vive des rayons solaires. Elle prospère surtout dans le voisinage du chêne, qui la protège de son ombre. Les écorces et les feuilles de cet arbre favorisent aussi sa reproduction, et lui donnent un parfum plus fin, plus exquis. Sous les ormes, les hêtres, les érables, elle est moins forte, moins nombreuse et moins sapide.

A peine de la grosseur d'une petite cerise au printemps, la truffe égale assez souvent celle d'un œuf vers la fin de l'automne ; on en a même vu du poids d'une livre ; mais ces tubercules ne sont pas d'un goût aussi parfait que ceux d'une grosseur moyenne. Dans sa jeunesse, la truffe est blanchâtre, peu odorante, d'une consistance molle, d'un goût fade ou de terreau ; ce n'est que lorsqu'elle approche de sa maturité, au mois de décembre, qu'elle devient ferme et noire, que ses principes sapides et aromatiques s'élaborent, se combinent pour les délices des palais sensuels et délicats. Mais elle perd son parfum vers la fin de l'hiver ; puis elle redevient blanchâtre, se ramollit, se décompose et se dissout.

Comme tous les champignons, les truffes aiment une température chaude et un peu humide. A la suite d'un temps pluvieux un peu prolongé, elles se trouvent ordinairement à une moindre profondeur ; quelquefois même elles soulèvent la terre en forme de mamelons que les rayons du soleil font ensuite gercer. Lorsqu'on frappe le sol ainsi soulevé, il rend un bruit sourd qui est un indice de leur présence. Le parfum de ces tubercules se compose de molécules si fines, si subtiles, qu'il s'échappe à travers les couches de terre qui les recouvrent, et trahit ainsi leur retraite. Aussi voit-on ordinairement voltiger tout autour des colonies d'insectes ou de tipules dont la larve se nourrit ces, qui paralysent l'industrie et le commerce, qui font avorter les plus belles entreprises. Qu'on les *réduise*, qu'on les mette au régime, ces gourmands, ces paresseux, et la France verra bientôt prospérer ses usines, ses canaux, ses chemins de fer. »

On a consulté les plus habiles médecins de Vienne, de Londres, de Paris, de Montpellier, et presque tous ils ont conseillé les douches et les bains d'eau froide. Un ou deux seulement ont insisté sur les saignées poussées jusqu'à la défaillance. Mais tous ces moyens ont échoué. La réduction des rentes est une idée fixe qui germe dans le cerveau du baron Tudesque, et qui se reproduit dans tous ses entretiens avec ses parents ou ses amis politiques.

Enfin, on a voulu connaître l'opinion d'un célèbre professeur sur cette espèce de délire maniaque. « Quels remèdes avez-vous faits? a-t-il dit. — On a administré au malade des douches d'eau froide, et on l'a saigné à outrance. » L'oracle se recueille, et puis il répond gravement : « Qu'on fasse subir à cet homme le régime qu'il veut imposer aux rentiers, c'est-à-dire qu'on le mette pendant trois mois au pain et à l'eau, et qu'on lui dise ensuite : Vos vœux sont accomplis, il n'y a plus ni rentes, ni rentiers, on vient de déchirer le grand-livre. Si ce traitement ne le guérit point, il faut le conduire à Charenton. »

QUATRIÈME ORDRE.

SCLÉROMYCES. *SCLEROMYCI.*

Champignons tuberculeux, charnus, d'une substance ferme, compacte, marbrée, renfermant des sporanges séparés par de petites veines. Quelques-uns ont un parenchyme homogène dans lequel sont nichées un grand nombre de sporules peu apparentes. Les plantes de cet ordre ne passent jamais à l'état pulvérulent.

PREMIÈRE TRIBU.

TUBÉRACÉES. *TUBERACEÆ.*

Espèces souterraines, dépourvues de racines, tout-à-fait semblables à des tubercules, et dont les réceptacles ne s'ouvrent point. Elles se distinguent de toutes les autres espèces de champignons par les petites veines qui traversent leur substance charnue dans tous les sens, et lui donnent un aspect marbré. Les sporanges, placés entre ces veines, renferment des sporules très-petites et arrondies.

TRUFFE. *TUBER.*

Réceptacle globuleux, veiné ou marbré, renfermant un grand nombre de sporanges pédicellés, épars entre les veines. Sporules sphériques, diaphanes, peu apparentes.

TRUFFE COMESTIBLE. *TUBER CIBARIUM.*

Tuber cibarium. Bull. Champ. t. 536. DC. Fl. Fr. 747. Balb. Fl. de Lyon. 2. 210. Chev. Fl. Par. 1. p. 364. t. 10. f. 3. — *Tuber brumale, pulpâ obscurâ, odorâ.* Mich. Gen. plant. p. 221. t. 102. — *Lycoperdon tuber.* Linn. Spec. 1653. — *Lycoperdon gulosorum.* Scop. Fl. carn. 2. p. 421.

(Pl. 24, Fig. 1—10.)

Cette production souterraine est d'une forme plus ou moins arrondie, chagrinée à sa surface, verruqueuse ou relevée de petites éminences dures, à peu près prismati économique, simple, facile, et le jardinier le moins intelligent peut le mettre en pratique. La transplantation des truffes, décrite par M. Bornholz, naturaliste allemand, est au contraire fort dispendieuse ; elle entraîne tant de soins, tant de difficultés, que peu de personnes seront tentées de se livrer à ce genre de culture. Au reste, nous pensons qu'on pourrait beaucoup la simplifier.

M. le comte de Noé, pour qui les études naturelles sont un noble délassement, nous a fait dans cette circonstance le plus gracieux accueil. Il nous a donné en même temps un dessin qu'il a fait lui-même, et qui représente une moitié de truffe qu'on a trouvée dans la fouille pratiquée en 1830. Ce fragment est légèrement tuberculeux, d'une forme ovale, arrondie, d'une couleur de suie en dehors. L'intérieur est d'un brun plus foncé, parsemé de veines ou filaments blanchâtres, assez larges, imitant en quelque sorte le blanc du champignon.

Les truffes les plus estimées et les plus délicates nous viennent de la Dordogne, surtout des environs de Sarlat. On les reconnaît à leur odeur volatile, presque enivrante, à leur forme arrondie, régulière, à la finesse et à la couleur d'ébène de leur enveloppe corticale. Elles sont tellement noires, qu'à la lumière on dirait qu'elles ont été trempées dans de l'encre. Leur chair est ferme, compacte, brune, ou fuligineuse, parsemée de veines blanchâtres et très-déliées. Les truffes de la Charente ont beaucoup d'affinité avec celles du Périgord ; celles que produisent les environs d'Angoulême, de Ruffec, de Barbezieux sont très-aromatiques et d'un goût très-fin.

Le Quercy nous en fournit aussi d'excellentes ; on prise particulièrement celles de Souillac et de Cre sensac. Elles

sont anguleuses, d'une forme irrégulière ; les veines qui
traversent leur tissu sont roussâtres , la plupart très-pro-
noncées. On en trouve dans le Tarn une assez grande quantité qui se consomme dans le pays. Elles ont beaucoup
d'analogie avec celles du Lot et de la Corrèze, pour la
configuration et le goût. Elles croissent dans les cantons
d'Alby et de Réalmont ; dans ceux de Cordes, de Montmiral, de Lautrec, de Lavaur et de Puylaurens. Leur
parfum n'est pas tout-à-fait aussi fin que celui des truffes
du Quercy, mais elles sont d'une bien plus forte dimension. Mon frère, Victor Roques, ancien maire de Valence,
m'écrit qu'on en trouve dans ces différents cantons qui
pèsent vingt, vingt-cinq et même trente-deux onces ; que
celles de Cordes et de Montmiral sont d'ailleurs les plus
estimées.

On distingue les truffes de la Drôme , surtout celles
qu'on nous envoie de Valence, de Romans, de Crest, ou
de Tain, petite ville située au pied de la côte de l'Hermi-
tage, à leur forme régulière, bien tournée, à leurs veinules
déliées , blanchâtres , à leur tissu ferme , parfumé et d'un
goût fort agréable. Elles rivalisent avec les truffes du
Gard, qui se rapprochent beaucoup elles-mêmes, quant à
leur forme et à leur parfum , de celles du Périgord ; mais
leurs veines sont plus distinctes, plus fortement dessi-
nées.

Enfin, celles de Vaucluse offrent une surface chagrinée,
relevée de petites éminences prismatiques d'un noir fuligineux. Elles ont une chair ferme, serrée, presque de la
même nuance que la surface, traversée par des veines en
réseau, la plupart très-fines et d'un blanc roussâtre. Ces
truffes, encore peu connues à Paris, sont très-estimées

de leur substance. Le cerf, le chevreuil, le renard, le sanglier en sont très-friands. Les porcs, qui les recherchent avec non moins d'ardeur, sont assez généralement employés pour les découvrir. Conduits sur les lieux qui renferment des truffes, ces animaux sont tellement excités par l'odeur pénétrante qu'elles exhalent, qu'en un instant le sol serait bouleversé, si l'on ne se hâtait de réprimer leur gloutonnerie.

Le dernier siècle a vu échouer les essais de plusieurs naturalistes sur la culture de ces précieux tubercules. On a tenté de nouvelles expériences, et les succès qu'on a obtenus ont fait tressaillir de joie le monde gourmand. Nous avons fait connaître (*voyez* pag. 52) le procédé qu'on a mis en usage en Allemagne pour créer des plants artificiels; mais voici une épreuve bien plus simple que vient de nous communiquer M. le comte de Noé, pair de France. Elle nous paraît décisive, bien qu'elle ait trouvé des incrédules.

M. de Noé allant présider, il y a quatre ou cinq ans, le grand collége du département du Gers, prit en passant à Cahors une certaine quantité de truffes, qui furent employées à farcir des dindes. Ayant aperçu les pelures et le résidu de ces truffes que son cuisinier destinait à la basse-cour, il lui vint dans l'idée de faire un essai dans son parc, et de les y semer. Il fit simplement nettoyer un terrain sous des charmes et des chênes, et, après y avoir déposé lui-même ces pelures et résidu de truffes, il fit recouvrir le tout de terreau et de feuilles mortes. L'année suivante, on oublia d'examiner si l'essai avait réussi; mais la seconde année, on s'aperçut que le sol était soulevé dans l'endroit même où l'on avait semé les truffes.

On fouilla légèrement le terrain, et les truffes parurent de suite près de la surface. Elles étaient noires, sèches, chagrinées et de bon goût.

On fit part de cette découverte à M. de Noé, qui s'empressa de la communiquer à la Société d'horticulture. Toutefois, voulant la corroborer par une nouvelle preuve, il écrivit de renouveler les fouilles, et on lui envoya dans une boîte quinze ou vingt truffes de la grosseur d'une petite noix, enveloppées de leur terre natale. Il fut d'ailleurs constaté par les autorités du lieu qu'on n'avait jamais observé de truffes dans le pays avant les épreuves faites par M. de Noé, et que celles-ci avaient été récoltées dans l'emplacement où il les avait semées quelques années auparavant. En 1830, il chercha lui-même, et il ne put découvrir que quelques restes de truffes pourries. Craignant néanmoins que des fouilles faites hors de saison n'eussent détruit la pépinière, il pria, à son passage à Cahors, en 1831, M. le comte de Mosbourg, député du Lot, de vouloir bien lui envoyer en octobre dernier de la terre prise dans une truffière naturelle, et contenant une certaine quantité de tubercules. Lorsqu'on s'est mis à l'ouvrage pour faire un nouveau semis, on a retrouvé des truffes du premier, mais en petite quantité. M. le comte de Murinais, membre de la Société d'horticulture, à qui M. de Noé avait communiqué le résultat de cette première épreuve, a fait lui-même l'année dernière un semis de truffes.

Nous ignorons encore quel sera le résultat de ces nouveaux semis; cependant le succès déjà obtenu par M. de Noé est du plus heureux augure. Espérons que d'autres épreuves viendront bientôt l'appuyer. Son procédé est dans les provinces méridionales ; elles ont un parfum et un goût délicieux. Nous nous empressons de remercier ici M. Geoffroy de Bordeaux, qui a bien voulu nous faire adresser des truffes d'Avignon et d'Alais par ses correspondants du Midi. M. Corcellet nous a aussi ouvert avec beaucoup de grâce son vaste et brillant magasin, où nous avons pu observer une grande variété de truffes.

Parmi celles qui nous viennent du Midi, quelques amateurs recherchent de préférence celles de Crest, faciles à reconnaître à une certaine odeur d'ail qui n'appartient qu'aux truffes du Piémont. Dans plusieurs cantons de l'Isère et du Gard, on en trouve qui exhalent une forte odeur de musc ; leur tissu est ordinairement moins ferme, et les veines qui le sillonnent sont plus prononcées. Il faut écarter soigneusement ces truffes ; une seule, oui, une seule, suffirait pour déshonorer une dinde ou gâter un ragoût. On en a observé en Bourgogne et ailleurs qui sentaient la résine ; à Naples, elles ont quelquefois un goût de soufre qui ne saurait plaire à un gastronome délicat *. Cette saveur soufrée provient des feux volcaniques

---

* M. de Saint-André, convive des plus aimables et gastronome cosmopolite, se trouvait à Naples en 1828, à l'époque des fêtes de Noël. Il fut invité, par un Français de ses amis, à venir faire le réveillon. Ce repas commence à onze heures du soir ; et, comme c'est encore vigile et jeûne, on sert d'abord, en attendant minuit, un plat d'anguille. C'est un plat national et de rigueur : dans les familles les plus pauvres, on fait des sacrifices pour se le procurer. Aussi voit-on, quelques jours avant Noël, arriver dans le port des bâtiments chargés d'anguilles des marais Pontins et de la vallée de Comachio. Mais aussitôt que minuit sonne, le service change, et la table se couvre de nouveaux mets. Dans cet ambigu, M. de Saint-André vit figurer un immense plat de truffes noires comme celles de Sarlat ou de Brives-la-Gaillarde. Il savourait par avance tous les trésors cachés sous cette robe d'ébène. Mais que son palais fut désenchanté ! Le soufre du Vésuve, par un impur alliage, avait altéré le parfum de ces truffes. Heureusement notre gastronome fut consolé par quelques friandises du pays, et surtout par un plat de petits pois aussi tendres que savoureux.

du Vésuve et de la Solfatara ; mais comme en tout il y a compensation , ces feux souterrains qui nuisent aux truffes favorisent et hâtent la végétation des plantes légumineuses , et l'on mange vers Noël des petits pois excellents.

On rencontre aussi dans les bois, surtout sous les racines de l'aubépine , une sorte de petite truffe de la grosseur d'une fève, quelquefois un peu plus forte, réniforme, recouverte d'une écorce mince , coriace , où l'on observe un grand nombre de petites verrues sans interstices. Sa chair est molle , spongieuse , d'une odeur désagréable , d'une saveur fade , un peu nauséeuse. Comme cette mauvaise espèce est très-multipliée dans certaines localités , la cupidité s'en empare pour la mêler avec les bonnes truffes.

Nous avons donné la description de la truffe du cerf (*scleroderma cervinum*), tubercule souterrain qui appartient à la tribu des lycoperdonées , et qui répand une odeur forte , comme spermatique. Son parenchyme est brun , friable et mêlé de filaments floconneux ; il ne ressemble en aucune manière à la chair parfumée de la véritable truffe.

PROPRIÉTÉS DIÉTÉTIQUES , PRÉPARATION ET CONSERVATION DES TRUFFES.

On remarque dans les truffes une odeur spéciale , un parfum *sui generis* qu'on ne peut comparer à celui d'aucun autre végétal ; il est si volatil, si pénétrant, qu'il suffit de quelques atomes de ces tubercules pour aromatiser un ragoût. D'après les recherches chimiques de M. Bouillon-Lagrange, elles contiennent une liqueur acide , une huile noire, une matière grasse, de l'albumine, du carbonate d'ammoniaque, etc. Leur odeur et leur saveur se retrouvent dans l'eau qui a servi à la distillation.

La truffe tient le premier rang parmi les cryptogames alimentaires. L'oronge, ce champignon des rois, *fungus cæsareus*, comme l'appelaient nos vieux botanistes, ne vient qu'après elle. Au lieu d'être indigeste, comme on l'a répété si souvent, elle favorise au contraire les fonctions de l'estomac, accroît sa faculté digestive par ses molécules aromatiques et légèrement excitantes, pourvu qu'on en use avec modération. Elle nourrit, restaure, réchauffe les tempéraments froids, lymphatiques. Les viandes, les légumes, le poisson et autres aliments sont plus légers, d'une digestion plus facile lorsqu'ils sont assaisonnés de truffes. Il s'est pourtant trouvé quelques auteurs dont le palais n'a jamais pu apprendre à savourer ces délicieux tubercules, qui leur ont reproché de troubler la digestion, de causer l'insomnie, de provoquer des rêves pénibles, de disposer à l'apoplexie, aux maladies nerveuses, d'exciter vivement certains organes, et de faire naître des désirs érotiques. Nous avons interrogé un assez grand nombre d'amateurs de truffes, les uns vieux, les autres encore jeunes; ils ont tous, d'un commun accord, célébré leur action bienfaisante. L'un d'eux, d'un âge moyen, homme très-spirituel et d'un caractère aimable comme les vrais gastronomes, me disait il y a peu de jours : Quand je mange des truffes, je me crois d'abord transporté dans un autre monde; bientôt je deviens plus vif, plus gai, plus dispos; j'éprouve intérieurement, surtout dans mes veines, une chaleur douce, voluptueuse, qui ne tarde pas à se communiquer à ma tête. Mes idées sont plus nettes, plus promptes, plus faciles. Je fais sur-le-champ, si cela me convient, des vers pour des poètes devenus riches ; je compose même des discours pour des économistes, des savants, des députés paresseux ; puis je m'endors, et voilà tout. Ma digestion se fait d'ailleurs sans trouble, mon sommeil est calme ; mais ce qu'on a dit de certaines vertus des truffes est pour moi de l'histoire ancienne.

Au reste, qui ne connaît la truffe et son incomparable parfum? Est-il une production naturelle plus renommée chez les peuples anciens et modernes? Les Romains l'aimaient surtout avec passion, et ils allaient la demander à l'Afrique. Libye, dételle tes bœufs, s'écriait Allédius, et garde tes moissons, pourvu que tu nous envoies des truffes.

> ..... *Tibi habe frumentum. Alledius inquit,*
> *O Libye! disjunge boves, dùm tubera mittas.*
>
> Juv. sat. v.

La truffe règne aujourd'hui en souveraine, non plus comme autrefois dans les petits soupers, mais bien dans les banquets politiques, dans les dîners ministériels, où elle a quelquefois enfanté des miracles. Elle remonte le ressort des organes, ranime le sang engourdi dans les veines, donne de la hardiesse, du courage, de l'esprit même, inspire l'électeur, le député, le diplomate, on dit aussi l'académicien. Que de résistances vaincues, que de doutes éclaircis, que de consciences ébranlées par un excellent ragoût de truffes! Eh! qui pourrait résister au pouvoir de cette composition magique qui charme le goût, enivre l'odorat, provoque tous les sens? Hommage surtout à la truffe du Périgord! comme son arome enchanteur caresse, flatte, réjouit les houpes nerveuses du palais! Voyez-vous ce magistrat gourmand* savourant avec délice les molécules parfumées des truffes de Sarlat! on dirait qu'il est assis à la table des dieux. Comme son teint devient vermeil! comme ses yeux brillants de plaisir expriment l'ineffable impression du gaster, et ce contentement intérieur, présage certain d'une heureuse digestion!

Mais, nous dira quelqu'un, les médecins ont condamné l'usage des truffes. Oui, sans doute. Ils ont aussi proscrit le thé, le café. Mais pour quelques hommes de mauvais goût et d'un esprit chagrin, que de friands, que de gourmets parmi les disciples d'Esculape! Leurs noms se pressent sous ma plume, et je pourrais prendre au hasard, depuis Barthez jusqu'à Broussais. Ici, du moins, tout le monde est d'accord, tous les systèmes se modifient, et toutes les sectes, également friandes, se rapprochent, se confondent, s'enchaînent par un lien commun. Bienfaisante gastronomie; voilà de tes miracles! tu persuades, tu inspires, tu domptes les plus rebelles, et, lorsque tu le veux, les médecins, assis autour d'une table chargée de mets succulents, deviennent tous éclectiques.

La truffe embellit tout ce qu'elle touche. Sans parler des mets les plus fins, auxquels elle prête un nouveau charme, les substances les plus simples, les plus communes, imprégnées de son délicieux arome, peuvent paraître avec succès sur les tables les plus délicates. Parmi les nombreuses préparations que nous ont tracées nos habiles maîtres, choisissons d'abord les plus faciles; nous arriverons ensuite à quelques formules plus composées, afin de satisfaire tous les goûts.

* Brillat-Savarin, conseiller à la cour de cassation, auteur de *la Physiologie du Goût.*

RAGOUT DE TRUFFES.

Après avoir lavé et bien brossé des truffes d'un bon parfum, on les fait mariner dans l'huile; on les coupe ensuite par tranches épaisses de deux lignes, et on les met sur un plat qui aille au feu ou dans une casserole, avec de l'huile ou du beurre, du sel, du gros poivre et un peu de vin blanc. Lorsque les truffes sont cuites, on les sert avec du jus de citron, ou bien on les lie avec des jaunes d'œufs.

TRUFFES AU NATUREL.

Prenez de belles truffes lavées et brossées avec soin. Saupoudrez chacune d'elles de sel et de gros poivre. Enveloppez-les dans plusieurs doubles de papier, garnis de bardes de lard. Mouillez légèrement ces caisses, et mettez-les sous une cendre rouge. Faites cuire pendant une bonne heure. Otez le papier, essuyez vos truffes, et servez-les chaudement dans une serviette.

Voilà comme les servait du temps de la régence le cuisinier Moulin au cardinal Dubois. Tout Paris vantait la grande habileté de cet officier de bouche. Et ne croyez pas qu'il soit si facile de faire cuire une truffe sous la cendre ! D'ailleurs dans le grand siècle on s'occupait beaucoup plus de l'esprit que de l'estomac, et l'on savait à peine comment il fallait manger ce tubercule. Mais le duc d'Orléans donna une grande impulsion à la gourmandise, et la truffe vint égayer de son vif arome ses repas nocturnes. C'est alors qu'on créa les noms d'officier de bouche, de gastronome, de gourmet, etc.

TRUFFES AU VIN DE CHAMPAGNE.

On lave plusieurs fois les truffes dans l'eau tiède, on les brosse et on les met dans une casserole foncée de bardes de lard, avec du sel, une feuille de laurier et une bouteille de vin de Champagne. On couvre hermétiquement la casserole, on fait bouillir une demi-heure, et on sert les truffes sous une serviette.

M. le baron Thiry veut qu'on substitue au Champagne du vin de Collioure, et M. Bignon, du Madère ou du Xérès. On peut mettre d'accord ces deux gastronomes d'un goût délicat et d'une expérience consommée, c'est d'employer tour à tour le Xérès, le Madère et le Collioure. Les truffes acquièrent ainsi une propriété excitante très-marquée; mais, si elles réveillent les tempéraments inertes, elles échauffent et irritent les sujets bilieux et sanguins.

Lorsqu'on veut conserver aux truffes leur saveur naturelle et sans mélange, on les enveloppe une à une dans du papier beurré, et on les fait cuire à la vapeur de l'eau bouillante.

TRUFFES A L'ITALIENNE.

On choisit des truffes moyennes qu'on coupe par lames, et qu'on met dans une casserole avec de l'huile, du sel, du poivre, du persil, des échalottes et de l'ail hachés. On les laisse ainsi mariner pendant quelques instants sur la cendre chaude, puis on les fait cuire sur un feu doux, et on ajoute, avant de les servir, le jus d'un citron. Quelques amateurs les trouvent plus délicates lorsqu'on les mouille avec du vin blanc et deux cuillerées d'espagnole réduite ; mais alors il faut dégraisser la sauce avant de servir.

Le champignon de couche ne dépare point ce ragoût de truffes. Vous pouvez en croire des amateurs distingués, ceux des anciens rédacteurs de la *Revue médicale* qui sont encore de ce monde. « M. Roques, disait M. le docteur Bousquet, aime assurément l'alliance des truffes avec les champignons; voyez comme il en parle! » — Et vous, M. Bousquet, vous dont le goût est si fin, n'aimez-vous pas cette heureuse combinaison? Oh! je crois vous voir encore aux dîners trimestriels de la *Revue médicale*, où vous donniez l'exemple à vos savants collaborateurs, MM. Bérard, Rouzet, Dupau, Antoine Miquel, Bourdon, Chomel, Andral, Ribes, Itard, Desalle, etc. Eh! pourquoi ne pas nommer les autres convives? Là aussi figuraient à merveille, et M. Pariset, secrétaire perpétuel de l'Académie de médecine, et M. Cayol, habile professeur de clinique, brutalement arraché, en 1830, à ses fonctions qu'il remplissait avec autant de zèle que de talent; et M. Lisfranc, digne rival de Dupuytren; et M. Larrey, ce grand chirurgien de nos armées. Quel ordre, quel doux accord, dans ces charmantes réunions, formées d'hommes expérimentés, spirituels et friands!

TRUFFES A LA PIÉMONTAISE.

On fait mariner les truffes dans l'huile; on les coupe par lames très-minces, et on dispose un lit de ces truffes émincées sur un plat d'argent avec de l'huile, du sel, du gros poivre et du fromage de Parmesan râpé. Après avoir fait ainsi plusieurs couches, on met le plat sur la cendre

chaude et sous le four de campagne. Un quart d'heure
suffit pour leur cuisson.

C'est un mets excellent et très-renommé dans les pays
méridionaux ; mais, comme il excite un peu la soif, il faut
en même temps faire usage d'un vin léger, un peu gazeux,
tel que le Champagne. C'est de règle chez M. le comte
de Moriolles, vrai gentilhomme par l'élégance de ses manières et de son langage, animant ses convives d'un geste,
d'un regard, réveillant leur appétit languissant par ces
bons mots, ces compliments spirituels et délicats qui con-
trastent si fort avec la rudesse de quelques-uns de nos
modernes amphitryons.

TRUFFES EN CROUSTADE. — LE DOCTEUR MALOET ET SON
MALADE.

On choisit des truffes d'une forte dimension, on les
couvre de bardes de lard, et on les dispose dans de la
pâte brisée, dont on forme une espèce de tourte qu'on met
au four. Dans une heure elle est cuite.

Ce mets, un peu indigeste pour certains estomacs, a
ranimé un gastronome presque mourant. Voici le fait tel
qu'il a été raconté à plusieurs médecins par M. Maloët,
docteur-régent de l'ancienne Faculté de Paris.

Un gourmand devenu malade subissait avec douleur le
régime un peu austère que lui avait imposé M. Maloët ;
mais la peur de mourir le tenait dans un état de réserve.
Enfin, las d'être à la diète, il lui prit fantaisie de réparer
le temps perdu. Un beau jour il se fait servir quelques
douzaines d'huîtres, puis une croustade renfermant une
douzaine de belles truffes avec des filets de perdreaux. A
peine a-t-il entamé la croustade, qu'on annonce M. Ma-

loët, qui, surpris de la belle attitude de son malade, le gronde et le menace d'une rechute. « De grâce, cher docteur, ayez un peu d'indulgence pour un malheureux que vous avez réduit de moitié. Voyez ma face blême, mes muscles amaigris. J'ai rêvé cette nuit que j'assistais à un festin splendide. A mon réveil, la faim était si impérieuse que j'en perdais la raison. J'ai souffert, j'ai voulu faire taire mon estomac pour ne pas transgresser vos ordres; mais, n'y tenant plus, il fallait ou mourir où faire un bon repas, mon choix a été bientôt fait. Mettez-vous à table, cher docteur. Après la croustade, vous aurez un perdreau rouge du Mans farci de truffes, qu'on vient de mettre à la broche. S'il m'arrive quelque accident, vous serez là pour me secourir. »

M. Maloët se laisse fléchir, et lui dit en souriant : « J'avoue que j'ai été un peu trop sévère, mais du moins soyez sage, ou plutôt permettez-moi de vous servir, car je dois veiller à votre salut. »

Jamais on n'a vu un plus bel accord entre un médecin et un malade, c'est-à-dire entre deux gourmands.

POULARDE AUX TRUFFES. — RECETTE DU MARQUIS DE CUSSY.

Vous disposez vos truffes; vous les passez dans du lard râpé, assaisonné de sel, poivre, quatre épices, et un tant soit peu d'ail. Vous laissez mijoter les truffes pendant vingt minutes, puis vous les introduisez dans l'intérieur de la poularde que vous venez de sacrifier et de vider. Vous la pendez dans un garde-manger frais, et, après l'avoir plumée et flambée, vous remplacez les premières truffes par des truffes nouvelles pareillement préparées et disposées.

« Ce procédé, que nous avons déjà conseillé à quelques artistes, dit M. de Cussy, est fondé en physique. Faites donc bien attention qu'en ne plumant pas l'animal, tous les pores restent fermés. Il n'y a point d'évaporation : les truffes chaudes se combinent avec les chairs palpitantes, et l'infiltration de leur parfum est plus active, plus intime, plus universelle. Mais dans cette combinaison les truffes perdent ce qu'elles donnent ; dès-lors nous avons pensé (*et cette idée est nôtre, absolument nôtre*) qu'il fallait les remplacer par d'autres truffes vierges. Nous sommes peu partisan des recettes écrites, mais celle que nous venons d'indiquer est si simple que nous avons cru devoir l'offrir aux amateurs. Pour en apprécier par eux-mêmes l'excellence, nous les engageons à en faire l'essai. En cuisine, la théorie n'est rien, ou peu de chose, la pratique éclairée est tout. » (*Méthode inédite* de M. de Cussy.)

Les gourmands d'Athènes ou de Rome auraient décerné à M. de Cussy au moins une couronne de laurier pour une si belle invention. En France on est passablement ingrat. Les maîtres-d'hôtel, les hommes de bouche ou d'office n'en ont pas même parlé. Quelques amateurs seulement ont tressailli de joie en apprenant cette précieuse découverte. Nous avons communiqué la recette de M. de Cussy à un gastronome qui s'est empressé d'en faire l'épreuve.

« Mais c'est une chose admirable, nous a-t-il dit, qu'une poularde de la Bresse ainsi parfumée. Je n'ai rien mangé de ma vie de si délicieux, et je me suis enfermé pour me livrer à cette expérience avec tout le recueillement dont je suis capable. Savez-vous que M. de Cussy a eu là une belle inspiration ! Oh ! je le sens bien, les bonnes pensées

viennent de l'estomac. N'êtes-vous pas de mon avis? —
Oui, si pendant une heureuse digestion, vous pensez à
l'indigent, à l'homme qui souffre, qui manque de tout, et
si vous vous empressez de le secourir. — Mais il y a pour
cela des bureaux de charité, et personne ne meurt de faim
en France. — Et les pauvres honteux qui n'osent faire
connaître toute leur misère! Et cet ami, ce parent, ce
malheureux père que des spéculateurs, des industriels ont
dépouillé, ira-t-il dans vos bureaux demander du pain
pour ses enfants! Vous n'êtes point marié, monsieur,
n'est-ce pas?— Non certainement. Je suis célibataire, par
conséquent libre, heureux et tranquille. J'ai toujours dans
la mémoire cette maxime d'un ancien philosophe, je crois
qu'elle est de Bion : La femme laide fait mal au cœur, la
femme jolie fait mal à la tête. — Ah! que je vous plains!
Vous vivez pour manger et digérer. Comment pourriez-
vous apprécier les doux soins, les consolations d'une
femme lorsque la maladie ou le chagrin viennent nous
accabler? Et ces enfants qui font la joie et le bonheur du
père de famille! ces jolis enfants qui nous sourient, qui
nous font oublier nos peines, qui charment notre vieillesse!.... »

Livrons ce gourmand à son appétit grossier, à ses vulgaires sensations, et mangeons la fine poularde en famille,
avec quelques amis, ou bien dans une de ces réunions
charmantes dont Paris offre le modèle.

UN DINER CHEZ M. LE DOCTEUR SÉGALAS.

Il est près de six heures, venez avec moi rue Vendôme,
dans le paisible Marais. Entrons dans cette maisonnette.
Nous y trouverons bon accueil, bonne compagnie, et une

chère délicate. La table est servie. Un médecin habile,
savant, expérimenté, et une femme remplie d'esprit et de
grâces en font les honneurs. Voyez-vous cette belle poularde de La Flèche, embaumée des parfums du Périgord,
parfums beaucoup plus suaves que ceux de l'Arabie! Et
ce ragoût de petits champignons, paré de croûtons d'un
jaune d'or! Et ce magnifique turbot! Et ce plum-pudding
aux formes attrayantes, pétri par la main délicate de la
maîtresse de la maison; mets délicieux qui doit mettre le
comble à la joie des convives! Les connaissez-vous! Ce
sont des hommes de mérite, des avocats, des médecins,
des savants, des littérateurs distingués. Observez bien
leur physionomie, leur belle attitude. M. de Beauregard
admire, M. Fayot sourit, M. Gaubert flaire, M. Miquel
se recueille, M. Jomard fait un mouvement académique;
M. Crémieux se tait, mais son œil est éloquent; madame *** exhale un soupir poétique, et le bon docteur de
l'allée des Veuves, oubliant ses pauvres pieds-bots, se
croit transporté dans les îles Fortunées.

TIMBALE DE FILETS DE POULARDE AUX TRUFFES.
— LE CONSEILLER-D'ÉTAT.

C'est une pièce froide d'un goût exquis; vous en trouverez la recette dans les ouvrages de Carême. Les médecins, les littérateurs, les hommes friands qu'affectionnait
ce célèbre artiste, recevaient pour étrennes, le premier
jour de l'an, une timbale truffée dont le parfum se répandait dans tout le voisinage. Ceux qui allaient visiter ce
jour-là M. Frédéric Fayot, M. Broussais ou M. Gaubert,
disaient en entrant : Quelle odeur suave! comme on sent
la truffe!

Et moi aussi, j'ai eu les honneurs de la timbale. Carême écoutait avec plaisir mes observations sur l'hygiène alimentaire. Il me demandait des conseils sur une maladie grave qui devait le conduire au tombeau, malgré les habiles soins de MM. Broussais et Gaubert. Après cet entretien amical, l'espoir renaissait dans son âme, il se sentait soulagé, et la superbe timbale, préparée artistement par M. Allais ou M. Magonty, ses élèves, venait me trouver rue Montaigne, où je demeurais alors. Mes amis s'en souviennent, car je n'aimais pas à la manger seul.

Cette espèce de galantine aux truffes se fait encore avec des filets de lapereau, de perdreau, de faisan, de bécasse, etc. Vous pouvez en demander la recette à M. Jay, habile artiste qui a fait pendant plusieurs années les délices de la ville de Rouen. Mais prenez garde à la galantine truffée, si vous avez l'estomac échauffé, douloureux; si vous passez les nuits au jeu ou dans les salons politiques; si l'ambition vous ronge, si la colère vous enflamme.

« Vous avez bien raison, me dit un conseiller d'état en retraite. Jadis je ne pouvais digérer qu'un peu de poulet, quelques légers potages. Si je voulais risquer quelques lames de truffes, de ces truffes de Périgueux que j'ai appris à savourer dès mon enfance (car c'est là que j'ai eu le bonheur de naître), je passais la nuit dans une agitation extrême. Le lièvre me faisait rêver, le vin de l'Ermitage m'irritait l'estomac et le cerveau, faisait vibrer mes nerfs, et je n'éprouvais un peu de calme que dans un bain prolongé pendant plusieurs heures. Mais depuis que j'ai dit adieu aux places, aux honneurs, ma santé s'est raffermie, ma vie s'écoule tranquillement, je mange, je digère tout ce qu'on me présente, et, vous le croirez si vous voulez, votre timbale effleure à peine mon estomac, *elle passe comme un songe, comme un éclair.*

DINDE FARCIE DE TRUFFES.—LE GOINFRE ET LA DINDE
AUX MARRONS.

L'hiver est la saison du gourmand et du politique. Le gibier, le poisson, les truffes abondent; les députés arrivent, les chambres s'assemblent, les opinions se réveillent, les séances sont quelquefois orageuses; mais le calme des esprits renaît dans la salle du festin, à l'aspect d'une belle dinde, farcie de truffes de Sarlat ou de Brive-la-Gaillarde. C'est avec ces mêmes truffes que le bon Piet attirait, sous la restauration, les députés gourmands dans son hôtellerie de la rue Thérèse.

Quel est cet homme qui mange avec un bruit effroyable, dans les rues, dans les carrefours, dans les promenades, partout où il y a quelque chose à manger? C'est le goinfre. Des favoris touffus, grisonnants, encadrent sa figure large et vineuse. Sa bouche obliquement ouverte exhale une odeur méphitique qui se répand au loin. Son gilet et sa cravate portent l'empreinte de sa gloutonnerie.

Il a fait à dix heures un ample déjeuner, il va faire sa ronde. Midi sonne. Venez le voir sur le boulevard Poissonnière; il attend que la galette du Gymnase sorte du four, pour la manger toute brûlante. C'est le second acte. A peine a-t-il fait cinquante pas, qu'il aborde un pâtissier forain qui fait très-bien le flan. Mon ami! s'écrie-t-il, je vous le retiens tout entier. Et à l'instant il se met à l'œuvre. Au bout de deux ou trois minutes il n'y a plus de flan. Les nourrices, les enfants, les curieux battent des mains, et notre cynique enchanté répond par un rire glapissant.

Il dirige ses pas vers la Chaussée-d'Antin. Il ne dîne qu'à trois heures, il aura le temps de se traîner jusqu'à la Madelaine. Enfin il arrive chez lui fatigué et mourant de faim. Son couvert est mis. Le voilà à table, la tête enveloppée d'un foulard de l'Inde. Il se recueille..... puis s'adressant à sa cuisinière : Cécile! Cécile! s'écrie-t-il : et ma dinde farcie de marrons est-elle cuite?—Dans huit ou dix minutes, monsieur. — En attendant donnez-moi la garbure au fromage d'Auvergne, l'andouille, le boudin et le gigot de mouton braisé..... Cécile sert la dinde, elle est immense. Le goinfre l'attaque hardiment, il la met en pièces, et les quatre membres, et les blancs, et les saucisses, les marrons, la farce, et trois bouteilles de vin de Mâcon ont disparu comme par magie. Il n'y a plus que des débris, et des flacons vides.

On lui apporte deux ou trois plats de dessert. Il y renonce, mais il prendra du thé dans un quart d'heure. La tête lui tourne, son estomac se soulève et succombe sous la masse alimentaire qui l'opprime. C'est la quatrième indigestion depuis huit jours. Cécile connaît son mal, elle lui verse un thé abondant et léger, demain elle lui donnera cinq ou six clystères. Et ce pourceau se dit gastronome! Et ce glouton se croit habile dans l'art de vivre! Il travaille, dit-il, depuis long temps, à un traité d'*hygiène domestique*, où il recommande l'usage quotidien du thé et des lavements comme le meilleur préservatif des maladies, c'est-à-dire que pour se bien porter il faut faire de son corps une citerne. Puis il déclame contre la médecine et les médecins. « Vous avez d'ailleurs, ajoute-t-il, les pilules digestives, les pilules écossaises, et la graine de moutarde. » On voit que le goinfre s'est fait charlatan.

Et le charlatan est lui-même une autre espèce de goinfre qui dépeuple toute une basse-cour, après avoir dépeuplé tout un village.

LE VRAI MÉDECIN.

Parlez-moi plutôt du vrai médecin, de l'homme d'esprit, du friand, qui a perfectionné son goût dans le beau monde. Vous êtes d'une santé faible, délicate, vous avez le système nerveux irrité; ou bien l'ennui vous poursuit sans cesse, partout, même à table. Votre âme maîtrise vos sens, les paralyse, vous tombez dans l'hypochondrie, enfin vous êtes triste, malheureux, las de vivre. Votre médecin est friand, gourmet, habile dans son art, non moins que dans la science de la vie; il vous connaît, il vous aime, mais vous ne le consultez point, vous ne le voyez plus. Eh bien! ouvrez-lui votre cœur, dites-lui de venir vous visiter à l'heure où l'on dîne. Que votre table, élégamment servie, lui offre une chère simple, mais délicate; surtout n'oubliez ni la truffe, ni le vin de Médoc, vous jouirez de son bonheur; sa conversation douce, expansive, entraînante, réveillera vos esprits, rappellera votre raison, dissipera vos soucis, vos chagrins; et l'aspect de cette bartavelle aux truffes fascinera votre regard, son arome charmera votre odorat, et sa saveur, après avoir réjoui votre palais, ira réveiller dans votre estomac des souvenirs presque effacés.

Cela vous paraît étrange, cher lecteur? Eh bien! voici un fait digne de votre attention, un fait intéressant pour le médecin initié dans la science de l'homme. « Docteur! me disait un jour M. Jordan, aimable vieillard, mon client et mon ami ; venez dîner à la maison mardi prochain. J'ai invité un médecin qui voit peu de malades, mais qui est plein d'esprit et de philosophie, c'est M. Pariset. Vous aurez des perdreaux truffés et un pâté de Colmar. Tout cela n'est point fait pour moi, je n'ai plus d'appétit, je suis vieux, je souffre physiquement et moralement, mais j'aurai près de moi deux hommes que j'aime, que j'estime, et je serai satisfait. »

On se met à table. On mange modérément, on parle peu au premier service. Mais les truffes arrivent, on les savoure, la conversation s'engage, et M. Pariset parle avec tant de charme des douceurs de la vie, qu'on l'écoute encore quand il a cessé de parler. M. Jordan, pour ainsi dire magnétisé, demande des truffes, en demande encore, boit du vin de Médoc, sourit de contentement, prend du café, et même un petit verre de liqueur des îles. Il se couche, il s'endort, il passe une heureuse nuit, ce n'était plus le même homme.

Raillez ensuite les médecins si vous voulez, mais je vous défie de vous en passer. Lorsqu'ils ne peuvent vous guérir, ils vous soulagent, ils vous consolent, non-seulement au lit, mais à table. Ce sont des êtres à part qu'on caresse, qu'on flatte, qu'on aime, qu'on craint, dont on dit beaucoup de bien et beaucoup de mal, mais qu'on recherche toujours.

« Tant que les hommes pourront mourir, et qu'ils aimeront à vivre, dit Labruyère, le médecin sera raillé et bien payé. » Oui sans doute, il faut des honoraires au médecin, mais cela ne suffit point, il lui faut encore la reconnaissance du cœur. Le vrai médecin tient moins à l'argent qu'à l'aimable accueil, qu'aux attentions délicates de ses malades.

TRUITE SAUMONÉE AUX TRUFFES. — LA FEMME FRIANDE.

Après avoir écaillé et vidé une belle truite, vous introduisez dans son corps du beurre frais manié de fines herbes. Vous la faites mariner, puis griller, et vous la servez sur un ragoût de truffes assaisonné suivant les règles de l'art. C'est le plat de prédilection de la femme friande.

Elle n'est ni jeune, ni vieille, ni grande, ni petite. Ses lèvres vermeilles, un peu épaisses, légèrement entr'ouvertes, laissent voir des dents symétriquement rangées et d'un blanc d'ivoire. Voyez la fraîcheur de son teint, la rondeur de sa taille, sa démarche cadencée, son aimable sourire. Elle parle, écoutez. Rien n'est plus doux que son langage, on dirait que sa bouche distille du miel. Sa parure est élégante, simple, sans coquetterie.

Mais venez surtout l'admirer à table. Comme son œil étincelle de plaisir, à l'aspect de tous ces petits plats habilement dressés! Son instinct et son goût vont lui servir de guide. Son choix est fait. Elle mange avec une intelligence, une délicatesse admirables. Elle se réserve pour l'entremets et le dessert. Voici une truite du plus bel incarnat reposant sur des lames de truffes d'un noir d'ébène; là une de ces jolies primeurs de l'année, un plat de petits pois simplement assaisonnés avec du beurre de Normandie; ici un fromage à la crème fourni par une honnête fermière. Quel ravissant mélange de couleurs!

La femme friande savoure ces mets délicats avec d'autant plus de plaisir qu'elle a su d'abord modérer l'élan de son appétit. Et ces gâteaux d'une forme séduisante, enfantés par le petit four, faudra-t-il y renoncer? Non certes. Mais elle connaît l'art de jouir, elle pense au lendemain, elle dit à son estomac : Allons, c'est assez pour aujourd'hui. Vous qui vous piquez de délicatesse à table, voulez-vous prolonger vos jouissances, prenez pour guide la femme friande. Soyez sage, réservé, dans ces riches festins où la bonne chère provoque tous les sens : votre corps, votre esprit, jouiront de ce bien-être qui accompagne une bonne digestion, vous aurez un sommeil paisible et un heureux réveil.

Le cardinal de Belloy, presque aussi friand que la femme friande, mangeait ordinairement deux fois par semaine, le mercredi et le samedi, des filets de saumon assaisonnés de truffes. Le docteur Gastaldy le savait, et il ne manquait jamais d'aller s'informer, à l'heure du dîner, de la santé de son éminence.

Voici encore un poisson aux truffes que les méridionaux affectionnent particulièrement. C'est une sole bien fraîche, bien charnue, finement piquée de lard, couverte de lames de truffes, et cuite sous le four de campagne avec de l'huile d'Aix, du vin blanc et un peu de muscade. Au moment de la servir, on l'arrose de jus de citron. Surtout que l'huile soit fine, bien fraîche, si vous avez les entrailles irritables. (Voyez l'histoire de l'olivier, dans notre nouveau *Traité des plantes usuelles*, t. 2, p. 441.) On accuse les truffes, les champignons, s'il survient quelques mauvais symptômes, et c'est l'assaisonnement qui les a provoqués. C'est ainsi que le mauvais beurre, la vieille friture, agissent sur un estomac sensible ou irrité comme de vrais poisons.

COULIS DE TRUFFES. — LE DOCTEUR BONNAFOS.

Et ce fameux potage que des princes, des évêques, des chanoines, des docteurs en sorbonne et en médecine, que tous les friands enfin ont célébré comme un chef-d'œuvre culinaire, vous n'en dites rien! Vous avez pourtant parcouru les Pyrénées, et vous avez connu le docteur Bonnafos de Perpignan, qui en régalait souvent ses amis, ses confrères, et quelquefois ses malades. Oui, j'en suis sûr, vous avez goûté de ce coulis sybaritique, et vous n'en parlez point à vos lecteurs, ingrat que vous êtes! Au reste, en voici la recette, si vous l'avez égarée.

C'est tout bonnement un coulis de truffes, de céleri, d'asperges, de petits pois, de bécasses, de perdrix, d'écrevisses, de turbot, de saumon, de brochet, de carpe et autres poissons.

M. le docteur Bonnafos, directeur du Jardin-des-Plantes de Perpignan, et digne neveu de notre célèbre gastronome, fait préparer une ou deux fois par an ce délicieux ragoût, au sein de sa famille. C'est un hommage rendu à la mémoire de son oncle.

Savez-vous que nous avons d'excellentes truffes dans les Pyrénées? Oui, elles sont aussi grosses, aussi noires, aussi parfumées que celles de Périgueux. On les trouve au pied des chênes et des châtaigniers, et dans les endroits où il existe des racines de ces arbres. Les plus estimées sont celles qui croissent dans le canton d'Arles, sur le territoire des communes de Montferrer, Corsavi, les bains d'Arles, et sur celui de la commune de Calmellas, dans le canton de Céret. Oh! parlez, je vous prie, de nos truffes, des truffes des Pyrénées-Orientales; vous leur devez une

sorte de réparation, car vous les avez injustement ou-
bliées.

Voilà ce que me disait, il y a peu de jours, un jeune
gastronome de Perpignan, un professeur, un érudit, dont
je dois taire le nom, car il veut bien être friand, mais il
serait fâché qu'on le sût. Mon ami, lui ai-je répondu, est-ce
donc un si grand malheur que de passer pour friand?
Votre modestie, au reste, ne vous sauvera point. Vous
lisez quelquefois mes ouvrages, vous en avez fait publiquement l'éloge, et votre bienveillance pour moi vous a
déjà compromis. Le voile qui vous couvre est si transparent, que votre nom n'est plus un mystère.

PUDDING AUX TRUFFES.

Epluchez deux livres de moyennes truffes, et les émincez en lames de deux lignes d'épaisseur; sautez-les dans
une casserole avec quatre onces de beurre tiède, une
grande cuillerée de glace de volaille dissoute, un demi-
verre de Madère sec, le sel nécessaire, une pincée de mi-
gnonnette et une pointe de muscade râpée.

Vous prenez un bol d'entremets, ayant à peu près
quatre pouces de profondeur sur sept de diamètre; vous le
beurrez légèrement à l'intérieur, vous le foncez de pâte
brisée, et vous y placez les truffes avec leur assaisonnement. Vous humectez ensuite le tour de la pâte, et vous
la couvrez d'une abaisse ronde dont vous soudez parfaitement les bords, afin que le parfum des truffes ne s'éva-
pore point à l'ébullition; puis vous enveloppez le bol dans
une serviette, vous le liez avec une ficelle, et vous le placez dans une marmite d'eau bouillante. Après une heure
et demie d'ébullition, le pudding est cuit; au moment de

servir, vous l'égouttez, vous en détachez la serviette, et vous le disposez sur le plat d'entremets *.

Les truffes mises dans du lait hâtent sa coagulation et lui communiquent leur parfum. On peut de cette manière obtenir des fromages aux truffes.

RATAFIA DE TRUFFES.

On prend deux livres de truffes moyennes, d'un tissu ferme et bien parfumées. On les coupe par fragments, et on les fait macérer à froid pendant vingt jours dans deux pintes de bonne eau-de-vie, en ajoutant à la macération trois gros de vanille du Mexique découpée. On passe le mélange, et on l'édulcore avec deux livres de sucre fondu dans une livre d'eau de rivière. On filtre ensuite la liqueur, et on la conserve dans des flacons hermétiquement bouchés.

Cette liqueur, prise suivant les règles de l'hygiène, c'est-à-dire avec modération, égaie les esprits attristés, réveille les organes languissants. Brillat-Savarin l'eût appelée *ratafia des affligés;* Paracelse, *ratafia de longue-vie.*

Et pourtant que de choses dont l'homme simple, tempérant, raisonnable, n'a pas besoin! Mais les hommes simples on les compte aujourd'hui. Tout le monde aspire à la friandise, tout le monde veut avoir de l'or, beaucoup d'or surtout et promptement, et avec de l'or arriver aux

* **Nous devons** ce délicieux pudding à Carême, homme de talent et de goût, dont les ouvrages ont jeté un si vif éclat sur la gastronomie moderne. Au milieu de ses souffrances, il parlait encore de son art avec une verve admirable. Il nous disait : **Vous avez vengé** la science culinaire des sarcasmes de quelques esprits faux, qui préfèrent une mauvaise cuisine aux ragoûts les plus délicats, comme ils préféraient autrefois Pradon à Racine. Je vous en fais mes sincères remerciments, et je veux que vous sachiez que votre *Histoire des Champignons,* dont ma fille me lit de temps en temps quelques articles, est pour mes maux le calmant le plus doux.

honneurs, aux grandes places, faire bonne chère, donner
des repas splendides, des banquets électoraux, où seront
discutés les hauts intérêts de l'État, la question de la paix
ou de la guerre, le suffrage universel, la réduction des
rentes, etc. Mais comment digérer lorsqu'on est en proie
à toutes ces passions dévorantes qui agitent le corps social?
Voyez ces ambitieux dont le visage porte l'empreinte des
tourments de leur âme! Ils vont parler. Ils se recueillent,
ils composent leurs traits, leurs gestes, leur langage. La
paix est dans leur bouche *et l'enfer dans leur cœur*. Oh!
qu'ils prennent garde aux ragoûts, au ratafia de truffes.

Si l'on voulait parler, même succinctement, des mélanges, des combinaisons alimentaires où la truffe se montre
avec avantage, il faudrait y consacrer un volume. Qui n'a
entendu parler de ces ragoûts si délicats connus parmi les
hommes de l'art sous le nom de *suprême*, espèce de sauté
où la truffe se marie si heureusement avec des filets de
volaille, de perdreau, de bartavelle, etc.? Et ces poulets
à la Marengo, inventés sans doute pour nos braves officiers
devenus gourmands après tant de fatigues et de périls! Et
ces terrines de Nérac dont le parfum attirait le bon d'Aigrefeuille vers le Carrousel! Et ces volailles truffées de la
Bresse, si fines, si exquises, que Brillat-Savarin a chantées avec tant d'amour! Enfin ces pâtés immenses de Strasbourg, de Toulouse, véritables châteaux-forts où vont
s'engloutir les truffes de tout un canton de la Dordogne ou
du Lot! Voilà comme les aimait le duc Decrès, à la fois
brave marin, ministre de Napoléon, et gourmand de haut
étage; voilà comme on les servait chez le prince Kourakin*,

* J'eus l'honneur de dîner un jour avec Sonnini chez ce noble ambassadeur. On
servit un pâté de foies de canards de Toulouse qui avait coûté 200 francs. Tout

seigneur russe, d'un accès facile, estimant les hommes lettrés, les savants, les artistes, les admettant à sa table, et les secourant lorsqu'ils étaient malheureux ; chez le grand duc de Francfort, prince aimable, érudit, savant, qui a accueilli mes premiers travaux avec tant de bonté, et dont la bienveillance ne s'effacera jamais de mon souvenir.

On emploie divers procédés pour conserver les truffes. Elles se gardent assez bien dans leur terre natale, si on les couvre de sable et d'argile desséchée et pulvérisée, de manière qu'elles ne se touchent point. On les enferme alors dans une caisse dont on lute les bords pour empêcher que l'air n'y pénètre. C'est ainsi qu'on nous envoie les truffes du Piémont. On les emballe aussi dans du son, dans des étoupes, dans la cendre, ou bien on les entoure de cire, de graisse, d'une peau fine. D'autres les font mariner, et les enferment ensuite dans des bocaux de verre hermétiquement fermés.

Ainsi que les mousserons et les oronges, on peut les conserver en les coupant par tranches qu'on enfile et qu'on expose à une douce chaleur dans un poêle, dans un four ou dans une étuve. Mais, dans cet état de dessiccation, elles perdent presque tous leurs principes odorants. On les conserve encore assez bien dans l'huile, après les avoir fait passer à un feu doux, afin de leur enlever leur humidité. Dès que l'huile paraît bouillonner dans le vase, et que la surface se couvre d'une espèce d'écume, il faut les ôter et s'en servir. Les truffes ainsi marinées ont perdu leur parfum ; mais l'huile, en revanche, s'en est emparée. La sa-

le monde resta stupéfait à la vue de ce superbe monument de la gastronomie languedocienne. Le parfum qui s'exhala bientôt de ses flancs entr'ouverts mit le comble au ravissement des convives.

lade, l'omelette, les œufs brouillés, les asperges, le poisson qu'on assaisonne avec cette huile, ont un goût de truffe.

MÉDECINE ALIMENTAIRE. — HEUREUX EFFETS DES GRIVES TRUFFÉES.

Avant de quitter la truffe noire, disons un mot du régime, de la médecine des aliments. C'est un sujet inépuisable, intéressant, et pourtant si dédaigné des malades, et même de beaucoup de médecins. La truffe rend les mets plus agréables, plus sapides, plus faciles à digérer. Elle réveille l'estomac languissant du sybarite, de l'homme mou, indolent, paresseux, mais ensuite elle le rend plus délicat, plus difficile, plus exigeant; enfin elle le déprave. Qui n'a vu dans le monde quelqu'un de ces voluptueux tombé dans un mortel ennui et presque dans le désespoir? Le corps et l'esprit souffrent, les membranes digestives s'irritent, et tout le système organique se détériore.

Voici un de ces efféminés dont la vie n'a plus rien qui le charme; il a épuisé la coupe du plaisir; il recherche et il fuit tour à tour la solitude; l'ennui le poursuit partout. Il ne dort plus, il ne mange plus, il perd ses forces, il se désespère, il pleure, il frissonne, il craint de mourir.

Un médecin anglais ne voit ici qu'un état de faiblesse qu'il est urgent de combattre par les stimulants et les toniques, par le vin, l'alcool, le fer et le quinquina. Ce traitement échoue. Le malade est encore plus souffrant; ses nerfs se crispent, sa tête s'exalte, il refuse toute espèce de remèdes; il craignait de mourir, maintenant il invoque la mort.

On appelle un médecin physiologiste. Il affirme que cet état maladif est fomenté par une inflammation chronique du tube digestif. Les boissons gommées, les sangsues, les bains tièdes, une diète sévère, voilà ce qui doit sauver le malade. Après ce nouveau traitement le mal empire, les forces s'affaiblissent de plus en plus, et l'hypochondrie se montre avec ses aberrations, avec ses caprices, avec ses folies.

·L'homœopathie vient offrir ses globules magiques et son régime énervant. On la refuse d'abord, puis on se livre à ses folles expériences. L'hypochondrie fait des progrès; l'estomac, la tête et le cœur sont dans un complet désaccord.

Enfin, un médecin versé dans la science de l'homme est consulté. Il examine le malade avec une attention scrupuleuse ; il l'interroge, il le palpe, et cet attouchement ne lui révèle aucune altération grave des viscères. Il demande à ceux qui l'entourent des renseignements sur sa vie physique et morale, et, après quelques moments de réflexion, il lui parle en ces termes : « Comment! depuis trois mois vous êtes cloîtré dans votre chambre, et vous ne connaissez que le chemin de votre fauteuil à votre lit! Vous n'allez pas même visiter votre bibliothèque! Et c'est toujours le même air que vous respirez!... Allons, du courage! levez-vous, prenez mon bras, marchons, je veux éprouver vos forces... Maintenant reposez-vous. Ce soir vous vous promènerez encore dans votre appartement, puis vous vous ferez frictionner les membres et l'épine dorsale. Voilà l'exercice que vous devez faire deux ou trois fois par jour, jusqu'à ce que vous puissiez monter en voiture.

»Vous me dites que le bouillon, le consommé, le potage vous causent un dégoût invincible. Rappelez vos souvenirs. Voyons, que désirez-vous ! -- Ce que vous ne m'accorderez point. — Parlez, les médecins sont plus indulgents que vous ne pensez. — J'ai demandé plusieurs fois un ragoût de grives aux truffes : vous voulez donc mourir? m'a-t-on répondu. — Eh bien! je regarde, moi, ce désir comme une inspiration de la nature. Écoutez sa voix et bannissez toute crainte. Sachez pourtant que cet élan naturel doit être guidé par la raison. Vous n'avez pas toujours vécu en homme sage, vous vous êtes laissé entraîner par des goûts, par des habitudes qui ont altéré vos organes, qui ont rendu votre existence malheureuse.... Mais pourquoi vous livrer au désespoir? pourquoi verser des larmes? Je vous le répète, prenez courage! Je suis sûr que votre santé se rétablira avec un régime convenable. Adieu, monsieur, je reviendrai vous voir demain matin. »

Le médecin arrive à dix heures. On lui apprend que la nuit a été beaucoup plus calme. Il examine le malade avec une attention toute bienveillante, puis il lui dit en souriant : « Savez-vous que les grives abondent dans cette saison, et que les baies de genièvre dont elles se nourrissent leur donnent un goût plus fin, plus délicat? Allons ! Qu'on vous prépare ce ragoût que vous désirez si ardemment; mais je dois vous prévenir qu'un exercice préalable est nécessaire pour que vous puissiez le bien digérer. Montez en voiture, ne craignez rien. Promenez-vous dans la campagne une heure ou deux; à votre retour, vous mangerez une grive truffée, et vous boirez un peu de vin de Léoville ou de Château-Margaux. Demain et après-demain vous suivrez le même régime. Si votre appétit se réveille pour d'autres aliments, comme le poisson, le poulet, le perdreau, mangez-en modérément, buvez du même vin et un ou deux verres d'eau de Seltz. Continuez les frictions et les prome-

nades en voiture. Lorsque vous serez plus fort, vous vous
promènerez à pied et au grand air. »

Voilà le traitement qu'un habile médecin de Montpellier
(c'est un homme modeste, nous devons taire son nom) a
opposé à cette affection nerveuse d'une gravité désespé-
rante pour le malade et pour sa famille. Et pourtant la
guérison a été entière et assez prompte. Au reste, ce médecin, jeune encore, a reçu des leçons d'un illustre maître,
de M. le professeur Lordat. On voit combien il a su en profiter.

Si MM. Fuster, Miquel, Bermond et autres médecins
distingués de la même école lisent un jour ce fait intéressant, ils n'en seront point étonnés, car ils savent aussi
bien que nous que la médecine qui s'appuie sur l'hygiène,
qui sait apprécier l'influence réciproque du physique et du
moral de l'homme, est la plus salutaire pour celui qui
souffre, et la plus heureuse pour le médecin qui sait la
mettre en pratique.

Sans vouloir censurer ici les systèmes suivis dans les
autres facultés, nous croyons pouvoir dire que les doctrines
de Montpellier sont plus naturelles, moins variables, et
qu'elles se rapprochent davantage de la médecine hippocra-
tique. Il faut sans doute des remèdes aux malades, il leur
en faut même quelquefois d'énergiques, mais fort souvent
la diète ou l'usage rationnel des aliments, le repos ou
l'exercice, les secours moraux, la médecine du cœur et de
l'esprit ont guéri des maux que les remèdes ordinaires
rendaient plus vifs, plus opiniâtres. J'aime Bacon lorsqu'il
dit : *Medici toti non sint in curarum sordibus.*

Étudiez la manière de vivre de l'homme, dit Hippocrate.
Est-il buveur, grand mangeur, oisif ou laborieux, sobre,

tempérant? Ce sont autant d'objets qui méritent la plus grande attention. L'inanition hors de propos, dit-il encore, cause autant de maux que la réplétion. Ailleurs il compare certains médecins aux mauvaix pilotes. Les fautes que ceux-ci commettent lorsque la mer est calme ne s'aperçoivent pas; mais survienne une violente tempête, on voit alors toute leur ignorance. Heureux l'équipage si le navire n'est pas submergé! Il en est de même des mauvais médecins.

Et par exemple, quelle différence entre la médecine d'hôpital et la médecine du monde. Ici, comme le dit Bordeu, on ne respire, on n'entend, on ne digère qu'à demi; on est sans cesse irrité à la tête, au cœur, à l'estomac; on est sans forces, sans sommeil, ennuyé, épuisé, engorgé de mauvais sucs, dans un orage perpétuel, agité par des projets, écrasé par des pertes et des malheurs qu'une excessive sensibilité grossit encore. Quels sont les remèdes de Bordeu? L'air de la campagne, les voyages, les courses, l'équitation et les autres secours de la gymnastique, les eaux minérales, et même les pèlerinages.

Ici je crois voir sourire quelques jeunes médecins qui ne connaissent encore que la puissance du bistouri ou de la lancette, qui n'aiment que les méthodes extrêmes, et qui prennent pour des rêveries superstitieuses ces moyens moraux qui, dans certains cas, ont pourtant fait des miracles. Eh! messieurs, leur dirai-je, je ne suis pas plus superstitieux que vous, mais j'ai peut-être vu de plus près les tourments, les angoisses du cœur humain. Vous n'aurez pas toujours à soigner des hommes énergiques, des hommes incrédules, des *esprits forts*. Oui, ces courses pieuses qui vous font sourire, ces pèlerinages secondés par la pureté de l'air, par de nouvelles impressions, par un régime sage, apaisent quelquefois les orages du cœur, raniment l'esprit, calment les souffrances du corps.

Apprenez à être indulgents pour les malheureux qui sont en proie aux affections de l'âme, poison subtil qui altère les organes, qui tue l'intelligence. Evitez surtout cette sévérité, cette gravité, ce laconisme qu'affectent certains médecins pour se donner une sorte de vernis scientifique. La douceur, la bienveillance du médecin rendent le malade plus confiant. C'est avec leur aide que vous parviendrez à connaître l'homme moral jusque-là caché sous le voile de l'homme physique. Profitez des progrès de la science, des nouvelles découvertes; mais ne dédaignez point la médecine des anciens, surtout celle d'Hippocrate. Ce grand homme place à côté des Dieux celui qui connaît et cultive la médecine philosophique. Sans le savoir, Hippocrate s'est peint lui-même. Travaillez, étudiez sans cesse, faites les plus grands efforts, non pour l'atteindre, ce serait impossible, mais pour ne pas le suivre de trop loin.

TRUFFE MUSQUÉE. *TUBER MOSCHATUM.*

Tuber moschatum. BULL. CHAMP. t. 479. DC. Fl. Fr. 748.

La truffe musquée est d'une forme arrondie ou un peu allongée, constamment lisse, d'un brun noirâtre en dehors et en dedans; elle n'a d'ailleurs ni racines apparentes, ni base radicale. Quand elle est fraîche, elle a une chair molle, tendre, qui exhale une forte odeur de musc. Sa surface se ride et se plisse profondément par la dessiccation. Elle croît en France, aux environs d'Agen, où elle a été observée par M. de Saint-Amans. Son parfum n'a rien

d'agréable ; on peut néanmoins en faire usage sans inconvénient.

TRUFFE GRISE. *TUBER GRISEUM.*

Tuber griseum. Pers. Syn. 127. DC. Fl. Fr. 749. — *Truffe
grise.* De Borch. Lettres sur les truffes du Piémont. p. 7. t. 1
et 2.

Cette espèce est grise ou d'un blanc roussâtre, presque
ronde, lisse, dépourvue d'éminences prismatiques, à peu
près du volume d'une grosse noix. Sa chair est fine, onc-
tueuse, d'une couleur rousse ou d'un gris pâle ; elle exhale
une odeur d'ail très-prononcée. On la trouve dans la Haute-
Italie, principalement en Piémont. Elle croît aussi dans
quelques cantons du midi de la France, et l'on vient d'en
découvrir quelques touffes isolées auprès de la fameuse
chartreuse de l'Isère.

Qui n'a entendu parler de la chartreuse de Grenoble,
laquelle était plutôt une hôtellerie qu'un couvent, où tout
voyageur de bonne mine, où une foule de curieux, de savants, d'artistes, étaient sûrs de trouver un doux repos,
une chère exquise et variée ? Paix à ces bons moines, à ces
honnêtes gastronomes d'une époque déjà loin de nous, et
qui ne doit plus revenir ! On ne saurait sans injustice les
confondre avec ces esprits ardents, mélancoliques, que le
jeûne, les macérations, un régime diététique des plus
austères, portaient quelquefois aux aberrations les plus
funestes. Mais revenons à la truffe du Piémont, et laissons
là ces vieux souvenirs.

Elle a un goût fin, délicat, et quelques amateurs la préfèrent même à la truffe noire du Périgord, à cause de
l'odeur vive et pénétrante qu'elle exhale. On assure que

George IV, qui connaissait si bien tout ce qui peut contribuer aux délices de la vie, et l'illustre auteur de la Charte*,
en faisaient une grande consommation. Vrais disciples
d'Épicure et d'Aristippe, ils oubliaient l'ennui des gran-
deurs et se consolaient des infirmités de la vieillesse en
mangeant des truffes.

On apprête les truffes du Piémont de la même manière
que nos truffes. Nous venons de décrire les procédés les
plus usités, nous n'y reviendrons point. Voici néanmoins
une préparation particulière que quelques friands seront
sans doute bien aises de connaître.

TRUFFES DU PIÉMONT A LA ROSSINI. — RECETTE DU PRINCE DE TALLEYRAND.

Vous émincez finement des truffes du Piémont. Vous
mettez ensuite dans un saladier de l'huile d'Aix, de la
moutarde fine, du vinaigre, un peu de jus de citron, du
poivre et du sel. Vous battez ces divers ingrédients jusqu'à
parfaite combinaison, et vous y mêlez vos truffes. Cette
espèce de salade, d'un goût très-appétissant, a enlevé
tous les suffrages dans une réunion qui a eu lieu chez le
Lucullus de la finance, M. le baron de Rothschild; et c'est
le célèbre Rossini qui l'avait préparée.

On peut servir de même nos truffes noires, en ajoutant

---

* Louis **XVIII** se régalait un jour d'un plat de truffes du Piémont, lorsqu'on
vint lui annoncer la visite de son premier médecin. — Eh bien ! docteur Portal,
que pensez-vous des truffes? je gage que vous les défendez à vos malades. — Mais,
sire, je les crois un peu indigestes, et peut-être ne devrait-on en faire usage qu'à
titre d'assaisonnement. Le roi lui réplique alors d'un ton solennel et en parodiant
un vers fameux de Voltaire : Les truffes ne sont point ce qu'un vain peuple pense.
Notre archiâtre paraît un peu déconcerté, le roi rit de son embarras, et achève en
riant son plat de truffes.

à cet assaisonnement deux jaunes d'œufs et une pointe d'ail, afin de leur donner le goût et le moelleux des truffes du Piémont. C'est à peu près la sauce provençale décrite par M. Carême ; mais il faut qu'elle soit faite suivant les règles de l'harmonie culinaire, c'est-à-dire que ses divers éléments soient combinés de manière qu'aucun ne prédomine.

On a beaucoup parlé en Europe, dans le monde friand et politique, d'un certain ragoût de truffes *à la Périgord*. Ne pourriez-vous pas nous en faire connaître les ingrédients ? Tout ce que je peux vous dire, c'est que ce fameux ragoût était une espèce de philtre ou composition magique qui faisait parler les muets. Mais il ne pouvait être préparé que dans le *laboratoire* du prince de Talleyrand. Personne, je crois, n'en connaît la recette ; le prince l'a emportée avec lui dans la tombe. Quelle perte pour nos ministres !

M. de Talleyrand était, au reste, un profond diplomate, un homme d'esprit et de goût, enfin un grand seigneur. Il connaissait parfaitement les hommes, il savait que tout le monde est un peu gourmand, qu'un bon dîner est un grand levier politique ; et plus d'une fois il invoqua le dieu des festins pour faire réussir ses projets. Les bons Allemands, attirés, séduits, vaincus par ses belles manières, par les délices de sa table, par le gaz pétillant du vin d'Aï, déridaient leurs fronts nuageux, et, s'ils parlaient peu, un sourire, un geste les trahissait. L'œil perçant de notre diplomate avait déjà pénétré au fond de leurs cœurs.

Ce prince, suivant les phrénologistes, avait l'instinct de la friandise. Ils ont vu cela dans la conformation de son crâne. Dieu soit loué ! Nous voilà d'accord avec les disciples de Gall. Un ministre ou un ambassadeur qui n'est point friand, ou qui méconnaît le pouvoir de la friandise, est un diplomate incomplet.

En Italie, et particulièrement à Gênes, à Turin, à Milan, on parfume la polenta avec les truffes du Piémont, et ce mets a de chauds partisans. Charles IV, roi d'Espagne, en faisait ses délices, et Napoléon, d'ailleurs si sobre, si frugal, s'en régalait quelquefois.

On voit qu'il y a loin de la polenta de Napoléon aux **ragoûts** des empereurs romains. Admirateur fanatique d'Apicius, Héliogabale voulait le surpasser par ses débauches, par ses folles profusions. Parfumé d'essences, revêtu d'une robe à la phénicienne, il se faisait servir des ragoûts composés de truffes finement découpées, de foies de surmulets, de langues de paons et de rossignols, de cervelles de grives et autres oiseaux délicats. Pendant qu'il savourait ces riches coulis, il condamnait aux tourments de la faim les parasites qu'il avait conviés. Ces malheureux gourmands, raillés, mystifiés, n'avaient à leur table que des mets d'ivoire, de cire, de verre ou de bois peint. Ici la lâcheté des convives égale au moins l'infamie de l'amphitryon. Faut-il s'en étonner? Non, certes. Que peut-on attendre d'un peuple descendu jusqu'au dernier degré de l'avilissement?

Il est une autre variété ou espèce de truffe blanchâtre qui croît dans le Tyrol méridional, et qui est presque aussi délicate que celle du Piémont, mais sans odeur alliacée. M. Desprez l'a observée aux environs de Trente et de Bolzano. Elle a, nous a-t-il dit, la même finesse que nos meilleures truffes. Dans le Tyrol, on en farcit la volaille, et on l'emploie également dans toute sorte de ragoûts. On peut s'en rapporter à cet aimable gastronome qui a parcouru la plus grande partie de l'Europe , et qui a fort bien étudié la statistique culinaire des pays qu'il a visités.

On conserve pendant quelque temps ces truffes dans leur état de fraîcheur, en les mettant dans du sable fin , après les avoir enfermées dans une vessie ou dans une peau un peu mouillée. On les expédie aussi enveloppées dans du papier et recouvertes de son. D'autres veulent qu'on les laisse simplement dans leur terre natale; ils prétendent qu'elles se conservent mieux ainsi. Lorsqu'on les lave , l'humidité s'insinue dans leurs pores et hâte leur décomposition.

TRUFFE BLANCHE. *TUBER ALBUM.*

Tuber album. BULL. CHAMP. t. 404. DC. Fl. Fr. 750. — *Lycoperdon gibbosum*. DICKS. CRYPT. BRIT. 2. p. 26.

Cette espèce n'a point de racines , mais seulement une protubérance semblable à celle d'un ognon qui n'a pas encore poussé ses radicules. Entièrement blanche en naissant, elle devient ensuite d'un roux sale en dehors , parsemée intérieurement de veines rousses. Sa surface est ordinairement lisse, unie, quelquefois inégale ou sillonnée. Elle croît en France et en Angleterre près de la surface du sol. Les sangliers aiment beaucoup sa chair, qui est un peu nauséabonde.

M. le docteur Dufour l'a observée dans les sables de Meilhan et de Tartas (Landes). « A ce mot de truffe, dit-il, vous pourriez peut-être vous créer des illusions. Je me hâte de vous détromper. Notre département est déshérité de ce précieux tubercule que le Périgord exhume de son sol et fait irradier dans toute l'Europe gastronomique, de ce tubercule si parfumé, si recherché de nos gourmands..... La truffe des Landes, ajoute-t-il, ressemble à une grosse pomme de terre blanchâtre, et son nom est presque une épigramme. » Cette plainte, exhalée du fond du cœur, sent bien la friandise. Au reste, n'est pas friand qui veut.

TRUFFE D'UN BLANC DE NEIGE. *TUBER NIVEUM.*

Tuber niveum. DESFONT. Fl. Atlant. 2. p. 436.

M. le professeur Desfontaines a trouvé cette truffe, en Barbarie, dans les sables du désert. Elle est lisse à sa surface, d'une forme arrondie, approchant de celle d'une poire, d'un blanc de neige tant en dedans qu'en dehors. Elle est très-délicate, fort bonne à manger. Cette espèce paraît avoir les plus grands rapports avec la truffe blanche d'Afrique, dont Pline, Avicenne et Jean Léon, surnommé *l'Africain*, ont fait mention. Celle-ci est également blanche, unie, de la grosseur d'une noix, et d'un goût très-fin ; elle abonde aux environs de Tripoli. Les Arabes la font cuire sous la braise, dans l'eau, dans le lait ou dans le bouillon.

La truffe de l'Arabie Déserte, observée par Olivier (*Voyage en Perse*), est aussi blanchâtre en dedans ; mais sa surface est grise et inégale. C'est au printemps qu'on la trouve. Les sangliers en sont très-friands.

Oui, la nature a semé les truffes pour les animaux comme pour l'espèce humaine. Mais les sangliers, les chevreuils suivent leur instinct naturel, et ne vont pas au-delà du besoin. L'homme seul, lorsqu'il se livre à la gourmandise, à l'intempérance, est insatiable. Il lui faut des stimulants qui réveillent la volupté déjà fatiguée. C'est pour lui qu'on a inventé ces coulis de truffes, tous ces condiments, tout ces mets de haut goût qui aiguillonnent son appétit, qui varient, qui renouvellent ses jouissances.

Tout le monde, au reste, n'aime point les truffes, et il est des personnes que leur simple odeur fait tressaillir. L'estomac a ses répugnances, ses antipathies, ses goûts, ses passions, ses caprices. Suivant qu'il est satisfait ou soumis à des privations, il se dilate, il s'émeut voluptueusement, ou bien il soupire, il gémit chez l'homme délicat; il bondit de plaisir ou il se révolte, il rugit chez le glouton.

Epicure était friand de volupté, de fromage et de pain bis. Pythagore aimait le miel et les herbes nouvelles, Platon et Démocrite les figues, Diogène et Caton les choux et le lard. Horace, tour à tour tempérant et voluptueux, se contente de quelques olives fraîches ou d'un petit plat de légumes, cela lui suffit. Un autre jour, ce charmant Protée, couronné de myrte et de roses, parfumé d'essences, demandera à son esclave des huîtres, des champignons des prairies, et de ce bon vin de Massique qui fait oublier les maux (*vinum obliviosum*). Et puis il nous dira gravement : Fuis les voluptés : les plaisirs sont souvent payés par la douleur.

Sperne voluptates : nocet empta dolore voluptas.

Cicéron avait un goût particulier pour les écrevisses de la mer Adriatique; mais, devenu consul, il se plaignait de ce que les cuisiniers de Rome et de Tusculum ne savaien

point préparer ce crustacé d'une manière convenable à sa
nouvelle fortune. Voyez ce que c'est que la gourmandise,
elle entraîne, elle subjugue les meilleurs esprits. Cet illustre Romain, se trouvant à souper chez Lentulus, voit
servir des feuilles de mauve parées d'un riche coulis ;
cette espèce de ragoût le charme ; il le savoure avec un
plaisir extrême, il en demande encore, et il en mange jusqu'à l'indigestion. Vous allez croire que j'invente ? Lisez
une de ses lettres (*Epist.* xxvi, lib. vii), où il fait l'aveu
de cet acte d'intempérance qui le rendit malade pendant
dix jours.

De notre temps, le poète Berchoux s'inspirait du fumet
d'un gigot de mouton. L'astronome Lalande aimait à la
folie les ragoûts d'araignées. Lord Byron se délectait en
mangeant du macaroni ; et l'homme du destin, dont l'i-
mage est dans les palais, dans les cabanes, partout,
l'homme que tout le monde admire, que presque tout le
monde regrette, et qu'on voudrait voir reparaître au milieu de nous, ne fût-ce que pour quelques jours (ce temps
suffirait pour mettre les mauvais esprits à la raison),
l'empereur Napoléon, enfin, ne trouvait rien de si exquis
qu'un plat de haricots blancs assaisonnés d'huile d'olive,
mais il lui fallait absolument de l'huile de Lucques.

Ce n'est pas que ce grand homme dédaignât la bonne
chère ; il savait qu'elle est utile au commerce, à l'industrie, surtout à Paris et dans les grandes villes ; que si
elle tue quelques gourmands, elle fait vivre le marchand,
le fournisseur, l'ouvrier, l'artiste, etc. Un banquet appelle
tous les arts à son secours, et si les vices s'y mêlent, la
sagesse n'en est point exclue : il y a compensation. Lorsqu'il fut premier consul, il se réserva le gouvernement de

l'Etat, et il abandonna la gastronomie à Cambacérès. Devenu empereur, il ne fut ni gourmand, ni fastueux. Lorsqu'il était de bonne humeur, il disait à ceux qu'il avait admis à sa table : « Ici on dîne vite et assez mal, mais vous pouvez vous dédommager chez l'archi-chance-lier. »

Nous avons offert aux amateurs de champignons de nombreuses recettes. Est-ce un bien, est-ce un mal ? Oh ! nous nous attendons à être sévèrement réprimandé par quelques faux sages ; mais nous aurons pour nous la classe friande qui pourra choisir ce qui lui paraîtra meilleur, et qui saura apprécier les conseils que nous nous permettons quelquefois de lui donner. La bonne ménagère prendra également notre défense, car nous n'avons pas oublié les préparations simples, faciles, qui font la joie du campagnard et du petit bourgeois. Qui sait si on ne trouvera pas mauvais que nous aussi nous aimions les champignons, les truffes et autres bonnes choses ? Nous ferons tout bonnement à nos censeurs la réponse que fit le philosophe Démonax à quelqu'un qui lui demandait pourquoi il aimait tant le miel. Croyez-vous, lui répliqua le philosophe, que la nature ait fait cette agréable manne pour les sots ?

D'autres nous blâmeront d'avoir contribué à répandre l'usage de ces *plantes indigestes*. Si votre estomac est faible ou irritable, si vous faites peu d'exercice, si vous êtes indolent, paresseux, si vous vivez en sybarite, ou si quelque passion violente s'est emparée de votre âme, prenez garde aux ragoûts de truffes ou de mousserons !

Mais si vous vous portez bien, si vous menez une vie
réglée, si votre esprit, votre cœur sont paisibles, mangez
des champignons sans crainte, vous les digérerez aussi
bien que les meilleurs aliments. Ce sont les ragoûts fortement épicés, les sauces brûlantes qui dénaturent les champignons et les rendent nuisibles. Ce sont les vins, les
liqueurs alcooliques dont on abuse en mangeant des champignons qui produisent ces affections viscérales, ces maladies céphaliques rebelles à tous les secours de l'art.

Nous l'avons déjà dit, et nous ne saurions trop le répéter, si l'usage des stimulants ranime l'homme faible, mou,
phlegmatique, leur abus accélère la vieillesse, irrite,
exaspère les hommes ardents, bilieux, sanguins, les dispose aux agitations, aux troubles politiques, aux entreprises périlleuses.

La tristesse et l'ennui vous poursuivent! êtes-vous
riche, grand seigneur? Renoncez de temps en temps à
votre faste, à vos somptueux repas, fuyez le tumulte de
la ville, allez cueillir des champignons dans quelque fraîche vallée, et faites-les cuire simplement sur le gril; ce
repas frugal vous déridera le front, adoucira vos inquiétudes. C'est le conseil qu'Horace donnait à Mécène.
« Quitte, lui disait-il, pour quelques moments cette
abondance que le dégoût accompagne, et ce palais dont
le faîte touche les nues. Rien ne peut-il te charmer que
la fumée, le luxe et le fracas de Rome? Le changement
de scène amuse quelquefois les grands, et un petit repas
sous un toit modeste, sans tapis, sans pourpre, leur a
souvent déridé le front. »

Plerumque grata divitibus vices,
Mundæque parvo sub lare pauperum

Cœnæ, sine aulæis et ostro,
Sollicitam explicuere frontem.
Hor., Od. 39, lib. 3.

De retour à la ville, mettez plus de simplicité dans vos réunions, dans vos repas. Que vos convives soient peu nombreux, bien assortis. Eloignez les parasites, pour la plupart hommes caustiques et malveillants, surtout hors de la salle du festin. Prenez exemple sur un baron improvisé de la Restauration qui donnait de grands dîners, et qui choisissait mal ses convives. « Chez qui avez-vous dîné hier? demandait quelqu'un à un poète député. — Chez le baron ***. Vous savez que c'est un homme de peu de sens, de peu d'esprit, mais qu'on dîne parfaitement chez lui. »

Un autre jour, le même gourmand fut prié à dîner chez un riche industriel. La salle à manger était resplendissante d'or et de lumière, mais les convives partirent fort mécontents et l'estomac vide. Le dîner était mesquin, et notre poète fredonnait, en se levant de table, ce vers de Martial : *Ornatus dives parvula cœna fuit.* Heureusement, l'amphitryon ne savait pas le latin.

Observez bien que le nombre et la délicatesse des mets ne suffisent point pour constituer un bon repas. Il faut y joindre l'aménité, la cordialité, voilà le meilleur des assaisonnements. On oublie le turbot, les filets de bartavelle, les truffes, mais non une parole bienveillante ou un sourire qui part du cœur.

Surtout ne vous livrez point à des expériences, à des moyens diététiques indignes d'un homme réglé, il faut les abandonner aux gourmands de profession.

Un gastronome, fameux sous l'empire, se purgeait tous

les ans vers la fin de l'automne. Le poète Millevoye le raillait un jour sur sa gourmandise, et lui disait qu'il ne comprenait pas cette précaution. On voit bien, lui répliqua le gastronome, que vous n'êtes pas versé dans l'art de vivre. J'attends un pâté de thon et de truffes qu'on m'expédie de Marseille tous les ans, vers la fin de décembre; ne faut-il pas que je prépare les voies gourmandes? Vous ne concevez pas non plus que j'aime l'hiver comme la plus belle saison de l'année. En effet, c'est alors que les perdreaux, les bécasses, les grives, le poisson, les truffes abondent. Je laisse le printemps aux faiseurs d'idylles, aux poètes romantiques. Je n'aime ni les fleurs, ni les frais ombrages. Un bon feu, un bon dîner, un bon lit, toute la vie est là. Ce pâté de thon, d'une forme colossale, que je mange dans mon réfectoire quand l'ouragan gronde, quand les sapins de mon parc agitent leurs branches couvertes de frimas; le Champagne qui pétille, la conversation de quelques aimables convives, leur joie, leur contentement, tout cela n'est-il pas aussi de la poésie!

— Mais que devient cette poésie lorsque votre corps vacille, lorsque vous perdez la raison? Il faut être sage, disait Arcésilas, pour bien ordonner un banquet. Vous l'entendez, monsieur le gastronome! un peu moins de friandise et un peu plus de sagesse, cela sied beaucoup mieux.

— Vous faites l'érudit, monsieur le poète; mais vous oubliez de nous dire que les sages de la Grèce laissaient quelquefois leur sagesse à la porte de la salle à manger. Arcésilas lui-même ne mourut-il pas pour avoir trop bu de vin pur! Cela vous étonne! Et Solon ne caressait-il pas également les muses et le dieu de la treille? Et le sage des

sages, Socrate, qui disait à ses disciples : Mes amis, rien
de trop ! ne lui a-t-on pas reproché de boire à la grecque,
c'est-à-dire à pleines coupes ? Certes, nous savons qu'il
s'enivra plus d'une fois. Lisez dans les œuvres de Platon
les détails du fameux banquet donné par Agathon, où
Socrate passa la nuit à boire. Oui, presque tous les philosophes ont été plus ou moins gourmands. Zénon, le sévère
Zénon, aimait la joie et le bon vin. Cela ne doit étonner
personne, disait-il, puisque les légumes les plus amers
deviennent doux quand ils ont été trempés. Eh bien !
qu'avez-vous à répliquer, monsieur Millevoye ? Croyez-moi,
faites des idylles, des élégies, parlez-nous de la chute
des feuilles, célébrez en beaux vers l'héroïsme de l'évê-
que Belzunce bravant la peste de Marseille pour voler au
secours d'un peuple malheureux, tout cela est fort bien ;
mais laissez-nous l'art de la friandise, c'est au-dessus de
votre débile tempérament.

— Vous avez raison, monsieur le gastronome, je me
perdrais dans ce dédale culinaire. Cependant je me sens
disposé à vous écouter, si vous voulez nous dire encore
quelque chose sur les repas des anciens, car vous me pa-
raissez plein de votre sujet.

— J'y consens, si vous pouvez me suivre sans trop de
fatigue. Je passerai sous silence la gastronomie des premiers peuples, elle était grossière et agreste comme leurs
mœurs. Mais elle a marché peu à peu avec la civilisation
et suivi ses progrès. Écoutez les plaintes de ces pauvres
Israélites, traversant le désert après avoir quitté l'Égypte,
où ils mangeaient des poissons exquis, des viandes succu-
lentes. « Qui nous donnera de la chair à manger ? s'é-
criaient-ils en versant un torrent de larmes. Hélas ! nous

nous souvenons des poissons délicieux que nous mangions dans cette heureuse contrée ; et les concombres , et les melons nous reviennent sans cesse dans l'esprit. »

Il fallait aux héros d'Homère une alimentation en harmonie avec leur stature athlétique , avec leur force prodigieuse. Leurs repas nous paraissent monstrueux , mais tous ces préparatifs de festins guerriers ont quelque chose de simple et d'antique qui nous charme. Achille , le plus vaillant des Grecs , ne dédaigne point les fonctions culinaires. Il découpe lui-même les viandes que tient Automédon , tandis que Patrocle allume le feu.

Le luxe et la délicatesse de la table ont pris naissance en Asie chez les Assyriens, les Mèdes et les Parthes. Les Grecs, naturellement friands , ont su allier les plaisirs sensuels aux jouissances de l'esprit. Ils ont tous aimé la bonne chère , excepté les Lacédémoniens , peuple sans goût qui n'aimait que son brouet noir.

Parmi les plus fameux gourmands, on cite Archestrate de Syracuse, qui a fait un poëme intitulé *la Gastronomie*, admirable composition presque entièrement perdue pour nous. Quelle perte ! Il proscrit les réunions nombreuses , et n'admet que trois, quatre, et tout au plus cinq convives à la même table. Passé ce nombre, c'est une tente de soldats maraudeurs. Il veut que les fleurs et les parfums soient prodigués dans les festins. Le gourmand, dit-il, est un homme libre qui vit sans chagrin et meurt sans souci. Après Archestrate viennent Philoxène de Leucade et Philoxène de Cythère , qui ont écrit sur le même sujet. Un autre gourmand, Pithylle, surnommé Catillo , enveloppait sa langue d'une espèce de membrane afin de lui conserver toute sa faculté gustative , et il la tirait comme d'une gaîne au moment de se mettre à table.

— Permettez, monsieur le gastronome, que je vous arrête un instant : ce dernier trait de gourmandise passe toute croyance. Catillo est vraiment un homme sans âme, ou plutôt son âme tout entière s'est réfugiée dans son estomac. Et ce sont là vos professeurs en gastronomie ?

— Non, monsieur. Je mets un intervalle immense entre la gourmandise et la véritable gastronomie. La première est un vice grossier ; la gastronomie, telle que la pratiquent les hommes délicats et de bon goût, est, au contraire, une sorte de vertu sociale. On peut la définir l'art de manger convenablement, ou, si l'on veut, l'art de bien vivre. En effet, n'est-ce pas elle qui soutient et répare nos forces physiques, qui réjouit notre esprit, ranime notre courage, et nous dispose à la bienveillance ? Nous devons rassurer ces gastronomes honteux, qui, sans décrier précisément l'art de vivre, s'imposent des sacrifices à une table bien servie, dans la crainte de passer pour gourmands. Oui, rassurez-vous, âmes timides, pauvres convives ! Obéissez à cet instinct naturel qui vous porte vers ce qui est bon, utile, nécessaire. Celui qui aime les plaisirs de la table avec la décence qui convient à un homme sage, bien élevé, est ordinairement porté aux bonnes actions. Il est obligeant, aimable, d'un commerce facile, de mœurs douces, et presque toujours ami sincère. Le méchant, au contraire, n'est point gastronome, il ne connaît point les douceurs de la table, il vit de fiel et de calomnie.

— C'est à merveille. On voit, monsieur le gastronome, que vous êtes content de vous-même, et vous avez raison, car je suis sûr que vous possédez toutes les bonnes qualités dont vous faites l'éloge. Mais vous n'avez pas encore parlé des Romains, ce peuple bien plus célèbre par ses vices que par ses vertus.

— Qui ne connaît cette partie de leur histoire ? D'abord simple et frugal, vivant d'herbages et de légumes, comme le dictateur Cincinnatus, le peuple romain, après avoir vaincu l'univers, *fut vaincu par ses propres excès.* Je passe sous silence les débauches de César, comme je vous ai fait grâce de celles d'Alexandre. Vous parlerai-je de Lucullus, d'abord illustre guerrier, puis friand, sensuel, voluptueux, enfin possédant à merveille l'art de vivre ? Plutarque vous a dit ses repas dans le salon d'Apollon, où tous les sens étaient délicieusement satisfaits. Que pourrais-je vous dire de plus ? Et le prototype des gastronomes de toutes les époques, Apicius, possédant au plus haut degré la théorie et la pratique de la science culinaire, cet homme rare qu'on cite partout comme un modèle de friandise, et dont le goût était si délicat, si fin, qu'il vous disait, à la première titillation du palais : Ce poisson vient de la mer Adriatique, ces huîtres du lac Lucrin, ces grives de la marche d'Ancône !

— Oh ! monsieur le gastronome, quelles louanges ! quel excès de flatterie ! Ces hommes dont vous faites un si pompeux éloge étaient plus pervers encore que friands. Lucullus, énervé par la bonne chère, perdit tout-à-fait la raison. Apicius, après avoir dépensé dans toutes sortes de débauches cent millions de sesterces, s'empoisonna, parce qu'il n'avait plus de quoi vivre avec quelques millions, pauvres débris de sa grande fortune.

— Eh bien ! monsieur le poète, je m'arrête ici, je vous cède la parole, je vous abandonne surtout les empereurs

romains, hommes cruels, sanguinaires, par conséquent
mauvais gastronomes. Je les hais autant que je les méprise.

— Vous m'avez raillé sur mon érudition, et vous voulez
que je continue votre récit? J'y consens néanmoins; mais
si je m'égare, vous viendrez à mon aide. Je ne vous parlerai point du voluptueux Pétrone, ni de sa mort, ni du
festin hyperbolique de Trimalcion, que tous les hommes
érudits savent par cœur; mais voici quelques traits d'histoire peut-être moins connus. Je vous demande seulement
un peu d'indulgence.

Libon, jeune libertin, est accusé d'avoir pris part à un
complot tramé contre les jours de Tibère. Il ne veut pas
attendre son jugement, il croit qu'il aura le courage de se
donner la mort; mais, avant de mourir, il faut qu'il goûte
encore une fois les délices de la table. Quelle passion que
la gourmandise! Quel pouvoir exerce l'estomac sur l'organisation entière de certains individus! Oui, même en
présence de la mort, ses goûts, ses désirs, ses besoins
se réveillent, il brûle de les satisfaire, il murmure d'impatience, il commande en maître, il faut que la raison se
taise.

Avez-vous lu ce que dit Sénèque de C. Pacuvius, cet
homme dépravé, qui célébrait tous les soirs ses obsèques
par des repas où l'on servait à profusion les vins les
plus exquis, les mets les plus délicats? De la salle du
festin ses compagnons de débauche le portaient en pompe
dans sa chambre, et un chœur de mille voix chantait
autour de lui : Il a vécu, il a vécu! Quelle misérable
vie !

Voici pourtant un Romain qui dédaigne la bonne chère,

mais qui veut essayer d'une autre espèce de friandise. Tullius Marcellinus est malade, il souffre, il désire la mort. Comment fera-t-il pour mourir voluptueusement ! Il y pense nuit et jour. Enfin, tout est disposé pour une expérience qui va délier doucement la chaîne de sa vie. Il passe trois jours sans manger, et se plonge dans un bain dont la douce température est entretenue par l'eau chaude qu'on y verse continuellement. Une rêverie délicieuse voltige autour de sa tête, fascine son esprit. Les forces vitales s'énervent, la sensibilité s'épuise, les battements du cœur s'évanouissent ; encore un instant, et Marcellinus n'est plus qu'un cadavre.

Sénèque approuve Marcellinus. « Il est mort, dit-il, de la manière la plus douce, il s'est pour ainsi dire furtivement esquivé de la vie..... Et puis il ajoute : Vous n'avez pas le courage de mourir ! Quel espoir vous fait encore différer ? Sont-ce les plaisirs qui vous arrêtent ! Vous les avez épuisés, il n'en est plus de nouveaux pour vous..... Vous voulez vivre ! Vous le savez donc ! Vous craignez de mourir ? Mais la vie que vous menez n'est-elle pas une mort ? »

Voilà bien la doctrine du stoïcisme, doctrine exagérée, où le bien et le mal sont mêlés, confondus, où le courage va jusqu'à la folie. Pourquoi se donner la mort quand on souffre ! Il y a bien plus de courage à vivre, à supporter la douleur. Vous souffrez, l'art a épuisé sur vous ses remèdes ; eh bien ! cherchez du soulagement dans un régime simple, des consolations dans l'étude, dans l'amitié, et si votre position vous le permet, faites du bien aux hommes : dans nos peines, c'est peut-être le calmant le plus doux.

Que pourrais-je vous dire maintenant de Tibère, de Caligula, de Néron ? Toute la perversité humaine est dans leur vie. Le stupide Claude, moins cruel peut-être, avait des sensations tout-à-fait gastriques, et ces sensations se réveillaient si rapidement, qu'il était maîtrisé, subjugué par les cris de son estomac. Il me semble le voir sur la place d'Auguste où il tient audience. Il sent l'odeur d'un repas qu'on prépare dans le temple de Mars pour les prêtres de ce dieu ; il quitte à l'instant même le tribunal, et va se mettre à table avec les Saliens. Il aime les champignons à la folie, il s'indigère, il s'enivre tous les jours. Il faut l'emporter de table, le mettre sur un lit, et là, pendant qu'il dort la bouche béante, on lui insère une plume dans le gosier, afin de délivrer son estomac de la masse alimentaire qui l'obstrue.

Et Vitellius, l'insatiable Vitellius, comme l'appelle Tacite, ne se croit empereur que pour manger. Il fait régulièrement quatre grands repas par jour. Il ruine les pays par où il passe, tant sa dépense est monstrueuse. Les premiers citoyens sont obligés de lui donner à dîner ; un seul repas, c'est de rigueur, leur coûte quatre cent mille sesterces, ou cinquante mille francs. Ses convives succombent sous le poids de la bonne chère. Vibius Crispus, affecté d'une maladie qui le dispense de se rendre à ces festins meurtriers, s'en félicite en disant : J'étais mort si je ne fusse tombé malade. Vous parlerai-je de ce plat d'argent qu'il nommait, à cause de sa grandeur immense, le *bouclier de Minerve*, de ce plat rempli de foies de poissons, de cervelles de paons et de faisans, de langues de phœnicoptères et de laitances de murènes ?

Je m'arrête ici, car je succombe moi-même au récit de

ces monstruosités culinaires. Je terminerai par une simple réflexion. Où conduisent tous ces excès? Que deviennent tous ces gourmands, tous ces voluptueux qui vivent dans la débauche, dans les délices de la table? L'ennui les ronge; ils ont beau changer d'air et de lieu, ils traînent partout la chaîne qui les lie. Rien ne saurait apaiser le trouble de leur âme, les plus riants paysages les fatiguent, il leur faut des émotions violentes pour sentir qu'ils vivent encore. C'est ainsi que cet efféminé de Rome, qui avait quitté la ville pour se dérober à l'ennui, s'écrie, après avoir visité les plus beaux lieux : « Je m'ennuie, retournons à Rome, courons au cirque, j'ai besoin de voir couler du sang. » Eh quoi! cet homme ne peut vivre s'il ne voit déchirer par des bêtes féroces les membres palpitants des esclaves romains? O le monstre!

Nous voici presque au terme de notre carrière, heureux si le lecteur l'a parcourue avec nous sans trop d'ennui! Certes, l'idée ne nous est jamais venue de tracer dans cet ouvrage un code de gourmandise; l'instruction convenable, le goût, la volonté même nous auraient manqué pour cela ; mais en nous renfermant dans cette partie si intéressante de la médecine, connue sous le nom de *diététique*, nous avons hardiment combattu de vieilles erreurs, des préjugés ridicules qu'on ne cesse de reproduire touchant l'usage des champignons, des truffes et autres aliments, délices de la table. Dans leurs paroxysmes de tempérance, nos petits économistes, croyant passer pour des hommes sages, attaquent toute une classe d'hommes laborieux, utiles et même indispensables chez toutes les nations civilisées ; ils s'en vont répétant la fameuse diatribe de Sénèque : Vous vous étonnez des nombreuses maladies qui nous affligent, comptez donc nos cuisiniers! Comptez plutôt, leur dirai-je à mon tour, les mauvais cuisiniers! La nature nous offre une foule de substances alimentaires qui ont besoin d'être maniées, élaborées par une main habile pour s'incorporer avec nous, réparer nos pertes et restaurer nos organes. Un cuisinier vulgaire ou ignorant ne saurait en tirer parti ; il les gâte, il les altère, il les rend indigestes par une mauvaise manipulation.

Que nous importent d'ailleurs et la cuisine de Pétrone, et les excès de Caprée, et les profusions épouvantables d'un Caligula, d'un Héliogabale, et ces festins où le peuple-roi dévorait le revenu de plusieurs provinces? Nous ne voulons pas que le monde entier soit mis à contribution pour satisfaire notre appétit blasé, qu'on nous apporte des extrémités de l'Océan des poissons énormes, qu'on nous serve d'immenses pièces de gibier : *rudis indigestaque moles!* Mais cette chère délicate, fine, substantielle, que les anciens n'ont jamais connue, qu'une fausse philosophie condamne, comment pourrait-elle nuire lorsqu'on en use avec intelligence, avec modération? On insiste, et l'on prétend qu'il est bien difficile de s'arrêter à l'aspect d'une infinité de mets qui provoquent tous les sens. Mais alors il faudrait renoncer à toutes les jouissances naturelles ; et pourtant Dieu les a créées pour notre bonheur : ce sont des roses qu'il a semées sur le rude sentier de la vie, c'est à nous de les cueillir d'une main assez délicate pour n'en pas sentir les épines.

Après avoir parcouru les diverses tribus qui composent
la grande famille des champignons, on a pu se convaincre
que les espèces comestibles ou usuelles sont en bien plus
grand nombre que les espèces délétères ; que, dans plusieurs groupes, on en trouve à peine quelques-unes d'une
qualité équivoque, mais que d'autres sections renferment
aussi des poisons redoutables. Nous avons rapporté plusieurs histoires d'empoisonnement, et nous avons indiqué
d'une manière succincte les moyens curatifs les plus efficaces ; toutefois, notre tâche ne serait qu'imparfaitement
remplie, si nous ne rassemblions ici, d'une manière générale, les divers phénomènes excités par ces poisons végétaux, et les meilleures méthodes pour y remédier.

SYMPTOMES ET PHÉNOMÈNES GÉNÉRAUX

PRODUITS PAR LES CHAMPIGNONS VÉNÉNEUX.

L'empoisonnement qui résulte de l'usage de ces plantes
offre des symptômes dont le nombre et l'intensité varient,
suivant les espèces et leur mode d'action sur l'organisme.
Tantôt la présence du poison se manifeste par une anxiété
générale, des nausées, et le resserrement spasmodique de
la gorge ; par des étourdissements, des vertiges, une sorte
de somnolence ou de stupeur, et autres signes propres aux
substances narcotiques : tantôt les douleurs aiguës du canal
alimentaire, les tranchées, les vomissements répétés, opiniâtres, les déjections copieuses, noirâtres, quelquefois
sanguinolentes, le météorisme, les crampes, etc., signalent les qualités âcres du poison. Dans d'autres circonstances, les champignons agissent à la fois ou alternativement par leurs principes corrosifs et narcotiques ; cette

double agression a lieu après l'usage des amanites vénéneuses, de quelques espèces d'agarics ou de bolets. Alors
éclatent les signes les plus variés et les plus graves :
on éprouve une sorte de déchirement dans les entrailles,
une soif ardente, des suffocations, une agitation extrême,
une constipation invincible ou un violent choléra-morbus.
A ces symptômes se réunissent le hoquet, le délire, des
vertiges, des convulsions générales ou partielles, des défaillances; le pouls est concentré, convulsif, intermittent;
le corps se couvre d'une sueur de glace; les forces s'étei-
gnent, et la mort vient enfin terminer cette série d'angoisses et de douleurs *.

Certains malades conservent toutes leurs facultés intel-
lectuelles; d'autres sont insensibles, plongés dans une
stupeur profonde; d'autres sont en proie à un délire furieux, ont des visions fantastiques, des rêves effrayants.
Un ami du docteur Rosa fut tout-à-coup saisi d'un délire
frénétique; il tenait les propos les plus extravagants, et
se croyait au milieu des enfers. Après des tourments inex-
primables, il vomit des champignons, et fut soulagé.
(Rosa, *Saggio di osservazioni sopra alcune malattie.*)
Au reste, le tempérament, le climat, le sexe, l'âge, l'irritabilité individuelle, la quantité de poison, etc., peuvent
varier et modifier à l'infini cet appareil de symptômes.

L'action délétère des champignons se développe plus
ou moins promptement, suivant les espèces dont on a
fait usage. Quelquefois on éprouve les premiers effets du

---

* Les champignons vénéneux ont beaucoup d'analogie avec plusieurs familles de
plantes délétères, telles que les renoncules, les ombellifères, les solanées, etc. Voyez
notre *Phytographie médicale, ou Histoire des substances héroïques et des poisons
tirés du règne végétal,* nouv. édit., Paris, 1855.

poison immédiatement ou peu de temps après le repas, le
plus souvent au bout de cinq ou six heures ; quelquefois
aussi la plus grande partie de la nuit se passe sans orage,
et le sommeil est aussi tranquille qu'à l'ordinaire. C'est
ainsi que l'agaric bulbeux et ses variétés ne donnent ordinairement des marques sensibles de leur activité vénéneuse que dix ou douze heures après leur ingestion.

D'après les phénomènes physiologiques que nous venons d'énumérer, on voit que la plupart des champignons
vénéneux réunissent l'âcreté des substances irritantes à
l'énergie des poisons stupéfiants ; qu'ils enflamment les
tissus gastriques, en même temps qu'ils attaquent le système nerveux, dont ils pervertissent les fonctions. Heureusement les espèces qui passent pour être malfaisantes
ne produisent pas toujours des symptômes aussi graves,
et les accidents qu'on éprouve se bornent quelquefois à
une sorte de malaise, à un peu de faiblesse et d'engourdissement qui se dissipent lorsque la digestion est terminée. Mais aussi que les hommes assez téméraires pour
faire usage sans distinction de toutes les espèces qui se
rencontrent sous leurs pas sachent bien qu'il en est dont
le principe vireux est tellement subtil, qu'elles donnent la
mort en quelques heures, si l'on n'est secouru d'une manière prompte et efficace *.

Parmi les altérations organiques que nous révèle l'au-
topsie, à la suite de l'empoisonnement par les champignons,
on remarque une inflammation plus ou moins profonde des

* Un célèbre naturaliste, M. Bory de Saint-Vincent, me disait, il y a quelques
années, qu'il mangeait indifféremment de toutes les espèces de champignons, et
qu'il n'en redoutait nullement les mauvais effets. Je doute qu'il parlât sérieusement. Quoi qu'il en soit, je ne pense pas qu'il ait fait ses expériences avec un
ragoût de russules caustiques ou d'amanites bulbeuses.

tuniques du canal alimentaire, des taches noirâtres ou d'un rouge livide, des érosions, des eschares gangréneuses sur différents points de l'estomac et des intestins. L'épiploon, le mésentère, la rate, le foie, la vessie, etc., sont plus ou moins phlogosés. Les poumons sont quelquefois parsemés de taches bleuâtres et gorgés d'un sang noir. Les membranes et les ventricules du cerveau sont aussi enflammés; les vaisseaux qui s'y distribuent sont injectés, et offrent, lorsqu'on les incise, des gouttelettes de sang, comme on le voit chez les sujets morts d'apoplexie.

On observe à l'extérieur, principalement à la région lombaire, des vergetures, des plaques brunes ou livides; la face est plus ou moins bouffie, de couleur bleuâtre; l'abdomen offre parfois une intumescence horrible par les gaz fétides qui remplissent le tube intestinal.

MÉTHODE GÉNÉRALE DE TRAITEMENT.

Malgré les progrès immenses qu'ont faits les sciences naturelles et médicales depuis environ un demi-siècle, nous ne connaissons encore aucune substance capable de neutraliser le principe vireux des champignons. Ainsi, les acides végétaux, l'éther sulfurique, qu'on a présentés comme des antidotes, ne sont que des moyens accessoires qu'on peut employer utilement, lorsque le poison a été éliminé hors du corps par des émétiques et des purgatifs. Le lait, les huiles récemment exprimées, la thériaque, l'opium, jadis trop vantés et peut-être trop négligés aujourd'hui, ne sont pas non plus des contre-poisons. Cependant leur emploi méthodique, ainsi que nous le verrons bientôt, ne peut être que très-avantageux *.

* M. le docteur Druge, chirurgien en chef adjoint des hospices de Vienne (Isère),

Il est très-essentiel, lorsqu'on est appelé pour remédier à un empoisonnement, de distinguer ses différentes périodes, et d'examiner avec soin l'état des forces vitales. Si l'empoisonnement est récent, on doit favoriser l'évacuation des substances délétères par tous les moyens possibles. Les anxiétés précordiales, les nausées, les vomissements spontanés, indiquent la marche qu'il faut suivre. Ainsi hâtez-vous de seconder les efforts de la nature par une abondante boisson d'eau tiède et par le chatouillement du gosier. Si ces premiers moyens sont insuffisants, administrez l'émétique sans retard; alors faites dissoudre quatre ou cinq grains de tartrate antimonié de potasse dans une livre d'eau que vous distribuerez par tasses de quart d'heure en quart d'heure. MM. Paulet et Orfila veulent qu'on ajoute à cette dissolution cinq ou six gros de sulfate de soude. Cette addition est d'autant plus utile que la matière vénéneuse a pénétré dans les intestins; mais si le poison a été avalé depuis peu de temps, si son action paraît se borner à l'estomac, nous pensons qu'il serait dangereux de provoquer les déjections alvines par des sels ou autres purgatifs qui pourraient entraîner les champignons dans le conduit intestinal, et exposer ainsi une plus grande surface à leur action délétère. Quelques auteurs ont indiqué l'ipécacuanha comme un des meilleurs vomitifs, et ont rejeté les préparations antimoniales. Dans les cas de stu-

nous écrit que plusieurs personnes s'empoisonnèrent, il y a quelques années, en mangeant des champignons. Il croit, sans pouvoir l'affirmer, que c'est la fausse-oronge. Elles furent toutes plus ou moins malades; mais la maîtresse de la maison, qui en avait mangé copieusement, courait le plus grand danger, lorsqu'on lui administra, par petites cuillerées, du charbon végétal porphyrisé et incorporé dans de l'huile d'olive. Presque aussitôt les accidents cessèrent comme par enchantement. Bien qu'on ne puisse rien conclure d'un fait isolé, nous nous empresserons, si l'occasion s'en présente, de faire l'épreuve de ce nouveau remède.

peur profonde, cette racine n'est pas assez énergique pour exciter les membranes de l'estomac. Il faut donc lui préférer le tartre émétique ; il est même nécessaire, dans quelques circonstances, de l'administrer à haute dose. Le professeur Joseph Frank fut obligé d'en donner quarante grains dans un semblable empoisonnement.

Lorsque les vomitifs ordinaires sont insuffisants, une légère infusion de tabac à fumer, ou quelques grains de sa poudre délayés dans un peu d'eau, offrent un vomitif efficace. Joignons l'exemple au précepte.

Plusieurs soldats furent empoisonnés avec des champignons récoltés dans les bois de la Volhynie. Le docteur Ménich, appelé à leur secours, leur administra d'abord l'émétique, dont l'action ne fut pas, en général, assez puissante pour faire rejeter le poison. Alors il se détermina à donner à ceux qui n'avaient point vomi une décoction de tabac qui fut suivie d'un grand succès. (Note communiquée par M. le comte Grocholski.)

On peut employer également le sulfate de zinc ou le sulfate de cuivre, le premier à la dose de huit à dix grains, le second à celle de trois ou quatre grains dissous dans une tasse d'eau. Ces vomitifs énergiques conviennent surtout lorsque l'engourdissement et la stupeur annoncent une lésion profonde de la sensibilité. On favorise en même temps leur action par l'irritation mécanique du larynx.

Lorsque le sujet est d'une constitution irritable, ou atteint d'une hémorrhagie, on doit préférer les purgatifs aux émétiques, ou bien remplacer le tartre stibié et autres agents trop actifs par quinze ou vingt grains d'ipécacuanha, vomitif beaucoup plus doux. Dans les cas de grossesse, quelques médecins ont proscrit toute sorte de vomitifs ;

nous pensons différemment lorsque leur indication est bien précise. Si l'on n'évacue promptement le poison, on expose au contraire la vie de la mère et de l'enfant ; mais alors il faut administrer ces médicaments avec prudence et à des doses plus faibles. L'enfance ne doit pas non plus faire exclure l'émétique ; les enfants le supportent très-bien, et Bulliard a tort de leur interdire un remède qui, dans certaines circonstances, peut leur sauver la vie.

Les vomitifs sont en général le moyen le plus prompt, le plus efficace qu'on puisse opposer à l'empoisonnement par les champignons. Nous devons ajouter qu'il n'y a pas un instant à perdre, si l'on veut prévenir l'inflammation des tuniques de l'estomac, et en même temps l'absorption de la matière vénéneuse ; d'autant mieux que le trismus des mâchoires, qui vient souvent se joindre aux autres symptômes, rend l'administration de toute espèce de médicaments impossible, ainsi que nous en avons rapporté précédemment un exemple. Les vomitifs peuvent encore être avantageux dans l'état avancé de l'empoisonnement, et il ne faut pas que la violence des symptômes et la crainte d'une congestion cérébrale nous fassent renoncer à d'aussi grands remèdes, surtout si le malade n'a pas eu d'évacuations. Dans le plus grand nombre d'empoisonnements causés par les champignons et autres végétaux, c'est quelquefois le seul moyen de salut. Les vertiges, les convulsions, les battements tumultueux du cœur, les faiblesses, le trouble des sens, et autres signes non moins graves, cèdent fort souvent à l'action de l'émétique.

Les purgatifs conviennent particulièrement lorsque les champignons ont été entraînés dans le tube intestinal. On les rend plus ou moins actifs, suivant la force et l'état du malade. Une dissolution de deux ou trois onces de manne et de cinq ou six gros de sulfate de magnésie dans environ douze onces d'eau, forment un évacuant très-convenable qu'on donne en deux ou trois doses. Ce purgatif peut être remplacé par quelques cuillerées d'huile de ricin. On prescrit en même temps des lavements préparés avec du miel, du séné, du sulfate de soude. Dans quelques cas, la constipation est très-opiniâtre, et il faut pour la vaincre employer des lavements plus énergiques. On les prépare alors avec une décoction légère de tabac. Nous devons ajouter que cette décoction, administrée sous la forme de clystère, a quelquefois provoqué le vomissement de la manière la plus prompte, lorsque tous les vomitifs avaient échoué. Mais il faut renoncer et aux émétiques et aux purgatifs, lorsque des douleurs atroces annoncent l'inflammation du tube intestinal : on sent bien que ce serait alors introduire un nouveau poison dans les voies alimentaires.

L'expulsion de la matière vénéneuse est sans doute d'un immense avantage; toutefois on voit assez souvent la stupéfaction, l'engourdissement et une sorte de malaise lui survivre; alors rien n'est plus propre à dissiper ces symptômes que les boissons acides. On donne en conséquence, à des intervalles rapprochés, de l'eau acidulée avec un cinquième de vinaigre, du suc de citron, d'orange, de groseilles, etc. Les lavements, les fomentations d'eau vinaigrée sur la région abdominale sont également convenables : on les emploie particulièrement lorsque la déglutition est impossible ou très-difficile. Le café, par son action stimulante, est quelquefois aussi d'un grand secours après l'usage des vomitifs. On peut donner son infusion alternativement avec les acides. On administre également l'éther sulfurique ou alcoolisé à la dose de vingt à trente gouttes dans deux cuillerées d'eau sucrée ou édulcorée avec un peu de sirop de gomme arabique, et on répète ce mélange plus ou moins souvent, d'après la gravité des symptômes. Nous devons, au reste, observer que les acides, l'éther, la liqueur d'Hoffmann, et autres préparations alcooliques, sont préjudiciables lorsque les champignons sont dans l'estomac. Ces liquides, en dissolvant leurs principes actifs, favorisent leur absorption et aggravent ainsi les accidents. Il ne faut y avoir recours que lorsqu'il y a eu des vomissements, soit spontanés, soit provoqués par l'art, ou lorsque l'état avancé de l'empoisonnement fait présumer que l'absorption des molécules vénéneuses est accomplie *.

Cette méthode de traitement, d'une efficacité incontestable dans la plupart des empoisonnements provoqués par les champignons, doit être proscrite, s'il existe une irritation vive, une inflammation caractérisée des organes diges-

* On croit généralement que les acides et l'éther sulfurique, administrés à haute dose, peuvent neutraliser les principes délétères des champignons. L'expérience n'a point confirmé cette vertu spécifique. Ils contribuent sans doute à dissiper l'état de somnolence et d'engourdissement; mais ils sont très-nuisibles, même après l'évacuation des champignons, si le canal alimentaire est enflammé. Nous avons été témoin de leurs mauvais effets dans plusieurs circonstances. Une fois nous fîmes suspendre leur usage pour y substituer simplement de l'eau de mauve légèrement sucrée. On appliqua en même temps sur l'abdomen des linges trempés dans une décoction émolliente. Le malheureux malade, que l'éther et l'eau vinaigrée irritaient bien plus que le poison qu'on s'obstinait à combattre, ne tarda pas à éprouver l'efficacité de ce nouveau traitement.

Nous devons également signaler ici un nouveau remède, dont on a vanté les bons effets dans plusieurs dictionnaires, même dans celui des sciences médicales. C'est une sorte d'élixir préparé avec de l'aloès, de la myrrhe pulvérisée, de la résine de gayac et de l'eau-de-vie. On recommande d'en prendre un petit verre à chaque vomissement. Il a pu être utile dans quelques indigestions; mais lorsque ce qu'on appelle indigestion n'est autre chose qu'une inflammation aiguë du canal alimentaire, cet élixir, qu'on dit admirable, agit lui-même comme un poison, et fait périr le malade, qu'on aurait pu sauver par une méthode adoucissante et anti-phlogistique.

tifs. Alors il faut s'attacher à combattre la gastro-entérite par des boissons tièdes, émollientes, gommées, par l'huile récente d'amandes douces ou d'olive, le lait coupé, le sirop d'orgeat, de violette ou de guimauve; par des fomentations anodines sur l'abdomen, des lavements préparés avec de la mauve, de la graine de lin, de l'huile; par l'application des sangsues, des ventouses scarifiées sur la région épigastrique ou sur les parties les plus sensibles. Enfin, si les douleurs sont très-aiguës, si le pouls est dur et fréquent, le sujet dans un état de vigueur et de jeunesse, on ne doit pas craindre d'employer les saignées générales.

Dans quelques cas, la congestion imminente du cerveau exige également les saignées générales, l'application des sangsues aux tempes ou aux parties latérales du cou. Leur indication se déduit de la plénitude et de l'embarras du pouls, de la rougeur ou de la tuméfaction de la face, de la gêne de la respiration, enfin de cet état de torpeur et de somnolence qui annonce que le poison agit à la manière des substances narcotiques. Lorsque, avec cet appareil de symptômes, on néglige les déplétions sanguines, il n'est pas rare de voir l'empoisonnement se terminer par une apoplexie mortelle.

Les spasmes, les crampes, les convulsions violentes, les vomissements rebelles, les évacuations excessives qui se développent sous la forme du choléra, cèdent assez souvent aux méthodes que nous venons de tracer; mais quelquefois aussi on ne peut les combattre avec succès que par l'usage de l'opium. On en fait dissoudre deux ou trois grains, suivant la violence des symptômes, dans deux onces d'eau distillée de laitue, une once d'eau de fleur d'orange et une once de sirop de gomme arabique, qu'on

distribue par cuillerées. On a en même temps recours aux
bains tièdes, aux demi-bains, aux pédiluves. Non-seulement les bains sont utiles pour combattre cet état nerveux,
mais ils peuvent encore, dans d'autres circonstances, favoriser le vomissement en opérant une distribution plus
régulière des mouvements toniques, concentrés sur l'estomac par l'activité du poison ou d'un remède violent. Le
bain avait déjà été ordonné par Hippocrate à la fille de
Pausanias, qui avait mangé des champignons de mauvaise qualité; elle vomit les champignons dans le bain, et
fut guérie.

Mais si le poison a été avalé depuis quelque temps, et
si, après avoir été absorbé, il a pénétré au sein de l'économie, il est rare que les forces vitales se soutiennent.
Alors on voit la faiblesse et l'atonie succéder à l'état d'irritation. Le malade est abattu, son pouls déprimé, presque insensible, sa physionomie profondément altérée. Les
évacuants, les boissons émollientes, dont l'emploi est si
avantageux dans la première période de l'empoisonnement,
ne peuvent qu'aggraver cet état d'asthénie. Il faut alors
recourir à la méthode stimulante, donner du vin de Bordeaux, de Madère, de Malaga ou autre vin généreux;
administrer l'éther sulfurique, l'acétate d'ammoniaque.
Cette dernière préparation m'a été quelquefois d'un grand
secours, et je la recommande avec confiance, surtout mêlée
avec l'eau de menthe, ou l'eau de cannelle et le sirop
d'écorce d'orange. L'ammoniaque liquide, étendue à la
dose d'un demi-gros dans quatre, cinq ou six onces d'une
infusion aromatique, est aussi très-convenable *. Ce n'est

---

* Le docteur Pardet avait donné à un petit chien une amanite citrine. Après un
intervalle de dix ou onze heures, les effets du poison se manifestèrent par les signes

point à titre d'antidote que j'indique l'alcali volatil, mais bien comme un excitant des plus énergiques.

Dans les cas d'une profonde atonie produite par les poisons ou par d'autres causes énervantes, j'ai quelquefois employé avec succès le mélange suivant : Prenez : teinture de valériane, éther sulfurique, esprit de corne de cerf succiné, de chaque deux gros. La dose est de dix à quinze gouttes tous les quarts d'heure, dans une cuillerée de vin ou autre véhicule. Lorsque la faiblesse est excessive, il arrive que l'estomac ne peut supporter les moindres doses de médicaments ; alors, au lieu d'exciter directement cet organe, on dirige l'action des remèdes sur le système cutané. On pratique des frictions, des embrocations chargées de camphre ou d'autres substances diffusibles sur les membres et sur toute la région abdominale. On peut employer à cet effet la teinture de quinquina, de cannelle, de valériane, la thériaque dissoute dans l'esprit de vin ou dans le vinaigre aromatique.

Ainsi que les poisons narcotiques âcres, les champignons attaquent à la fois ou successivement et les organes digestifs et le système général des forces. Il faut alors opposer

ordinaires. Alors il lui fit avaler six gouttes d'alcali volatil dans un verre d'eau; mais l'animal mourut une demi-heure après. Paulet conclut de cette seule expérience que l'ammoniaque, bien loin d'affaiblir l'activité du poison, ne sert qu'à accélérer la mort, et que, par conséquent, il est nuisible dans l'empoisonnement causé par les champignons. Il est probable que l'alcali volatil a produit ici les mêmes effets que les liqueurs alcooliques, c'est-à-dire qu'il a favorisé l'absorption de la matière vénéneuse. D'ailleurs, le petit animal n'a-t-il pas succombé par le seul effet du poison ? Une amanite citrine entière (c'est une des espèces les plus pernicieuses) nous paraît une dose bien forte. Au reste, je le répète, l'alcali volatil n'est point un médicament doué d'une vertu spécifique ; mais si, après avoir vomi, le malade est frappé d'une débilité profonde, si les autres excitants ont échoué, on peut, dans un aussi grand péril, tenter ce remède héroïque, seul ou combiné avec l'éther et la teinture de valériane.

une méthode mixte à leur impression délétère. Cette méthode se compose de l'usage alternatif ou combiné des mucilagineux, des calmants et des antispasmodiques, suivant le développement des symptômes. Mais, avant tout, il faut employer les vomitifs, si l'état avancé de l'empoisonnement n'y met point d'obstacle. Les boissons acides, quelques tasses de café, contribuent à dissiper l'engourdissement et le narcotisme. L'opium est très-propre à combattre les spasmes, ainsi que la douleur et le vomissement, lorsqu'ils prennent un caractère pernicieux. Le docteur Picco, dans une dissertation couronnée par l'académie de Mantoue, n'a point su apprécier cette substance, dont il recommande vivement de s'abstenir. Les médecins de Bordeaux disent, au contraire, dans un rapport fait à la société de médecine de cette ville, que rien ne peut remplacer ce puissant calmant, et qu'il faut le prescrire à haute dose, si l'on veut prévenir ou arrêter les plus funestes symptômes. D'ailleurs, l'oxymel, que l'on fait boire en grande quantité dans ces circonstances, est un suffisant correctif de son action narcotique.

Les bains entiers, les demi-bains, les pédiluves ne calment pas seulement l'irritation générale, mais ils favorisent en outre, ainsi que nous l'avons déjà observé, le vomissement du poison, en rompant les spasmes accumulés sur l'appareil digestif. Les boissons mucilagineuses, délayantes et diaphorétiques, émoussent les principes âcres du poison en même temps qu'elles apaisent l'état inflammatoire des intestins. Les saignées pratiquées avec réserve font également partie de cette méthode mixte que réclame l'empoisonnement causé par les champignons, et rien ne pourrait les remplacer lorsqu'il y a des signes manifestes de phlegmasie. La doctrine émise par le docteur Picco, relativement à la saignée, me paraît évidemment contraire à l'expérience. « La fièvre qu'excite l'inflammation, dit » ce médecin, mérite une attention particulière. Si elle est » violente, elle porte trop de sang à la tête; l'anxiété, la » difficulté de respirer, la chaleur brûlante font craindre la » gangrène. Tous ces symptômes semblent commander la » saignée; j'avoue que, dans une telle occurrence, cette » ressource est extrêmement équivoque. Il y a alors un » éréthisme inégal, presque momentané; tandis qu'une » partie du corps est dans un état de phlogose, l'autre est » sans énergie et accablée par l'action sédative de la sub- » stance vénéneuse. Il ne faut nullement se fier à la na- » ture, ni employer les relâchants; ce serait enlever à l'é- » nergie vitale sa dernière ressource. » (*Journal général de médecine*, tom. XXIV, pag. 221.)

Sans doute, il serait imprudent de multiplier les évacuations sanguines; mais la gangrène, que redoute le docdocteur Picco, ne doit-elle pas nécessairement faire des progrès rapides, si l'on n'oppose à l'inflammation un moyen prompt et efficace? Or ici la saignée est le plus puissant remède, et, au lieu d'affaiblir les forces du malade, elle affaiblit les effets du poison. D'ailleurs, si l'on craint d'entraîner une débilité générale, on peut avoir recours à l'application des sangsues et des ventouses scarifiées. Les saignées locales sont indispensables, malgré l'état asthénique, lorsqu'un organe essentiel offre des symptômes imminents de congestion sanguine.

Nous devons observer, au reste, qu'il serait téméraire de continuer la méthode débilitante, lorsqu'une grande faiblesse vient remplacer l'état d'irritation. On doit prescrire en pareil cas des excitants d'une activité médiocre, et passer graduellement à des remèdes plus énergiques, sans perdre de vue néanmoins la lésion primitive du conduit alimentaire.

Pendant la convalescence, il faut insister sur un régime sévère, surtout lorsque les organes gastriques ont été vivement atteints par le poison. Le laitage, les crèmes de riz, la fécule de pommes de terre, les bouillons légers, doivent former la principale nourriture du malade, et ce n'est que peu à peu qu'il passera à des aliments plus solides. On doit, au contraire, prescrire un régime stimulant et analeptique, si le poison a particulièrement énervé le système général des forces. Ainsi, les bouillons gélatineux, les viandes blanches, le vin vieux, le quinquina, les cordiaux formeront alors la base du traitement diététique et médical.

Malgré les soins les plus méthodiques, le malade est quelquefois dans un état de souffrance et de langueur pendant des années entières. De tous les accidents chroniques qui suivent l'empoisonnement par les champignons, l'inflammation des intestins est le plus fâcheux. Cette espèce de phlegmasie a une marche lente, et les signes en sont quelquefois fort équivoques. On doit la craindre, si le malade maigrit, si ses forces ne se réparent point, s'il éprouve un sentiment de gêne, une douleur obtuse dans quelques points de l'abdomen. Cependant la douleur est quelquefois peu sensible, et même nulle dans l'inflammation de la membrane muqueuse intestinale. Alors il faut recueillir avec soin tous les signes qui peuvent éclairer le diagnostic, tels que la sécheresse de la langue, la rougeur plus ou moins vive de ses bords, la soif, la chaleur de la peau, la tension de la région abdominale, la constipation, quelquefois des déjections séreuses, de légers frissons, une sorte d'abattement ou de tristesse, etc. La connaissance de cette maladie est d'autant plus essentielle, que, si elle est confondue avec une affection asthénique et traitée par des remèdes stimulants, elle se convertit en une inflammation aiguë, et est bientôt suivie d'une mort inévitable. Les principales causes qui donnent lieu à l'entérite chronique sont, l'abus de la méthode excitante, l'oubli des évacuations sanguines dans la première période de l'empoisonnement, et les erreurs diététiques pendant la convalescence.

La première indication qui se présente consiste à combattre cet état de phlegmasie par un régime doux, et par des évacuations sanguines proportionnées aux forces, à l'âge et à la constitution du malade. S'il est sujet au flux hémorrhoïdal, on appliquera d'abord des sangsues au fondement, et ensuite sur les parties de l'abdomen les plus sensibles. On prescrira en même temps des embrocations huileuses, des fomentations, des cataplasmes, des demi-bains, et des lavements préparés avec les plantes émollientes et sédatives. On donnera intérieurement des boissons mucilagineuses, du petit-lait édulcoré avec du sirop de gomme arabique, de fleurs de violette, etc. Si le pouls est fébrile, et si les forces ne sont pas trop diminuées, les saignées générales seront nécessaires. Toutefois, ce moyen thérapeutique ne devra être employé qu'avec une sage réserve. Dans les inflammations chroniques, et dans toutes les maladies de long cours, il faut laisser à la nature assez d'énergie pour qu'elle puisse aider de ses efforts les remèdes que l'art met en usage.

Les spasmes et autres symptômes nerveux qui se manifestent à la suite de l'empoisonnement doivent être traités par les antispasmodiques, par de petites doses de sirop diacode, le lait et le quinquina. Observons néanmoins que ces accidents ne sont quelquefois que des affections secondaires ou sympathiques occasionnées par l'inflammation de la membrane muqueuse intestinale : on les fait cesser en combattant la maladie primitive par la méthode de traitement qui lui est propre.

La fièvre lente, l'amaigrissement, la toux, la difficulté de respirer, une expectoration muqueuse, quelquefois striée de sang, annoncent que le poison a porté une impression funeste sur l'organe pulmonaire. Cet état exige l'application des ventouses scarifiées sur la poitrine ou entre les épaules, la saignée générale, si l'état des forces le permet, et l'usage combiné des adoucissants et des toniques doux. Les demi-bains tièdes, le lait d'ânesse, celui de vache ou de chèvre, coupé avec une décoction de plantes balsamiques, telles que le botrys, le mille-pertuis, la mille-feuille, les fleurs de sureau et de mauve ; les bouillons pectoraux, le lichen d'Islande, le quinquina, les rubéfiants, qu'on promène sur différents points du thorax, peuvent être tour à tour d'une grande ressource.

Mais, de tous les moyens qu'on a conseillés pour combattre l'affection pectorale occasionnée par les poisons âcres, le plus simple, le plus efficace, c'est le lait pris comme remède et comme aliment. Je l'ai souvent employé avec un succès remarquable dans les irritations de la poitrine occasionnées par les sels mercuriels, et surtout par le sublimé. Un jeune homme, d'une complexion délicate, à qui l'on avait imprudemment administré la li-

queur de Van-Swiéten, éprouva un crachement de sang
énorme, et, bientôt après, une fièvre irrégulière, accompagnée d'une toux fréquente, de douleurs de poitrine très-
vives, et d'une expectoration suspecte. L'air de la campagne, un régime doux, végétal, et le lait de vache,
dont il fit usage pendant trois mois, suffirent pour dissiper
tous les accidents.

FIN.

TABLE

MÉTHODIQUE DES MATIÈRES.

PREMIER ORDRE.

DEUXIÈME ORDRE.

TROISIÈME ORDRE.

QUATRIÈME ORDRE.

TABLE

LATINE ET ALPHABÉTIQUE.

TABLE GÉNÉRALE

ET

ALPHABÉTIQUE DES MATIÈRES.

A.

B.

C.

D.

E.

F.

G.

H.

I.

J.

K.

L.

M.

R.

V.

Z.

LISTE ALPHABÉTIQUE

DES MYCOPHILES,

ou

AMATEURS DE CHAMPIGNONS

CITÉS DANS CET OUVRAGE [*].

D'Aigrefeuille, ancien procureur-général à la Cour des aides de Montpellier, 68, 329, 408.

M. Allais, artiste culinaire, 398.

Allédius, 388.

M. Amador, professeur à la Faculté de médecine de Montpellier, 20, 333.

M. Andral, professeur à la Faculté de médecine de Paris, 392.

Apicius, 67, 131, 330, 343.

Arnaud, propriétaire, 102.

Lord Atholle, 92.

M. Balbis, professeur de botanique, 246.

M. de Balathier, homme de lettres, 81.

Le vicomte de Barras, membre du Directoire, 67.

---

[*] Quelques personnes nous ont paru un peu étonnées de cette liste, où des papes, des prélats, des princes, etc., se trouvent confondus avec des marchands, des laboureurs, des pâtres, des ouvriers. Nous ne pouvons que répéter ici ce que nous avons dit ailleurs : il faut que le pauvre jouisse comme le riche. Nous appelons tout le monde à nos petits festins. La plus parfaite égalité y règne, et celle-là du moins n'est point dangereuse.

FIN DES TABLES.

ERRATUM.

Pag 26 , ligne 18 , l'auteur qui faillit , lisez : l'auteur qui s'égare.

HISTOIRE

DES CHAMPIGNONS

COMESTIBLES ET VÉNÉNEUX.

PARIS. — IMPRIMERIE DE W. REMQUET ET Cie,

rue Garancière, n. 5.